Mark Emmerich · Sven Melchert

Astronomie

> Die Wunder des Weltalls
> Sterne und Planeten beobachten

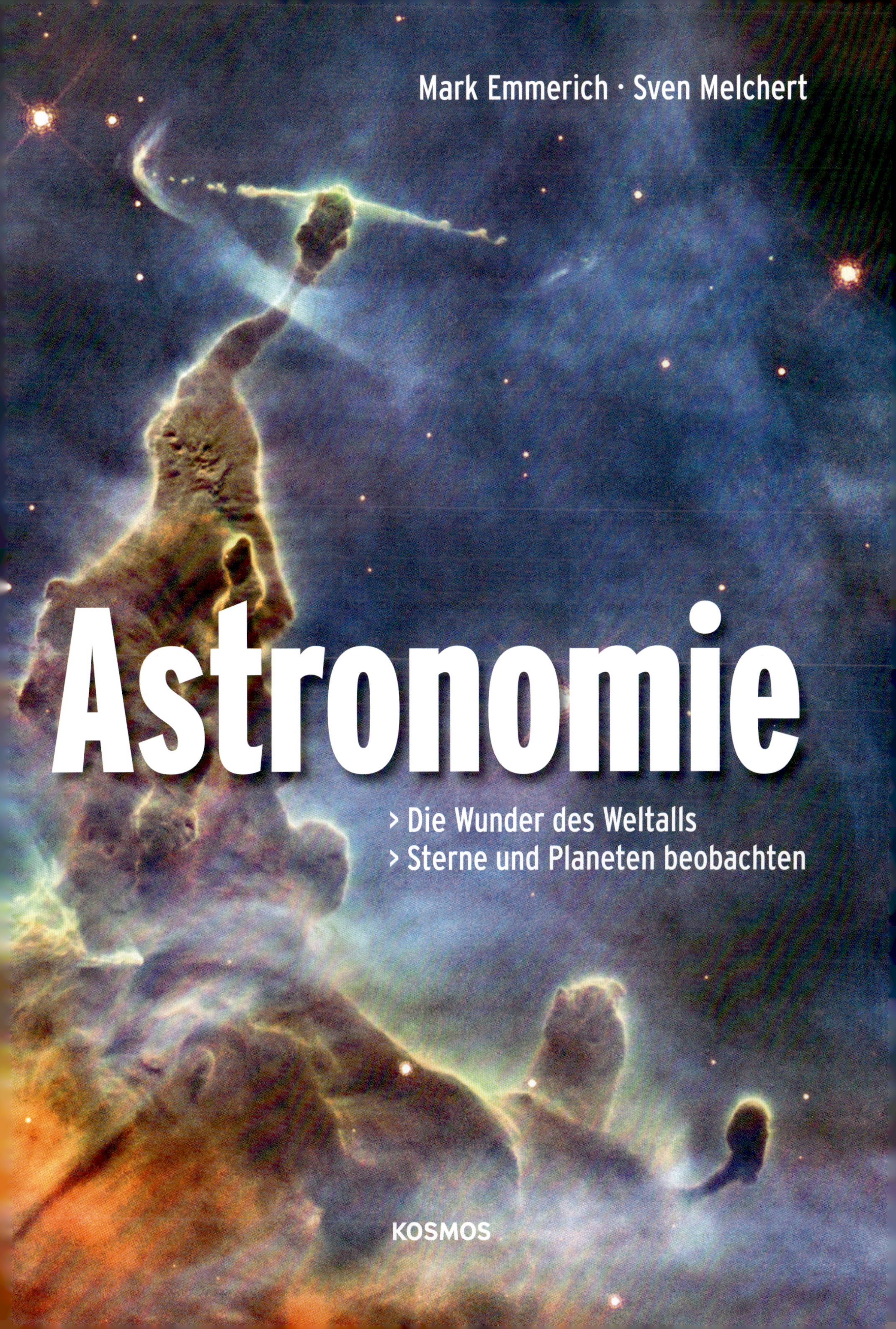

KOSMOS

Inhalt

Willkommen im Weltall! ... 4

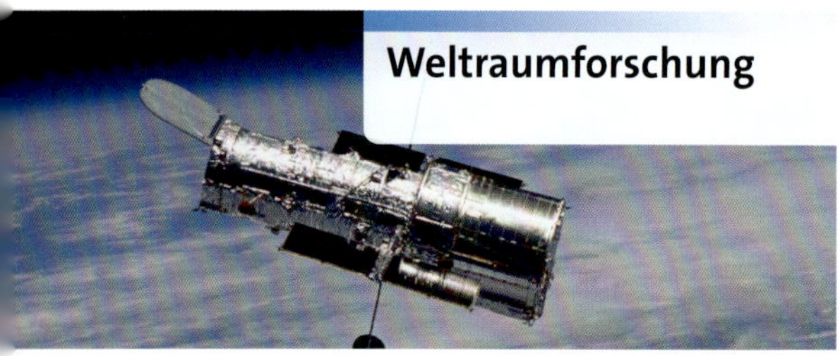

Weltraumforschung

Himmelsbeobachtung durch die Jahrhunderte ... 8
Astronomische Teleskope ... 10
Die Vermessung des Weltalls ... 16
Radioastronomie ... 20
Satellitenteleskope ... 22
Raumsonden im Sonnensystem ... 24

Unser Sonnensystem

Die Sonne – unser Stern ... 30
Das Sonnensystem in Zahlen ... 34
Merkur – der flinke Sonnennachbar ... 36
Venus – der innere Nachbarplanet ... 38
Die Erde – der blaue Planet ... 40
Der Mond ... 42
Mars – der rote Planet ... 44
Kleinplaneten ... 48
Jupiter – der Riesenplanet ... 50
Saturn – der Ringplanet ... 54
Uranus – der blasse Riese ... 58
Neptun – der zweite blaue Planet? ... 60
Pluto – der Eiszwerg ... 62
Kometen und die Oortsche Wolke ... 64

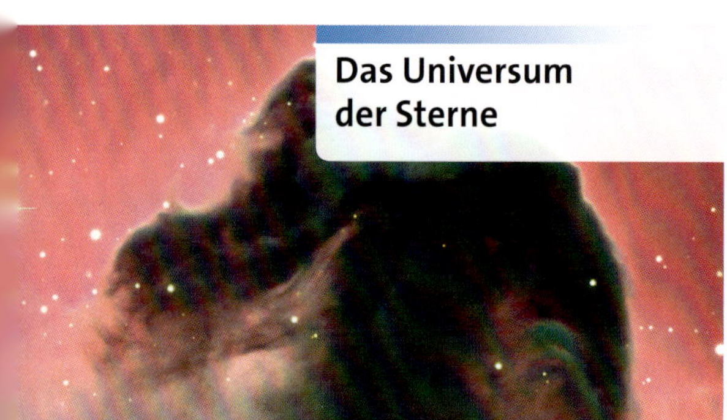

Das Universum der Sterne

Die Milchstraße – unsere galaktische Heimat ... 68
Sterne – Leuchtfeuer im All ... 70
Geburt der Sterne aus Gas und Staub ... 76
Offene Sternhaufen ... 80
Planetarische Nebel ... 82
Supernovae – Explosionen im All ... 84
Kugelsternhaufen ... 86
Die Magellanschen Wolken ... 88

Galaxien und der Urknall

Galaxien – die Welteninseln 92
Galaxienhaufen 96
Quasare – Energiemonster im Weltall 98
Die Rätsel des Universums 100

Himmelsbeobachtung

Ein Blick zum Nachthimmel 106
Alles dreht sich am Sternenhimmel 108
Die Wandelsterne Mond und Planeten 112
Mond- und Sonnenfinsternisse 116
Sternkarten für jeden Monat 120

Astronomie als Hobby

Die Welt der Hobbyastronomen 146
Ferngläser und Teleskope 148
Sonne, Mond und Planeten beobachten 154
Sternhaufen, Nebel, Galaxien beobachten 160
Astrofotografie – der Himmel im Bild 166

Leserservice

Zum Weiterlesen und Weiterklicken 172
Planetarien und Volkssternwarten 174
Register 178
Bildnachweis und Impressum 184

Willkommen im Weltall

Unser Universum gilt als ein ganz besonderes. Doch die Erde ist nicht der Mittelpunkt des Weltalls, auch nicht unsere Sonne, und selbst die Milchstraße, unsere Heimatgalaxie, ist nur eine neben Milliarden anderer Sternsysteme. Astronomie wird immer populärer – Großteleskope erforschen die Tiefen des Kosmos, Raumsonden landen auf fremden Planeten, selbst Hobbyastronomen haben Fernrohre, mit denen man richtig forschen kann. Das Weltall heißt Sie herzlich willkommen!

Die Nacht ist still. Die Sterne funkeln. Eine tiefe Ruhe hat sich über die Welt gelegt. Doch ein leises Geräusch stört die Idylle: „Trrrrrrrr". Auf dem Boden kauert ein Mensch und hantiert an einem Gerät: ein Hobby-Astronom mit seinem Fernrohr.

Es gibt auch ganz leise Fernrohre, die nicht durch ständiges Tuckern auf sich aufmerksam machen. Aber sie haben einen entscheidenden Nachteil: Ob man den Mond betrachtet oder einen Planeten, sich am Funkeln eines Sternhaufens erfreut oder dem fahlen Licht einer fernen Galaxie nachspürt – immer wandert das Objekt der Begierde bereits nach wenigen Minuten aus dem Gesichtsfeld des Teleskops.

Das Geräusch entspringt einem kleinen Motor, der das Fernrohr sehr langsam dreht. Knapp einen Tag muss man warten, um eine vollständige Rotation der Teleskopmechanik beobachten zu können. Genau genommen sind es 23 Stunden und etwas mehr als 56 Minuten.

Der Motor am Fernrohr gleicht die Drehung der Erde um ihre eigene Achse aus und sorgt so dafür, dass ein einmal eingestelltes Objekt für sehr lange Zeit beobachtet werden kann.

Warum dauert eine Umdrehung weniger als die bekannte Tageslänge mit 24 Stunden? Die Antwort verbirgt sich in der Frage: Ein Tag, also die Zeitspanne zwischen

Hinterlässt Spuren im Sand: Seit Mitte 2012 erforscht das *Mars Science Laboratory* unseren Nachbarplaneten.

Optische Täuschung mit Piff: Was wie eine außergewöhnliche Galaxie aussieht, ist einer Laune der Natur zu verdanken – zufällig befinden sich zwei Galaxien in exakt der gleichen Blickrichtung und überlappen sich.

zwei Sonnenhöchstständen, dauert 24 Stunden. Aber die Erde benötigt für eine komplette Umdrehung um sich selbst knapp vier Minuten weniger. Und in dieser Zeit legt sie auf ihrem Weg um die Sonne ein kurzes Stück zurück, so dass der folgende Sonnenhöchststand erst knapp vier Minuten später erfolgt.

Den Sternenhimmel von der Erde aus zu beobachten ist eine etwas verzwickte Angelegenheit. Bereits die eben beschriebene Differenz zwischen Sonnen- und Sterngeschwindigkeit wird stutzig machen, noch verwirrender wird es aber, wenn man die Bahn eines Planeten über einige Monate hin verfolgt. Lange Zeit bewegt sich der Planet relativ zu den Sternen mit gleich bleibender Geschwindigkeit. Aber genau in jenen Wochen, wenn man ihn am besten am Himmel sehen kann, bremst er seine Bewegung ab, bleibt für mehrere Tage sogar stehen, um sich dann in die andere Richtung zu bewegen. Einige Wochen später wiederholt sich der Stillstand, der Planet kehrt abermals seine Bewegungsrichtung um und läuft dann, als wäre nichts geschehen, wieder in seinem ursprünglichen Trott vor den Sternen her.

Um diese und andere kosmische Phänomene zu erklären, musste die Menschheit in den vergangenen Jahrhunderten mehrere ungeahnte Erfahrungen machen: Die Erde bildet nicht den Mittelpunkt der Welt. Sie ist nur einer von acht großen Planeten, der um einen durchschnittlichen Stern namens Sonne kreist. Auch die Sonne bildet nicht den Mittelpunkt des Universums; ganz im Gegenteil, sie befindet sich zusammen mit ihren Planeten am Rande einer großen Galaxie, die wir als zart schimmerndes Band der Milchstraße am Nachthimmel wahrnehmen können. Und selbst diese Galaxie ist nur eine von unzähligen Sterneninseln, die sich wiederum zu Haufen von Galaxien gruppieren und deren Superstrukturen wie Spinnwebfäden das ganze uns bekannte Universum durchdringen.

Wem das alles zu kompliziert erscheint, dem seien an dieser Stelle zwei wichtige Ratschläge gegeben. Erstens: lesen Sie dieses Buch. Das wird Ihnen sehr viele Fragen beantworten. Und wenn Ihnen, was die Autoren nicht hoffen wollen, von Zeit zu Zeit der Kopf zu sehr schwirren mag, hören Sie auf unseren zweiten Rat: Schauen Sie sich nachts einmal selbst den Sternenhimmel an. Sie werden viele neue Beobachtungen machen und unserer hektischen Welt für einige Zeit entfliehen. Ob mit oder ohne Fernrohr bleibt dabei ganz Ihnen überlassen.

Weltraum-
forschung

Himmelsbeobachtung durch die Jahrhunderte

Schon immer haben die Menschen den Nachthimmel beobachtet. Die Geschichte der Astronomie ist so alt wie die der Menschen selbst – und hat mehrmals unser Weltbild revolutioniert. In den Himmelsobjekten sah man Götter, entwickelte mit ihnen Kalender, benutzt sie für Horoskope und versucht Anfang und Ende der Welt zu erklären.

Wer hin und wieder den Sternenhimmel betrachtet, wird einige Gesetzmäßigkeiten entdecken können. Jedes Jahr tauchen zur gleichen Jahreszeit vertraute Sternmuster auf. So hatte die Beobachtung des Nachthimmels für unsere Vorfahren ganz praktische Gründe. Im antiken Ägypten verband man das Auftauchen des hellen Sterns Sirius mit der alljährlichen Nilüberschwemmung, die das Land wieder fruchtbar machte. War Sirius im Sommer erstmals am Morgenhimmel zu sehen, musste bald darauf die Nilüberschwemmung folgen.

Eine klassische Sternwarte: das astrophysikalische Observatorium in Potsdam. Es wurde 1899 eingeweiht, sein Hauptinstrument ist ein Teleskop mit 80 cm durchmessenden Linsen.

Mit mächtigen Bauwerken – am bekanntesten ist Stonehenge in Südengland – versuchte man, die himmlischen Abläufe zur präzisen Vorhersage irdischer Gegebenheiten zu benutzen. Die Menschen hatten damals noch keine Kalender, sie waren auf die Deutungen des Himmels durch erfahrene Priesterastronomen angewiesen.

Einige Lichtpunkte am Himmel scherten jedoch aus dieser Gesetzmäßigkeit aus. Sie veränderten ihre Positionen, wandelten vor dem offensichtlich unveränderlichen Fixsternhimmel hin und her. Ihr oft helles und immer ruhiges Licht hob die „Wandelsterne" von allen anderen Sternen ab. Die klassischen sieben Wandelsterne – heute benutzt man für sie die griechische Bezeichnung „Planeten" – sind Sonne, Mond, Merkur, Venus, Mars, Jupiter und Saturn. Sie dienten als Götter oder mussten zur Zukunftsdeutung herhalten. Die Bewegung des Sternenhimmels und der Planeten ließ keine andere Interpretation zu: Die Erde ist der Mittelpunkt der Welt, alle anderen Gestirne umkreisen sie.

Die Erde – Mittelpunkt des Universums?

Es sollte bis ins Mittelalter dauern, bis ein Mönch die geradezu ketzerische Theorie aufstellte, die Erde sei nicht Mittelpunkt des Universums: Giordano Bruno wurde für diese Behauptung auf dem Scheiterhaufen verbrannt. Doch je intensiver die Menschen die Bewegungen der Planeten studierten, desto mehr Zweifel ergaben sich. Zur Erklärung der offensichtlichen Schleifenbewegungen von z. B. Mars wurde eine komplizierte Theorie geschaffen, nach der die Planeten zwar um die Erde kreisen, selbst aber wiederum auf kleineren Kreisen um diesen „Erdumlaufskreis“ ihre Bahnen ziehen. Diese „Epizykeltheorie“ wurde noch von Tycho Brahe unterstützt, der Ende des 16. Jahrhunderts mit bloßem Auge die bis dorthin genauesten Positionen der Planeten bestimmte.

Doch schon Mitte des 16. Jahrhunderts veröffentlichte Nicolaus Kopernikus seine – für damalige Zeiten – verwegene Theorie, nach der sich die Erde und alle anderen Planeten um die Sonne bewegen.

Als Erbe der Braheschen Beobachtungen blieb es dann Johannes Kepler vorbehalten, die wahre Natur der Planetenbewegungen zu ergründen und seine noch heute gültigen drei Gesetze zu formulieren. Schon sein erstes Gesetz räumte mit einer eigentlich unantastbaren Tatsache auf: Die Planeten bewegen sich nicht auf Kreis-, sondern auf Ellipsenbahnen um die Sonne. Bis dorthin galt es nämlich als Gesetz, dass sich die gottgleichen Planeten auf Kreisbahnen bewegen. Das zweite Keplersche Gesetz sagt aus, dass sich die Planeten in Sonnennähe schneller auf ihrer Bahn bewegen als in Sonnenferne. Sein drittes Gesetz beschreibt schließlich einen Zusammenhang zwischen der Entfernung eines Planeten von der Sonne und dessen Umlaufzeit. Vereinfacht gesagt, benötigen die Planeten umso länger für einen Sonnenumlauf, je weiter ihre Bahn von der Sonne entfernt ist.

Die Theorie des Johannes Kepler war erfolgreich, weil sie die Positionen der Planeten am Himmel mit einer bis dorthin nicht erreichten Genauigkeit vorhersagen konnte. Eine physikalische Begründung dafür lieferte erst Isaac Newton, der 1687 sein Gravitationsgesetz („alle Massen ziehen sich gegenseitig an“) formulierte, aus dem sich die Keplerschen Gesetze auf rein mathematischem Weg ableiten lassen. Zu dieser Zeit begann auch die Himmelsbeobachtung mit Teleskopen. Je größer und besser die Teleskope wurden, desto stärker vermehrte sich das Wissen über unser Universum.

Bessere Technik – besseres Wissen

In die Geschichte eingegangen sind die Beobachtungen von Galileo Galilei, auch wenn er das Teleskop selbst nicht erfunden hat. Galilei aber war es, der um 1610 zum ersten Mal Krater auf dem Mond, Flecken auf der Sonne und die Monde des Planeten Jupiter sah.

Den nächsten großen Sprung machte die Himmelsforschung, als 1781 Friedrich Wilhelm Herschel den Planeten Uranus entdeckte. Aus Störungen der Uranusbahn schlossen Jean-Joseph Leverrier und John Couch Adams auf einen weiteren Planeten, der 1846 von Johann Gottfried Galle entdeckt wurde. Man gab ihm den Namen Neptun. Bis ins Jahr 1930 sollte es aber dauern, dass mit Pluto der letzte große Planet des Sonnensystems entdeckt wurde.

Zweifelte schon lange niemand mehr am kopernikanischen Weltsystem, das die Sonne in den Mittelpunkt des damals bekannten Universums setzte, so war die erste Bestimmung einer Sternentfernung doch ein weiterer Schock. Im Jahr 1838 gelang es Friedrich Wilhelm Bessel, die Entfernung des Sterns 61 im Sternbild Schwan zu messen. Nach Bessels Beobachtungen musste „61 Cygni“ mehrere Billionen Kilometer weit entfernt sein. Damit war klar: Auch die Sonne kann nicht der Mittelpunkt des Weltalls sein. Die Entwicklung der Spektralanalyse Mitte des 19. Jahrhunderts wies zudem darauf hin, dass es sich bei den Sternen um ferne Sonnen handelt, die der unseren in vielerlei Hinsicht ähnlich sind.

Die Zukunft der Astronomie: Rund 40 m soll der Spiegeldurchmesser des E-ELT betragen, dem neuen Riesenteleskop der ESO.

Die Welt endgültig aus den Angeln hob 1929 Edwin Hubble. Sein Teleskop war mit 2,5 m Durchmesser schon fast so groß wie heutige Profiteleskope, und er nutzte die Fotografie, um einzelne Sterne im „Andromeda-Nebel“ zu beobachten. Hubbles Messungen offenbarten die Natur dieses Objekts: Der Andromeda-Nebel ist eine Galaxie, ähnlich unserer Milchstraße.

Hubble legte außerdem den Grundstein für die heute noch gängige Lehrmeinung über die Entstehung des Universums: Das Weltall ist vor ca. 13,7 Milliarden Jahren entstanden und dehnt sich seitdem aus. Konkrete Beweise für dieses als Urknall bekannte Szenario lieferten erstmals Arno Penzias und Robert Wilson 1965. Sie entdeckten rein zufällig die kosmische Hintergrundstrahlung, das zarte Echo des Urknalls.

Die größten Rätsel der Kosmologie sind nach wie vor die Entstehung und Zukunft des Universums. Im Jahr 1998 fand ein internationales Forscherteam heraus, dass sich das Weltall mit zunehmender Entfernung immer schneller ausdehnt. Wenn diese Theorie eines „beschleunigten Universums“ zutrifft, wird der Kosmos bis in alle Ewigkeit auseinandertreiben …

Astronomische Teleskope

Mit der Erfindung des Fernrohrs begann für die Astronomie ein neues Zeitalter. Bis heute ist es das wichtigste Arbeitsmittel der Astronomen, auch wenn diese schon lange nicht mehr hinter dem Teleskop sitzen und mit eigenen Augen den Himmel beobachten. Das Licht wird stattdessen mit empfindlichen Detektoren untersucht und in seine farbigen Bestandteile zerlegt.

Astronomen beobachten ferne Himmelsobjekte mit immer größeren Teleskopen. Ein typisches Observatorium befindet sich auf einem hohen Berg, weit entfernt von den hell erleuchteten Gebieten unserer Zivilisation. Hier starren moderne Riesenteleskope in jeder klaren Nacht an den pechschwarzen Himmel. Wie von Geisterhand gesteuert gleiten die tonnenschweren Kolosse durch die Dunkelheit, elektronische Empfänger registrieren unbestechlich jedes Lichtpünktchen und erzeugen große Datenmengen, die später in monatelanger Arbeit ausgewertet werden. Mit dem romantischen Bild des Astronomen, der nächtelang einsam hinter dem Fernrohr kauert und mit eigenen Augen das Universum erforscht, hat die Astronomie schon lange nichts mehr zu tun.

So funktionieren Teleskope

Dabei hat sich das Grundprinzip aller Teleskope seit Galileo Galilei, dem ersten Astronomen mit Fernrohr, nicht geändert. Jedes Teleskop hat die gleiche simple Aufgabe: Es soll Licht sammeln. Und dies kann es umso besser, je größer die Licht sammelnde Fläche des Fernrohrs ist. Bei jeder Verdopplung des Teleskopdurchmessers steigt die Leistung um ein Vierfaches an. Aus diesem Grund werden immer größere Teleskope gebaut, und mit jedem neuen

Ein Großteleskop klassischer Bauart: das 3,6-m-Teleskop der Europäischen Südsternwarte auf La Silla in den chilenischen Anden. Links die typische Teleskopkuppel, in der Mitte das Teleskop und rechts der Empfänger im Brennpunkt.

steigt die Hoffnung, dem Weltraum nun endlich seine letzten Geheimnisse entreißen zu können.

Es gibt zwei prinzipiell unterschiedliche Bauarten von Teleskopen: Linsenteleskope (Refraktoren) und Spiegelteleskope (Reflektoren). Als einer der Erfinder des Linsenteleskops gilt Galileo Galilei; das Prinzip des Spiegelteleskops wurde 1668 von Isaac Newton eingeführt.

Linsenteleskope wurden hauptsächlich bis zu Beginn des 20. Jahrhunderts eingesetzt. Das größte je gebaute Linsenteleskop ist mit einem Durchmesser von 1,02 m der Yerkes-Refraktor in Wisconsin/USA, der 1897 in Betrieb genommen wurde. Um die unvermeidlichen Farbfehler der Linsen klein zu halten, besitzen Refraktoren eine im Verhältnis zum Durchmesser große Brennweite, was man auf den ersten Blick erkennen kann: Sie sehen aus wie lange, dünne Röhren. Noch größere Linsenteleskope können nicht gebaut werden, da sich sonst die Linsen unter ihrem Eigengewicht durchzubiegen beginnen

Teleskope mit Durchmessern von über einem Meter werden daher prinzipiell als Spiegelteleskop gebaut. Auch haben Reflektoren gegenüber den Refraktoren einen entscheidenden Vorteil: Da das Licht reflektiert wird – und nicht wie beim Linsenteleskop gebrochen –, sind ihre Bilder vollkommen farbrein. Leider bleibt aber auch ein Nachteil: Um das Licht dem Beobachter oder Detektor zugänglich zu machen, muss es über einen kleineren Fangspiegel aus dem Strahlengang des Teleskops gelenkt werden. Dieser Fangspiegel (auch Sekundärspiegel genannt) verschlechtert die Abbildungsleistung eines Spiegelteleskops im Vergleich zum Refraktor.

Das „Gran Telescopio Canarias“ (GTC) ging Mitte 2007 in Betrieb. Der Hauptspiegel besteht aus 36 hexagonalen Segmenten mit einer Fläche von 75 m².

Entscheidend ist die Schärfe

Doch die Größe eines Teleskops allein ist längst nicht mehr das einzige Qualitätskriterium; auf die Schärfe der Bilder kommt es mindestens ebenso an! Mit zunehmendem Objektivdurchmesser steigt auch die Schärfeleistung eines Teleskops. Zumindest theoretisch. Denn in der Praxis stellt sich heraus, dass ein durchschnittliches Hobby-Teleskop mit zum Beispiel 20 cm Durchmesser genauso scharfe Bilder zeigt wie ein Profiteleskop mit riesigem 8-m-Spiegel. Schuld daran ist die Erdatmosphäre: Sie verwirbelt das Licht eines Sterns, lässt es hin-und hertanzen, erzeugt zappelnde und alles andere als scharfe Bilder der Himmelskörper.

So übersteht das Licht auf seinem jahrelangen Weg durch den weiten Weltraum schier unendliche Entfernungen nahezu unbeschadet, um dann auf den letzten Kilometern von den Luftschichten der Erdatmosphäre bis zur Unkenntlichkeit verwirbelt zu werden!

Aus diesem Grund werden Sternwarten auf möglichst hohen Bergen errichtet, um den störenden Luftschichten wenigstens zum Teil entgehen zu können. Richtig ungestört können aber nur im Weltraum stationierte Teleskope das Universum erforschen (siehe Seite 22).

Die größte Herausforderung besteht neben dem Bau immer größerer Teleskope daher in der Entwicklung technischer Methoden, um die Schärfeleistung der Großteleskope zu verbessern. Die Sterne einfach mit starrem Blick zu fixieren, genügt nicht mehr.

Teleskopspiegel bestehen aus einer Glaskeramik und werden mit zunehmendem Durchmesser immer dicker und schwerer, um die Präzision der spiegelnden Fläche zu gewährleisten. So ist der Spiegel des berühmten 5-m-Teleskops auf dem Mt. Palomar in den USA bereits 50 cm dick. Noch größere Teleskopspiegel müssten nach der klassischen Bauweise immer dicker, schwerer und das Teleskop damit sehr viel teurer werden. Ein Dilemma, das lange Zeit den Bau von Teleskopen mit Spiegeln größer als fünf Meter verhinderte. Fachleute werden an dieser Stelle feststellen, dass an dieser Stelle das 6-m-Teleskop in

Moderne Großteleskope

Observatorium	Ort	Spiegeldurchmesser
South African Large Telescope	Südafrika	11,0 m
Gran Telescopio Canarias (GTC)	La Palma	10,4 m
Keck I und Keck II	Mauna Kea, Hawaii	2 x 10 m
Hobby-Eberly-Teleskop	Texas/USA	9,9 m
Large Binocular Telescope	Mt. Graham/USA	2 x 8,4 m
Subaru-Teleskop	Mauna Kea, Hawaii	8,3 m
ESO/Very Large Telescope	Paranal/Chile	4 x 8,2 m
Gemini Nord und Süd	Hawaii und Chile	je 8 m

Selentschukskaja nicht erwähnt wurde. Dieses sowjetische Großteleskop ging 1976 in Betrieb, hat aber aufgrund technischer Probleme nie seine in es gesteckten Erwartungen erfüllen können.

Wenn Teleskope aktiv werden

Mit dem „New Technology Telescope" der Europäischen Südsternwarte ESO wurde eine neue Technik getestet. Statt den Teleskopspiegel wie sonst dick und starr zu machen, besitzt das NTT einen zwar 3,5 m großen, aber nur 24 cm dünnen Hauptspiegel, der mit Computerhilfe und 75 Zug- und Druckschrauben ständig in seiner idealen Form gehalten wird. Dank dieser „aktiven Optik" verbesserte sich die Schärfeleistung enorm, und das Teleskop wurde zudem deutlich preisgünstiger als ein gleich großes in klassischer Bauart. Damit war der Weg frei für den Bau noch größerer Teleskope, wie den vier 8-m-Spiegeln des „Very Large Telescope" (VLT) der ESO oder den zwei aus vielen Spiegelsegmenten zusammengesetzten 10-m-Teleskopen des Keck-Observatoriums auf Hawaii.

Neben dieser aktiven Optik setzen die Forscher eine noch viel ambitioniertere Technik ein, um die Störungen der Erdatmosphäre auszuschalten: die „adaptive Optik". Das Grundprinzip der adaptiven Optik ist einfach, seine technische Umsetzung umso schwieriger: Ein Computer analysiert das ständige Zappeln der Sterne und steuert eine kleine Hilfsoptik, die sich im Strahlengang des Teleskops befindet. Im Idealfall gelingt es damit, das zitternde Sternlicht zu beruhigen und so die gesamte Schärfeleistung des Riesenspiegels nutzen zu können – die Bilder werden sehr viel schärfer als zuvor.

Die Beobachtung des Weltalls mit normalen Teleskopen ist immer noch der aktivste Teil der Astronomie – aber durchaus nicht der einzige. Bereits seit Anfang des 20. Jahrhunderts ist bekannt, dass es neben dem sichtbaren Licht auch andere Sorten von Strahlung gibt. Ob Infrarot-, Radio- oder Gammastrahlen – im Kosmos ist viel mehr zu „sehen", als es das menschliche Auge wahrzunehmen vermag.

Von kurzen Strahlen und langen Wellen

Das menschliche Auge – und auch die elektronischen Empfänger der optischen Teleskope – kann nur einen Bruchteil des elektromagnetischen Spektrums (Abb. unten) wahrnehmen. Links und rechts der bekannten Regenbogenfarben schließen sich andere Frequenzbereiche an. Zu längeren Wellenlängen hin sind dies Infrarotstrahlung und Radiowellen, zu kürzeren Wellenlängen hin ultraviolettes Licht, die Röntgen- und Gammastrahlung.

Ein Großteil dieser Strahlung wird von der Erdatmosphäre nicht durchgelassen (die Eindringtiefe ist in der Abb. unten durch senkrechte Balken symbolisiert). Ein Segen für die Menschheit, die dadurch vor schädigender Strahlung geschützt wird, aber ein Hindernis für die Astronomen, denn von der Erdoberfläche aus können nur kleine Teile des gesamten Spektrums empfangen werden. Neben dem für uns Menschen sichtbaren Licht sind dies die Radiowellen und Teile der Infrarot- sowie Submillimeter-Strahlung (siehe Seite 20). Alle anderen Strahlungsarten können nur außerhalb der Erdatmosphäre, zum Beispiel von Satellitenteleskopen in einer Erdumlaufbahn empfangen werden (siehe Seite 22).

Mit den Augen in den Himmel schauen

Der Mensch besitzt einen der besten Lichtdetektoren der Welt: die Augen. Es ist kein Zufall, dass unsere Augen ausgerechnet im schmalen Spektralbereich zwischen 400 und 600 nm (nm = Nanometer, ein Milliardstel Meter)

Das Auge nimmt nur einen Bruchteil des elektromagnetischen Spektrums wahr (die Regenbogenfarben). Nach rechts und links schließen sich Wellenlängen an, die zum Teil nur vom Weltraum aus beobachtet werden können.

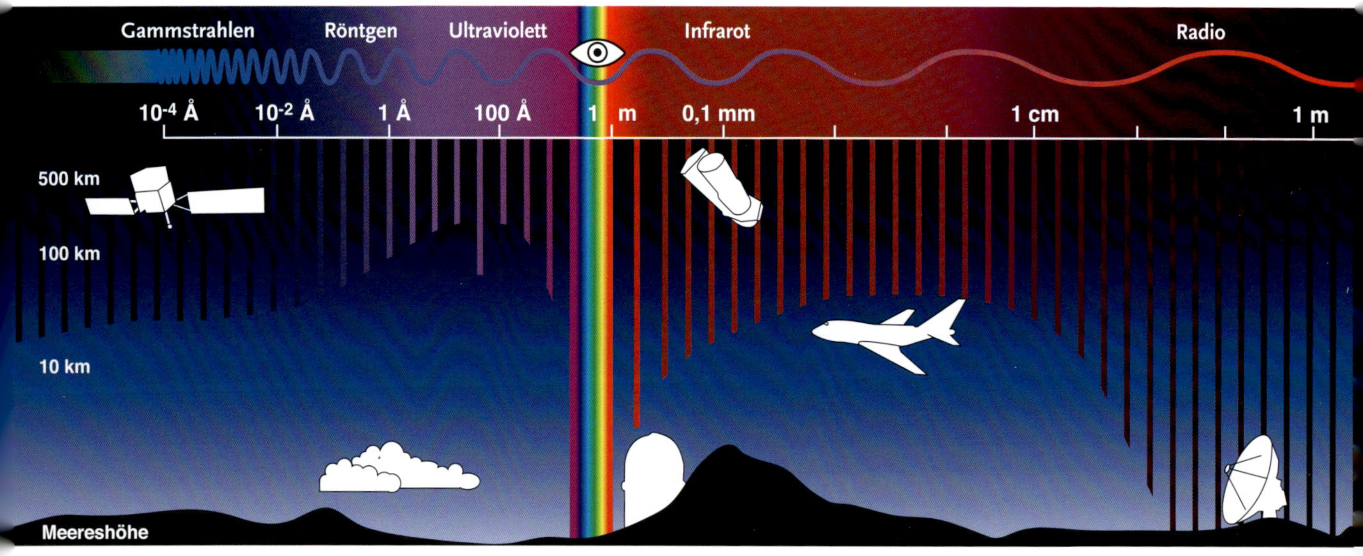

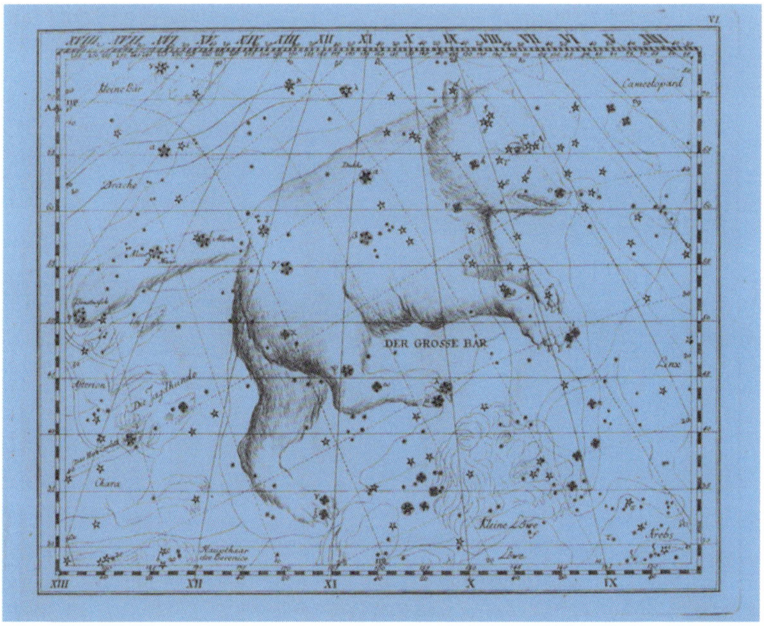

Historische Sternkarten (hier der Große Bär auf einer Karte von Johann Elert Bode) basieren noch auf Beobachtungen mit bloßem Auge.

am empfindlichsten sind. Denn genau hier strahlt die Sonne (und mit ihr die meisten anderen Sterne) viel Energie ab.

Auf den ersten Blick kann das Auge drei wichtige Eigenschaften eines Sterns wahrnehmen: seine Position, seine Helligkeit und, zumindest zum Teil, seine Farbe. Damit verbunden sind drei wichtige Forschungszweige der Astronomie, nämlich die Astrometrie (Positionsbestimmung), die Photometrie (Helligkeitsmessung) und die Spektroskopie (Untersuchung der farbigen Bestandteile des Lichts) von Sternen.

Sternpositionen auf den Punkt gebracht

Die Aufgabe der Astrometrie ist es, mit möglichst großer Genauigkeit die Positionen der Sterne zu vermessen. Diese Aufgabe hat die Menschheit schon vor Jahrtausenden beschäftigt, und so sind die uns heute bekannten Sternbilder entstanden. Dank der charakteristischen Muster kann sich auch der Naturbeobachter am Himmel orientieren und die Position eines Sterns zum Beispiel mit „der linke Stern der Wagendeichsel des Großen Wagens" angeben. Mehr Systematik liegt dem System von Johannes Bayer zugrunde, der die Sterne eines Sternbilds mit kleinen griechischen Buchstaben benannte: Der hellste Stern eines Sternbilds wird mit α (alpha) bezeichnet, der zweithellste mit β (beta), usw. Leider ist dieses System nicht frei von Fehlern und mathematisch wenig brauchbar, so dass der Himmel schließlich mit einem Koordinatennetz ähnlich den irdischen Längen- und Breitengraden überzogen wurde. Der geografischen Länge entspricht dabei die Himmelskoordinate „Rekaszension", der Breite die „Deklination". Mit diesen beiden Koordinaten kann man die Position eines Sterns genau und für jeden Beobachter nachvollziehbar angeben. Die Rektaszension wird dabei in Stunden, Minuten und Sekunden von 0 – 24 Stunden angegeben, die Deklination in Winkelgrad von 0° – +90° (nördlich des „Himmelsäquators") bzw. 0° – –90° (südlich des Himmelsäquators). Der vorhin genannte linke Stern der Wagendeichsel des Großen Wagens trägt daher auch die Bezeichnung η UMa (eta in Ursa Major, dem Großen Bären) bzw. die Koordinaten 13^h47^m (Rektaszension), +49°19' (Deklination).

Dank genauer Sternpositionen konnten exakte Himmelskarten gezeichnet werden. Noch heute ist die Astrometrie des Himmels nicht abgeschlossen, immer wieder werden die Positionen der Sterne verbessert und vor allem schwächere Sterne neu erfasst.

Zwei Aspekte erschweren genaue Positionsangaben von Sternen: Einmal ändern sich ihre Koordinaten aufgrund der langfristig schwankenden Erdachse (der sogenannten Präzession), und zweitens besitzen alle Sterne eine Eigenbewegung, d. h. sie sind keineswegs so fix, wie es die übliche Bezeichnung „Fixstern" vermuten lassen würde. Die Präzession ist gut erforscht und kann mit Computerhilfe kompensiert werden, die Eigenbewegung vieler schwacher Sterne ist allerdings lange noch nicht gut genug bekannt und muss immer weiter erforscht werden.

Ein Trost bleibt: für durchschnittliche Genauigkeitsansprüche und gedruckte Sternkarten genügt es, diese alle

Eine moderne Sternkarte des Sternbildes Großer Bär (Ursa Major) mit Koordinatennetz (aus: „Der Kosmos Himmelsführer").

Das Very Large Telescope der ESO ist ein Verbund aus vier 8-m-Teleskopen und kleinerer Hilfsteleskope.

50 Jahre zu aktualisieren (derzeit gilt das Jahr 2000 als Fixpunkt); Profiastronomen müssen für Detailstudien dagegen sowohl die Eigenbewegung als auch die Präzession berücksichtigen.

Mit Hilfe der Astrometrie kann man bereits etwas über Ort und Bewegung eines Sterns erfahren. Um weitere Eigenschaften des Sterns zu erforschen, müssen seine Helligkeit und chemische Zusammensetzung bekannt sein.

Großteleskope trumpfen auf

Schon ein kurzer Blick zum Nachthimmel zeigt: Nicht alle Sterne sind gleich hell. Besonders im Winter sind viele sehr helle Sterne am Himmel zu sehen, zum Beispiel im Sternbild Orion, und etwas darunter Sirius im Großen Hund, der hellste Stern am irdischen Nachthimmel. Andere Sternbilder, zum Beispiel der Krebs, bestehen aus so lichtschwachen Sternchen, dass man sie nur mit Mühe entdecken kann. Die Bestimmung der Sternhelligkeiten wird als Photometrie bezeichnet. Hier können große Teleskope ihre Stärke ausspielen, denn je größer das Teleskop ist, desto schwächere Sterne kann es wahrnehmen.

Leider ist die Maßeinheit für Sternhelligkeiten aus historischen Gründen etwas undurchsichtig. Sie basiert auf dem von Hipparch eingeführten System, wonach die hellsten Sterne der Größe 1 zugeordnet werden, etwas schwächere der Größe 2, und die schwächsten, noch mit bloßem Auge wahrnehmbaren Sterne der Größe 6 angehören. In etwas abgewandelter Form findet dieses System der „Magnitudines" (lat., Größenklassen) heute noch Verwendung, wurde aber für besonders helle Objekte um negative Werte ergänzt. Als offizieller Nullpunkt dient der Stern Wega im Sternbild Leier. Sirius, der hellste Stern am Himmel, ist demnach $-1{,}^{m}5$ hell, der Vollmond -12^{m} und die Sonne sogar -27^{m}. Interessanter wird es, wenn man die Helligkeitsskala zu lichtschwächeren Sternen hin betrachtet. Bereits ein Fernglas zeigt Sterne der 8. Größe, Hobby-Teleskope kommen bis 15^{m}, der schon erwähnte 5-m-Spiegel auf dem Mt. Palomar erreichte mit stundenlangen Belichtungen auf Fotoplatten ca. 23^{m}. Besonders den modernen CCD-Detektoren (siehe auch Seite 170), die heute das Licht anstelle von Fotoplatten registrieren, ist es zu verdanken, dass Großteleskope mittlerweile Objekte der 30. Größe nachweisen können.

Aber die Helligkeitsbestimmung von Sternen hat weitaus mehr Sinn als deren bloße Katalogisierung. Denn manche Sterne leuchten nicht immer gleich hell und werden daher „Veränderliche" genannt. Im Zeitraum von Stunden, Tagen, Wochen oder Monaten schwankt ihre Helligkeit. Bei einigen geschieht dies regelmäßig wie ein Uhrwerk, andere werden plötzlich heller oder schwächer. Hinter diesen Helligkeitsschwankungen verbirgt sich eine Vielzahl physikalischer Prozesse, die alle etwas

Die Messung von Sternhelligkeiten und deren Verlauf über einen bestimmten Zeitraum kann viel über die Natur der Sterne aussagen und ist ein wichtiger Bestandteil der optischen Astronomie.

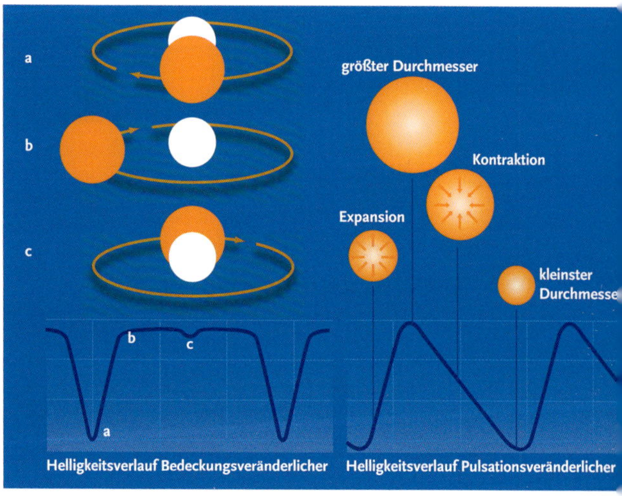

über die Natur eines Sterns verraten. Zwei prominente Beispiele seien hier genannt, mehr über das Thema der veränderlichen Sterne berichtet das Kapitel ab Seite 70.

Bedeckungen und Pulsationen

Im Sternbild Perseus befindet sich der Stern Algol, dessen Helligkeitsschwankungen man bereits mit bloßem Auge verfolgen kann. Etwa alle drei Tage wird Algol scheinbar schwächer, um innerhalb weniger Stunden wieder seine „normale" Helligkeit zu erreichen. Genauere Untersuchungen ergaben, dass sich dort zwei Sterne umkreisen und in regelmäßigen Abständen gegenseitig bedecken (linker Teil der Abb. links unten). Obwohl man die Sterne im Teleskop nicht einzeln sehen kann, offenbart sich allein durch die Untersuchung des Lichtwechsels die Natur des Objekts: Algol ist ein Doppelstern.

Eine ganz andere Art Veränderlicher ist der Stern δ (delta) im Sternbild Kepheus. Seine Helligkeit steigt etwa alle fünf Tage an, um dann wieder auf den Normalwert abzusinken. Die zugehörige Lichtkurve (rechter Teil der Abb. links) sieht aber ganz anders aus als bei Algol – handelt es sich ebenfalls um einen Doppelstern? Die Antwort lautet nein, denn δ Cephei verändert sich tatsächlich, er pulsiert. Im Gegensatz zu unserer gleichmäßig leuchtenden Sonne ist δ Cephei instabil, er bläht sich regelmäßig auf und zieht sich danach wieder zusammen.

Allein durch die Beobachtung von Sternhelligkeiten können die Astronomen viel über die Natur der Sterne in Erfahrung bringen – die Photometrie ist ein mächtiges Werkzeug zur Erforschung des Weltalls. An Vielfalt überboten wird die Photometrie aber noch von der Spektroskopie, denn damit kann man tatsächlich die chemische Zusammensetzung selbst Lichtjahre weit entfernter Sterne bestimmen – ohne eine Probe des Sterns in einem irdischen Labor zu untersuchen.

Wenn weiße Sterne farbig werden

Nicht alle Sterne strahlen reines weißes Licht aus. Genau genommen sind viele von ihnen sogar farbig, doch mit bloßem Auge kann man dies nur bei besonders hellen Sternen, wie etwa der rötlichen Beteigeuze im Sternbild Orion wahrnehmen. Die Farbe eines Sterns ist ein direktes Maß für dessen Temperatur: Rote Sterne sind „kühl" (ca. 3000 Grad), gelbe Sterne liegen mit etwa 6000 Grad im mittleren Bereich, und blaue Sterne sind sehr heiß, sie übertreffen sogar 20 000 Grad.

Noch genauer wird die Farbe eines Sterns bei der Spektroskopie unter die Lupe genommen. Ähnlich einem Regenbogen wird dabei das Licht der Sterne in seine Regenbogenfarben zerlegt, Astronomen sprechen vom Spektrum des Sterns. Die zugehörige Apparatur heißt Spektroskop, das an ein Teleskop angeschlossen wird. Das Spektroskop nutzt entweder ein Glasprisma oder ein feines Gitter, um das Licht des Sterns in seine Spektralfarben zu zerlegen.

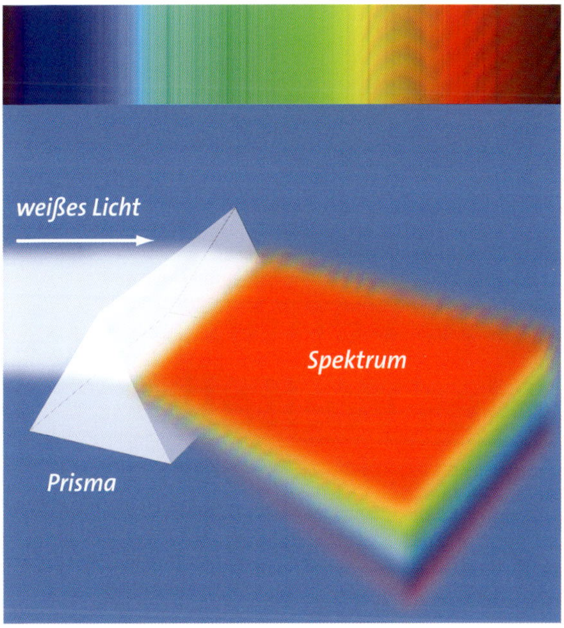

Ein Prisma zerlegt weißes Licht in dessen farbige Bestandteile und erzeugt ein Spektrum (ganz oben).

Im Gegensatz zum bekannten Regenbogen sind die Spektren der Sterne aber von vielen schmalen schwarzen Linien durchzogen, die nach ihrem Entdecker Fraunhofer-Linien genannt werden. Bereits von Experimenten im irdischen Chemielabor war bekannt, dass bestimmte Elemente mit einer ihnen ganz charakteristischen Farbe verbrennen. Natrium (neben Chlor auch in Kochsalz enthalten) hat zum Beispiel eine typisch gelbe Farbe, wenn es verbrennt.

Daher war der Weg nicht weit zur Deutung der Fraunhofer-Linien: Sie sind gewissermaßen der Fingerabdruck chemischer Elemente in der äußeren Atmosphäre eines Sterns. Statt zu leuchten, absorbieren hier vorhandene Elemente das aus dem Sterninneren strahlende Licht und bilden schwarze Linien im Spektrum. So kann man aus weiter Ferne, allein durch die spektroskopische Untersuchung des Sternlichts, auf dessen chemische Zusammensetzung schließen. Sterne bestehen zum überwiegenden Teil aus Wasserstoff, dem häufigsten chemischen Element im Universum.

Typische Aufnahme eines Sternspektrums mit Fraunhofer-Linien.

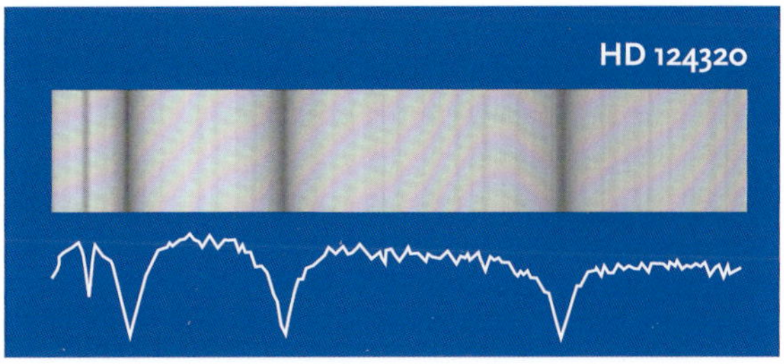

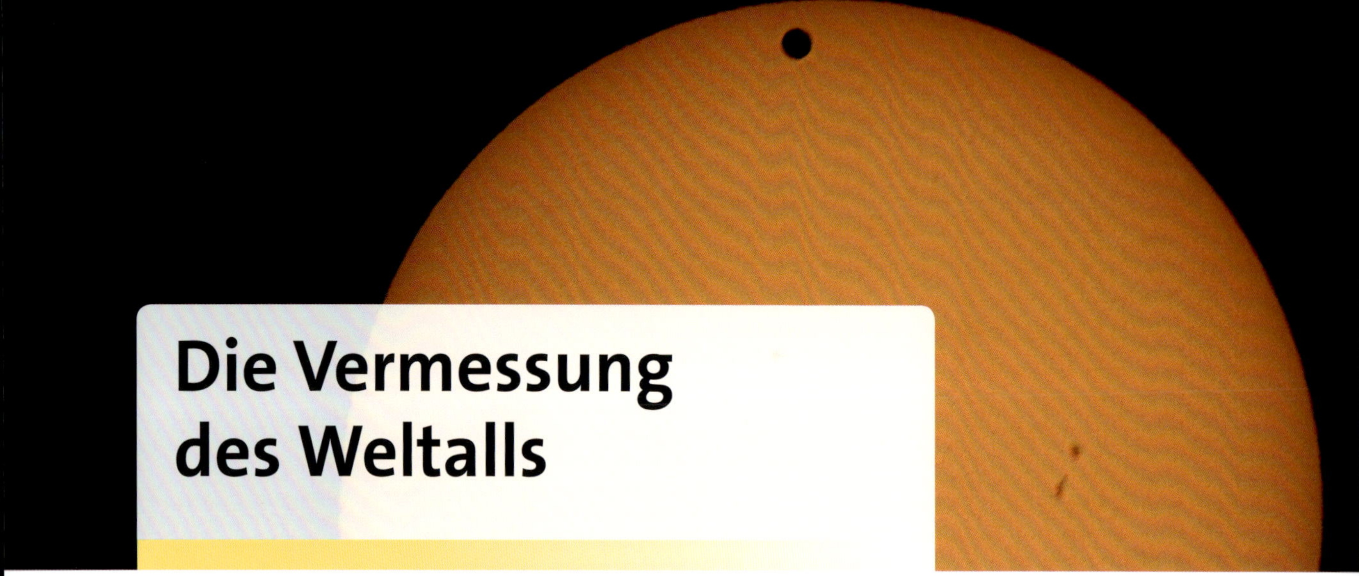

Die Vermessung des Weltalls

Astronomen haben ein echtes Problem: Man kann die Entfernungen der Himmelskörper nicht mit dem Metermaß vermessen. Stattdessen greifen die Wissenschaftler auf indirekte Methoden zurück und hangeln sich von einem Meilenstein zum anderen durch das Universum.

Die Parallaxe

Als Parallaxe bezeichnet man in der Astronomie die Verschiebung der Position eines Himmelskörpers, wenn man ihn von zwei verschiedenen Standorten aus beobachtet. Je näher ein Objekt der Erde ist, umso größer ist seine Parallaxe, und so geringer ist der Abstand, den zwei Beobachter haben müssen, um die Parallaxe zu messen. So reichen einige hundert Kilometer Distanz aus, um die Parallaxe und damit auch die Entfernung des Mondes zu bestimmen; für die Nachbarplaneten Venus und Mars benötigt man bereits mehrere 1000 Kilometer. Bei der Parallaxenmessung handelt es sich um eine trigonometrische Peilung.

Bereits die Naturphilosophen im alten Griechenland unternahmen Versuche, die Entfernungen von Sonne und Mond zu bestimmen. Grundlage für diese Schätzungen war die Bestimmung des Erddurchmessers durch Eratosthenes von Kyrene. Ihm war aufgefallen, dass die Sonne, zur gleichen Uhrzeit von zwei entfernten Orten aus betrachtet, unterschiedlich hoch am Himmel steht. Unter der Annahme, die Erde sei eine Kugel, konnte er den Erddurchmesser zu 12 700 km bestimmen, was dem heute gültigen Wert von 12 756 km erstaunlich nahe kommt. Der erste Schritt war getan, die ungefähre Größe eines Mitglieds des Planetensystems bekannt. Etwa einhundert Jahre später (um 150 v. Chr.) bestimmte Hipparchos von Nikaia die Mondentfernung zu 30 Erddurchmessern (ca. 380 000 km); auch dies ein Wert, der dem tatsächlichen (384 000 km) überraschend ähnlich ist. Der nächste Schritt, die Bestimmung des Abstandes Sonne–Erde, war dagegen von weniger Erfolg gekrönt, und es sollte fast 2000 Jahre dauern, bis man diese riesige Entfernung von 150 Mio. km in Erfahrung bringen konnte.

Die Astronomische Einheit

Der mittlere Abstand zwischen Sonne und Erde wird als „Astronomische Einheit" bezeichnet. Wer diesen Wert genau kennt, kann – dank der Keplerschen Gesetze – die

Zwei Strichspuraufnahmen des Kleinplaneten Toutatis, aufgenommen an zwei 513 km entfernten Observatorien. Aus dem Parallaxeneffekt konnte die Entfernung des Kleinplaneten zu 1 607 900 km bestimmt werden.

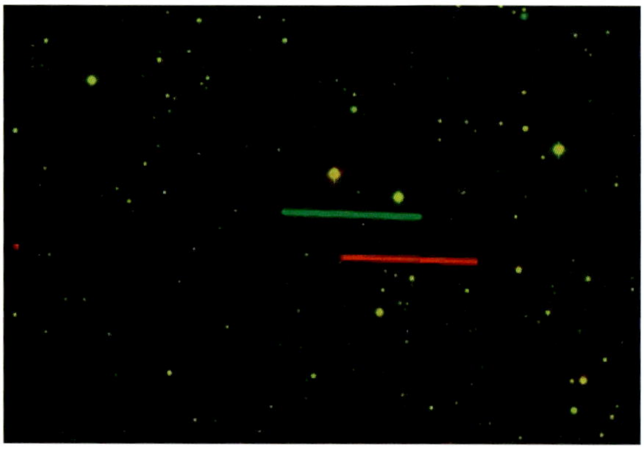

Entfernungen aller Planeten untereinander und zur Sonne berechnen. So verwundert es nicht, dass große Anstrengungen unternommen wurden, um den Wert der Astronomischen Einheit (AE) genau zu ermitteln. Und anstrengend war dies in der Tat, denn die einzige Möglichkeit basierte auf trigonometrischen Beobachtungen, ähnlich den Methoden der Landvermesser.

Entfernungen mit der Lichtreisezeit

Objekt	Lichtreisezeit	Ort
Mond	1 Sekunde	Sonnensystem
Sonne	8 Minuten	Sonnensystem
Pluto	5 Stunden	Sonnensystem
α Centauri	4,3 Jahre	Milchstraße
Kugelsternhaufen M 13	20 000 Jahre	Halo der Milchstraße
Andromeda-Galaxie	2,7 Millionen Jahre	Lokale Galaxiengruppe
Virgo-Galaxienhaufen	50 Millionen Jahre	„Unser Galaxienhaufen"
Quasar 3C 273	2,5 Milliarden Jahre	Universum

Jeder kann dies nachvollziehen, wenn er den Arm ausstreckt und dann den Daumen abwechselnd mit dem linken und dem rechten Auge betrachtet: Vor dem Hintergrund entfernter Gegenstände springt der Daumen hin und her. Den Abstand der Augen sowie die Armlänge kann man nachmessen, und durch die Ermittlung des Winkels beim „Daumensprung" lässt sich so die Entfernung anderer Gegenstände berechnen. Der Fachbegriff hierfür lautet „Parallaxeneffekt" (siehe auch Kasten auf Seite 16).

Statt des Daumens benutzen Astronomen den Planeten Venus, der zu bestimmten Zeiten vor der hellen Sonnenscheibe vorbeizieht. Die Basislinie (der „Augenabstand") muss aufgrund der Entfernungen besonders groß sein, der Venusdurchgang vor der Sonne entsprechend von zwei weit auseinander liegenden Orten auf der Erde beobachtet werden. Doch leider sind diese Venustransite seltene Ereignisse, sie finden nur etwa alle 120 Jahre statt, acht Jahre später folgt allerdings immer ein weiterer Transit. So zog die Venus nach dem letzten, zur Bestimmung der AE benutzten, Transit im Jahre 1882 erst wieder am 8. Juni 2004 vor der Sonne vorbei, ein Ereignis, das zwar weltweit beobachtet wurde, aber für die Ermittlung der AE heutzutage keinerlei Bewandnis mehr hatte. Das Bild auf Seite 16 oben stammt vom Venustransit am 6. Juni 2012, der nächste wird erst 2117 stattfinden.

Allen Anstrengungen zum Trotz – oft wurden zur Beobachtung eines Venustransits abenteuerliche Expeditionen in abgelegene Gebiete unternommen – blieb der Wert der AE lange ungenau. Erst moderne Beobachtungen mittels Radarwellen lieferten den exakten Wert von 149 597 870 km.

Wie bereits erwähnt, konnten dank der Kenntnis des Abstandes Sonne – Erde auch die Entfernungen der anderen Planeten zu Sonne und Erde berechnet werden; die Vermessung des Sonnensystems war nurmehr eine Rechenaufgabe (siehe auch Seite 34).

Der Griff nach den Sternen

Sterne sind sehr viel weiter von uns entfernt als die Sonne und alle anderen Planeten. Hier begegnen wir Zahlen in „astronomischen" Größenordnungen. Und doch gelang es bereits Friedrich Wilhelm Bessel im Jahr 1838, die Entfernung eines Fixsterns zu bestimmen. Die Technik ist der Bestimmung der Sonnenentfernung ähnlich, nur benutzt man nun als „Augenabstand" nicht zwei auf der Erde weit außeinander liegende Orte, sondern den Durchmesser der Erdbahn, hat also eine Basislinie von knapp 300 Mio. km Länge!

Selbst mit dieser riesigen Basislinie ist die Parallaxe von Sternen kaum messbar. Das „Wackeln" naher Sterne vor dem Hintergrund der weiter entfernten Sterne ist kleiner als eine Bogensekunde und damit nur schwer messbar – aber immerhin möglich.

F. W. Bessel untersuchte den Stern 61 im Sternbild Schwan („61 Cygni") und bestimmte dessen Entfernung zu 10,3 Lichtjahren, einer für damalige Zeiten geradezu schwindelerregenden Entfernung. Später wurde dieser Wert auf 11,4 Lichtjahre präzisiert. 61 Cygni befindet sich noch in der unmittelbaren Nachbarschaft der Sonne, sein Parallaxenwinkel (das „Wackeln") beträgt nur 0,287 Bogensekunden.

Ein Lichtjahr ist die Entfernung, die das Licht innerhalb eines Jahres zurücklegt: 9,46 Billionen km. Oft wird auch die Einheit „Parsec" (Abkürzung für „Parallaxensekunde") verwendet, da hier der Zusammenhang mit dem gemessenen Parallaxenwinkel deutlicher ist. Die in Parsec

Der Satellit *Hipparcos* hat die Entfernungen von mehr als 100 000 Sternen mit einer Genauigkeit von 0,001 Bogensekunden bestimmt.

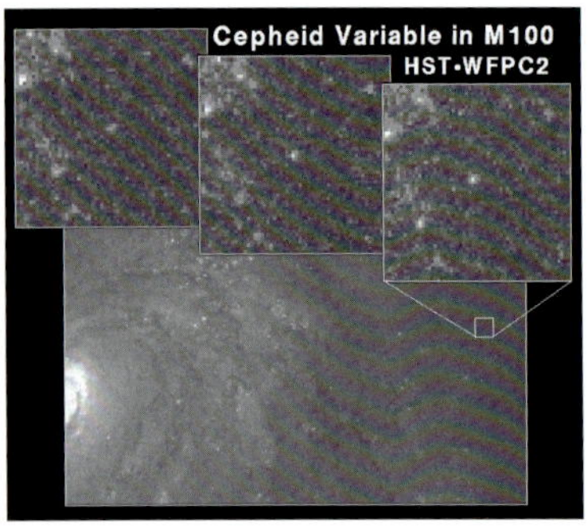

Helligkeitsänderungen eines Cepheiden in der Galaxie M 100, aufgenommen durch das Hubble-Teleskop.

Die 10 sonnennächsten Sterne

Stern	Sternbild	Helligkeit	Entfernung
Proxima Centauri	Zentaurus	$11^{\mathrm{m}},0$	4,2 Lichtjahre
α Centauri A/B	Zentaurus	$0^{\mathrm{m}},0/1^{\mathrm{m}},4$	4,4 Lichtjahre
Barnards Pfeilstern	Schlangenträger	$9^{\mathrm{m}},5$	5,9 Lichtjahre
Wolf 359	Löwe	$13^{\mathrm{m}},7$	7,8 Lichtjahre
Lalande 21185	Großer Bär	$7^{\mathrm{m}},5$	8,3 Lichtjahre
UV Ceti B	Walfisch	$13^{\mathrm{m}},0$	8,7 Lichtjahre
Sirius	Großer Hund	$-1^{\mathrm{m}},5$	8,6 Lichtjahre
Ross 154	Schütze	$10^{\mathrm{m}},4$	9,7 Lichtjahre
Ross 248	Andromeda	$12^{\mathrm{m}},2$	10,3 Lichtjahre
ε Eridani	Eridanus	$3^{\mathrm{m}},7$	10,5 Lichtjahre
Lacaille 9352	Südlicher Fisch	$7^{\mathrm{m}},4$	10,7 Lichtjahre

Die Verschiebung von Absorptionslinien in Sternspektren wird zur Entfernungsbestimmung genutzt.

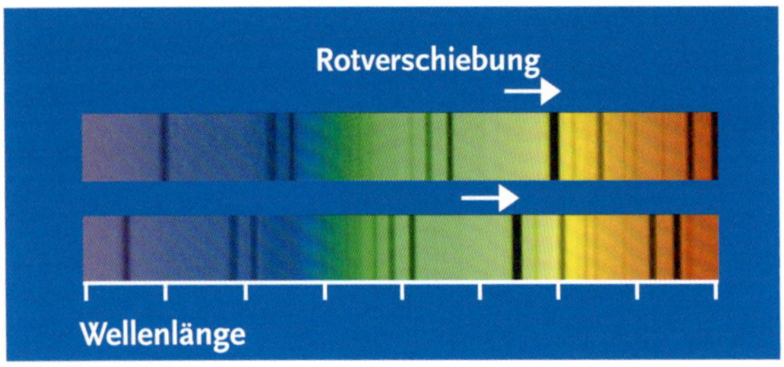

angegebene Entfernung ist gleich dem Umkehrwert des Winkels, bei 61 Cygni also 1/0,287 = 3,48 Parsec. Einem Parsec entsprechen somit 3,26 Lichtjahre oder knapp 31 Billionen km.

Mit der Parallaxenmethode ist es möglich, Sternentfernungen bis ca. 100 Lichtjahre weit exakt zu messen. Um diese Reichweite zu steigern und die Werte naher Sterne zu verbessern, untersuchte der Satellit Hipparcos Anfang der 1990er Jahre die Parallaxen von 100 000 Sternen. Auf den Ergebnissen seiner Messungen basieren alle modernen Entfernungsangaben und sind zugleich fixe Meilensteine für die noch weiter in den Kosmos hinausreichenden Verfahren.

Die Messung der Parallaxe ist die einzige direkte Methode, um die Entfernung eines Sterns zu bestimmen. Alle anderen fügen verschiedene Puzzleteile zusammen, um noch weiter in den Raum vorzudringen. Die nächste wichtige Entdeckung zur Entfernungsbestimmung gelang Henrietta Leavitt im Jahr 1912. Ihr fiel auf, dass eine bestimmte Klasse veränderlicher Sterne, die sogenannten Cepheiden, einen eindeutigen Zusammenhang zwischen ihrer Helligkeit und der Dauer ihres Lichtwechsels aufweisen. Man muss also nur die Lichtwechselperiode des Cepheiden und seine scheinbare Helligkeit messen, um so dessen Entfernung zu erhalten.

Galaxien – Millionen Lichtjahre entfernt

Dank der Cepheiden-Methode war es nun theoretisch möglich, auch die Entfernung anderer Galaxien zu bestimmen – vorausgesetzt, man kann dort Cepheidensterne finden und vermessen.

Wer schon einmal die große Andromeda-Galaxie mit einem Feldstecher oder Teleskop beobachtet hat, weiß, dass man dort nur einen nebligen Lichtschein sieht, von einzelnen Sternen ist keine Spur. Erst mit einem neuen Riesenteleskop, dem 2,5-m-Spiegel des Mt.-Wilson-Observatoriums, war es im Jahr 1920 möglich, die Randpartien des Andromeda-Nebels in einzelne Sterne aufzulösen. Edwin Powell Hubble war es, der dort auch Cepheidensterne entdeckte und so die Entfernung des „Nebels" zu 800 000 Lichtjahren bestimmte. Erstmals war klar, dass dieser Nebel kein Teil unserer Milchstraße ist, sondern es sich bei ihm um eine eigene, sehr weit entfernte Galaxie handeln muss.

Nun war die Entfernungsbestimmung mittels Cepheiden doch nicht so einfach, wie es auf den ersten Blick den Anschein hatte. Die tatsächliche Entfernung der Andromeda-Galaxie beträgt daher ca. 2,7 Mio. Lichtjahre. Das „ca." weist schon darauf hin: So ganz genau kennt man selbst heute die Entfernung noch nicht, irgendwo zwischen 2,5 und 3,0 Mio. Lichtjahren ist sie aber angesiedelt.

Nur bei wenigen, sehr nahen Galaxien war es möglich, einzelne Cepheiden zu finden und daraus auf die Entfernung der Galaxie zu schließen. Aber Hubble machte eine weitere Entdeckung mit weit reichenden Konsequenzen. Zusammen mit seinem Kollegen Humason nahm Hubble

Astronomische Maßeinheiten

1 Astronomische Einheit (AE) = 149 597 870 Kilometer
1 Lichtjahr = 9,46 Billionen km oder 63 240 AE
1 Parsec (pc) = 3,26 Lichtjahre
1 Megaparsec (Mpc) = 3260 Lichtjahre
Lichtgeschwindigkeit = 299 792 458 m/s

Spektren einiger Galaxien auf. Die Auswertung bereitete den beiden Forschern allerdings Kopfzerbrechen, so recht wollten die dunklen Linien in den Galaxienspektren nicht mit den von Sternen bekannten Mustern zusammenpassen (siehe auch Seite 15). Es stellte sich heraus, dass die Spektren der Galaxien insgesamt gegenüber normalen Sternspektren in Richtung des roten Lichts verschoben sind. Die berühmte Rotverschiebung der Galaxien war entdeckt, und mit ihr der Zusammenhang, dass die Rotverschiebung umso größer ist, je weiter die Galaxie von uns entfernt ist. Der Zusammenhang zwischen Rotverschiebung und Entfernung wird über die sogenannte Hubble-Konstante ermittelt (weil sich deren Wert über die Jahre stark änderte, spricht man nun eher vom Hubble-Parameter). Noch heute ist die genaue Bestimmung des Hubble-Parameters Gegenstand der Forschung – und der eigentliche Grund, weshalb das Hubble-Weltraumteleskop (HST) gebaut wurde. Mit dem HST und später dem Spitzer-Weltraumteleskop wurden Cepheiden in weit entfernten Galaxien untersucht und so der Hubble-Parameter auf 74,3 km/(s · Mpc) präzisiert. Nur durch die Messung der Rotverschiebung ist es möglich, die Distanzen sehr weit entfernter Galaxien und Quasare zu bestimmen.

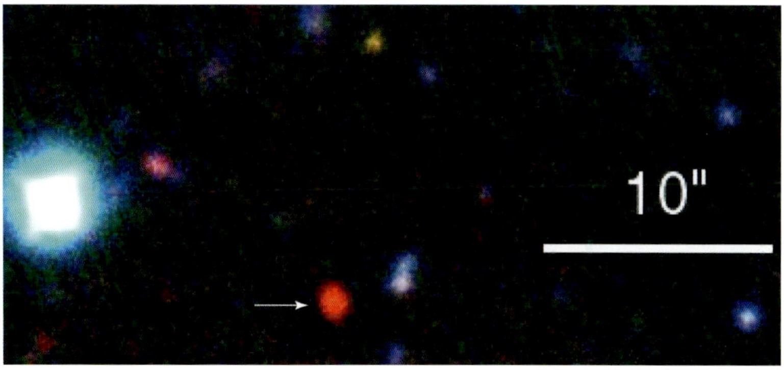

Der Pfeil zeigt eine sehr rote elliptische Galaxie mit einer Rotverschiebung von z = 7,8.

Leuchtfeuer als Standardkerzen

In weit entfernten Galaxien können keine Cepheidensterne mehr beobachtet werden; die Eichung des Hubble-Parameters ist hier nicht möglich, da die Cepheiden zu lichtschwach sind.

Glücklicherweise aber bietet uns die Natur eine weitere, wenn auch seltene Möglichkeit, den exakten Wert des Hubble-Parameters zu prüfen. Hin und wieder taucht in einer sonst unscheinbaren Galaxie ein besonders heller Stern auf: eine Supernova. Dieser explodierende Stern ist zeitweise so hell wie die ganze Galaxie. Supernovae treten in mehreren Varianten auf, die durch ihre Helligkeitsentwicklung voneinander unterschieden werden können. Eine Sorte davon, die Supernovae des Typs Ia, leuchten nach der Theorie immer mit der gleichen (absoluten) Helligkeit. Durch Beobachtung ihrer scheinbaren Helligkeit (also dem Licht, das auf der Erde ankommt) kann so recht einfach die Entfernung der Supernova und so auch die der Galaxie bestimmt werden. Supernovae des Typs Ia werden daher auch als „Standardkerzen" der Entfernungsbestimmung bezeichnet.

Diese Entfernung kann mit der durch die Rotverschiebung ermittelten verglichen und damit der Wert des Hubble-Parameters präzisiert werden. So ist es heutzutage – theoretisch – möglich, die Entfernungen von Galaxien bis hin zum Rand des Universums anzugeben. Theoretisch deshalb, weil die Fluchtgeschwindigkeit der Galaxien nicht, wie lange Zeit angenommen wurde, in gleichem Maße wie die Entfernung steigt, sondern bei weit entfernten Galaxien zunehmend größere Werte aufweist. Das Universum dehnt sich offenbar mit fortschreitender Entfernung immer schneller aus, man spricht daher auch vom beschleunigten Universum.

Neben der reinen Bestimmung von Abständen hat die astronomische Entfernungsmessung starken Einfluss auf die Theorien und Modelle der Kosmologen. Denn wenn sich das Universum zum Rand hin immer schneller ausdehnt, wird es mit großer Wahrscheinlichkeit für alle Zeiten diese Expansion nicht mehr stoppen. Das Modell des pulsierenden Kosmos – der sich ausdehnt, wieder zusammenzieht, nach dem Urknall wieder ausdehnt, sich dann wieder zusammenzieht – wäre somit endgültig aus dem Rennen.

Supernovae (siehe Pfeil) sind wichtige Indikatoren zur extragalaktischen Entfernungsbestimmung.

Radioastronomie

Auch Astronomen hören gerne Musik, aber damit hat die Radioastronomie nichts zu tun. Die Himmelsforschung mit großen Schüsseln unterscheidet sich stark von der optischen Astronomie – und ist aus dem Repertoire der Forscher nicht mehr wegzudenken. Radioastronomie hat einen großen Vorteil: Man kann sogar am hellichten Tag den tiefen, „dunklen" Weltraum erforschen.

Als Pionier der Radioastronomie gilt Karl Jansky, der 1932 mit einer merkwürdigen Antennenkonstruktion als Erster ein Rauschen aus dem Weltraum empfing. Radiowellen können mit „normalen" Fernrohren nicht beobachtet werden. Die Wellenlängen der Radiostrahlung liegen zwischen wenigen Millimetern und mehreren Metern (siehe auch Seite 12).

Das typische Radioteleskop sieht dagegen eher wie eine Satellitenschüssel aus, einfache Drähte zum Empfang kosmischer Wellen spannt schon lange niemand mehr auf. Im Vergleich zu optischen Teleskopen müssen die Spiegel der Radioteleskope nicht so glatt sein. Wichtig ist, dass die Teleskopoberfläche um ca. einen Faktor zehn glatter als die zu beobachtenden Wellen ist. Bei Wellenlängen von Metern genügt es also, die Teleskopschüssel auf einige Zentimeter genau zu konstruieren. Auf den ersten Blick fallen zwei Unterschiede zu einem gewöhnlichen Fernrohr auf: Radioteleskope sind sehr viel größer – und sie stehen völlig ungeschützt im Freien. Im Gegensatz zu optischen Instrumenten können Radioteleskope auch am Tag beobachten, sie werden nicht vom hellen Sonnenlicht gestört (anders ausgedrückt: Die Sonne hellt im Bereich der Radiostrahlung nicht den Himmel auf). Und dank ihrer Größe scheinen sie auch mehr Strahlung sammeln zu können als ihre im sichtbaren Licht arbeitenden Kollegen.

Karl Jansky beobachtete 1932 mit dieser Radioantenne als Erster die Radiostrahlung der Milchstraße.

Das Very Large Array in Neu-Mexiko besteht aus 27 Antennen mit je 25 m Durchmesser, die alle zu einem Teleskop zusammengeschaltet werden können.

Einzeln schwach – gemeinsam stark

Doch leider ist dies nur die halbe Wahrheit. Radioteleskope müssen so groß sein, um überhaupt vernünftige Beobachtungen durchführen zu können. Denn einerseits können sie immer nur einen einzelnen Punkt am Himmel anpeilen – und nicht wie sonst üblich ein Bild erzeugen. Und zweitens ist dieser Punkt am Himmel ziemlich groß, das Auflösungsvermögen ist dem optischer Teleskope weit unterlegen. Selbst das 100-m-Radioteleskop in Effelsberg besitzt nur eine Auflösung von 8 Bogenminuten, etwa ein Drittel des Vollmonddurchmessers. Auch beim größten Radioteleskop der Welt, dem in einem Tal fest montierten 305-m-Spiegel des Arecibo-Observatoriums in Puerto Rico, ist die Auflösung nicht viel besser. Schuld daran sind die großen Wellenlängen, denn die Trennschärfe eines Teleskops hängt sowohl von dessen Durchmesser als auch von der beobachteten Wellenlänge ab.

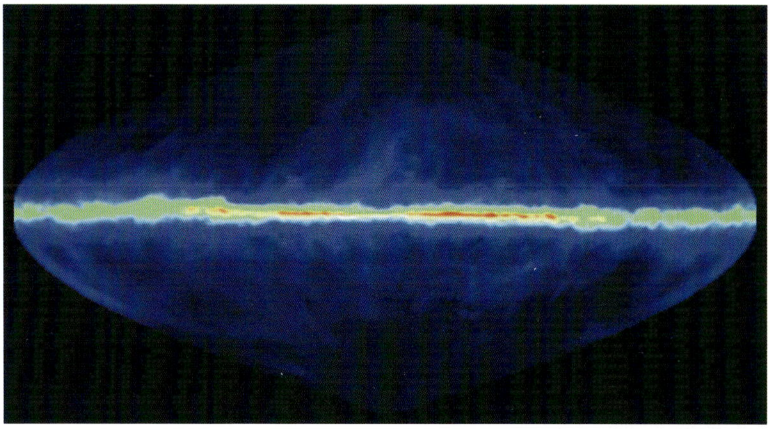

Der Himmel im Licht der 21-cm-Linie des neutralen Wasserstoffs. Deutlich ist die Ebene der Milchstraße zu erkennen.

Erst durch die Kombination verschiedener Radioteleskope in großem Abstand gelang es, den Radiohimmel in der gleichen Qualität wie von optischen Aufnahmen her gewohnt zu untersuchen. Diese Technik wird als Interferometrie bezeichnet. Es ist mittlerweile möglich, auf unterschiedlichen Kontinenten stationierte Radioteleskope zusammenzuschalten und so Details im Millibogensekundenbereich aufzulösen. Damit sind Radioteleskope in der Auflösung heute den optischen um einen Faktor Tausend überlegen!

Radiowellen aus dem Weltraum

Dank der Radioastronomie können Phänomene beobachtet werden, die sonst im Verborgenen blieben. Meist sind es Schwingungen von Atomen, Molekülen oder den subatomaren Teilchen, die Radiostrahlung verursachen. Zum Beispiel leuchtet das häufigste Element im Universum, der Wasserstoff, bei einer Wellenlänge von 21 cm besonders hell. Im Gegensatz zu den rot leuchtenden Gasnebeln (siehe Seite 76) handelt es sich hier aber um neutralen, also „kalten" Wasserstoff, der – für das bloße Auge unsichtbar – weite Gebiete der Milchstraße durchzieht. Durch die Beobachtung dieser 21-cm-Linie konnte so auf die Spiralstruktur unserer Milchstraße sowie auf deren Dynamik geschlossen werden.

Erst 1970 wurde die 2,6-mm-Linie des Kohlenmonoxid-Moleküls entdeckt. Wo sie nachzuweisen ist, befinden sich interstellare Molekülwolken im Weltraum, aus denen sich in ferner Zukunft neue Sterne bilden können.

Aber Radiowellen werden auch von Objekten mit viel „explosiverem" Ursprung erzeugt. Ihre Identifizierung wurde dabei von der eingangs erwähnten Unschärfe der Radioteleskope erschwert. So stellte sich erst Jahre nach der Entdeckung der Radioquellen Cassiopeia A und Taurus A (jeweils die erste Radioquelle in den Sternbildern Kassiopeia bzw. Stier) heraus, dass sie den Resten von Supernova-Explosionen zuzuordnen sind. Bei Taurus A war dies nicht weiter überraschend, kannte man doch den Nebel „M 1" schon seit mehreren Jahrhunderten. Bei Cassiopeia A hingegen ist kein optisches Gegenstück sichtbar, die Entdeckung dieses Sternenrests blieb der Radioastronomie vorbehalten.

So unglaublich es klingen mag, aber die hellsten Radioquellen am Himmel stammen von Objekten, die sehr weit von unserer Milchstraße entfernt sind. Das Paradebeispiel dafür ist Cygnus A (Bild unten). In dieser Galaxie erzeugt eine unbekannte Energiequelle (ein Schwarzes Loch?) stark fokussierte Strahlung, die beidseits des Galaxienkerns Materie zu leuchtenden Klumpen aufschiebt.

Vollständig aus dem Schatten der optischen Astronomie trat die Radiobeobachtung mit der Entdeckung eines – im optischen Licht scheinbar punktförmigen – Radioobjekts: Das erste quasistellare Objekt, besser bekannt als Quasar („Quasistellar Radio Source"), wurde in den 1960er Jahren entdeckt. Quasare können auch mit optischen Teleskopen beobachtet werden, unterscheiden sich dort aber nicht von einem punktförmigen Stern. Ihre Spektren weisen eine besonders hohe Rotverschiebung auf; sie sind sehr weit von uns entfernt. Mittlerweile ist klar, dass Quasare eine besondere Art junger, sehr aktiver Galaxien sind, deren Kerne extrem hell leuchten.

Das Bild von Cygnus A zeigt ein Gebiet von 500 000 Lichtjahren. Obwohl über 600 Millionen Lichtjahre entfernt, ist sie die hellste Radioquelle am Himmel.

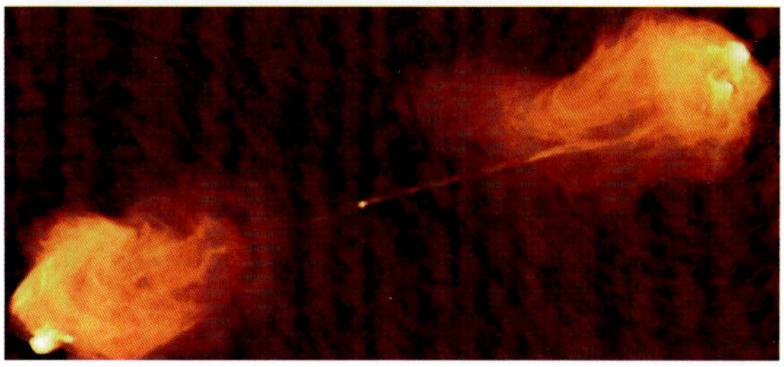

Satellitenteleskope

Über den Wolken ist die Freiheit – besonders für astronomische Teleskope – wirklich grenzenlos. Hier kann das gesamte elektromagnetische Spektrum empfangen werden. Endlich keine störende Atmosphäre mehr, die uns die wahren Geheimnisse des Kosmos verheimlicht. Satellitenteleskope sind aus der Forschung nicht mehr wegzudenken.

Der erste von Menschen geschaffene Satellit war Sputnik, der 1957 mit seinem Biep-Biep für Aufsehen sorgte. Heutzutage sind Satelliten aus unserem täglichen Leben nicht mehr wegzudenken. Sie sind die Bindeglieder in unserer Medienwelt, sei es für Fernsehübertragungen, Telefongespräche oder das Internet. Etwas unbemerkt von den Augen der Öffentlichkeit hat die Nutzung von Erdsatelliten aber auch Einzug in die Astronomie gehalten.

Hubble – das berühmteste Satellitenteleskop

Bereits seit 1990 kreist ein mittelgroßes optisches Teleskop um die Erde: Hubble, das Weltraumteleskop. Sein 2,4 m großer Hauptspiegel weist leider einen nahezu dilettantischen Konstruktionsfehler auf (siehe Kasten rechts oben), aber seit dem Einsatz einer Korrekturoptik hat das HST die in es gesteckten Erwartungen mehr als erfüllt, denn aus seiner 600 km hohen Umlaufbahn um die Erde hat es einen ungetrübten Blick in den Kosmos.

Teleskope auf der Erdoberfläche können nicht schärfer sehen, als es die turbulente Erdatmosphäre zulässt. Hubble dagegen kann seine theoretisch mögliche Leistungsfähigkeit voll ausspielen. Außerdem kann das HST viel länger in den Weltraum starren als seine irdischen Pendants, denn ohne Luft ist der Himmel hier auch am „Tag" dunkel. Als Nachfolger für das HST ist derzeit das „James-Webb-Teleskop" mit einem 6,5-m-Spiegel im Bau, der Start wurde aber immer wieder verschoben und kann frühestens im Jahr 2018 erfolgen.

Unsichtbares Licht sichtbar gemacht

Abseits der plakativen Bilder von Hubble verrichten andere Satellitenteleskope ihre Arbeit im Weltraum. Dabei sind deren Beobachtungen weit spektakulärer, können sie doch Strahlung empfangen, die auf der Erdoberfläche überhaupt nicht nachgewiesen werden kann.

Das Hubble Space Telescope wurde 1990 in eine Erdumlaufbahn gebracht. Es hat unseren Blick in die Tiefen des Weltraums revolutioniert und fantastische Bilder geliefert.

Erdgebundene Aufnahme

Hubble vor Reparatur

Hubble nach Reparatur

Die nebenstehenden Bilder zeigen einen Vergleich der Bildschärfe zwischen einer Aufnahme vom Erdboden aus, gestört durch die Einflüsse der Atmosphäre, und dem ungetrübten Blick des Hubble-Weltraumteleskops. Aufgrund eines Herstellungsfehlers erreichte des Teleskop seine ganze Leistungsfähigkeit erst, nachdem es mit der Korrekturoptik *Costar* eine „Brille“ verpasst bekam.

Zu längeren Wellenlängen hin schließt sich an das sichtbare Licht die Infrarotstrahlung an. In diesem Licht strahlen zum Beispiel kühle Sterne („Braune Zwerge“). Und der direkte Nachweis von Planeten um fremde Sterne ist im Infrarotlicht einfacher als im sichtbaren Licht. Daher wird sich das oben genannte Webb-Teleskop auch auf die Beobachtung im Infrarotbereich beschränken.

Kann die Infrarotstrahlung mit neu entwickelten Detektoren auch zum Teil vom Erdboden aus beobachtet werden, so bleiben die anderen Bereiche des elektromagnetischen Spektrums vollständig den Satellitenteleskopen vorbehalten.

Kurze Wellen, starke Strahlung

Kurze Wellenlängen sieht das Auge als blaues Licht. Zu noch kürzeren Wellenlängen hin schließt sich das – für das menschliche Auge bereits un sichtbare – ultraviolette Licht an. Je kürzer die Wellenlängen werden, desto energiereicher wird die Strahlung. Auf das ultraviolette Licht folgen die Röntgen- und dann die Gammastrahlung. Ein „lauwarmer“ Stern mit einer Temperatur von 3000 Grad gibt keine kurzwellige Strahlung ab. Wo Teilchen mit kurzer Wellenlänge beobachtet werden, steht auch immer ein sehr energiereicher Prozess im Weltall dahinter.

Um diese Phänomene zu beobachten, ist man auf Satellitenteleskope angewiesen. Eines der erfolgreichsten Weltraumteleskope für kurze Wellen ist das Röntgenteleskop *Chandra*. Ein Röntgenteleskop benutzt Spiegel, die noch sehr viel genauer geschliffen sein müssen als die optischer Teleskope. Wo im Weltall Röntgenstrahlung beobachtet wird, kann man auf sehr aktive Prozesse schließen. Starke Röntgenstrahler sind zum Beispiel junge Sterne, die noch schnell rotieren, Doppelsternpaare, bei denen Materie von einem Stern auf den anderen stürzt, oder auch Supernovaüberreste, die von ihrem heißen Zentralstern durch Röntgenstrahlung „gefüttert“ und so zum Leuchten angeregt werden.

Röntgenbild eines Supernova-Rests

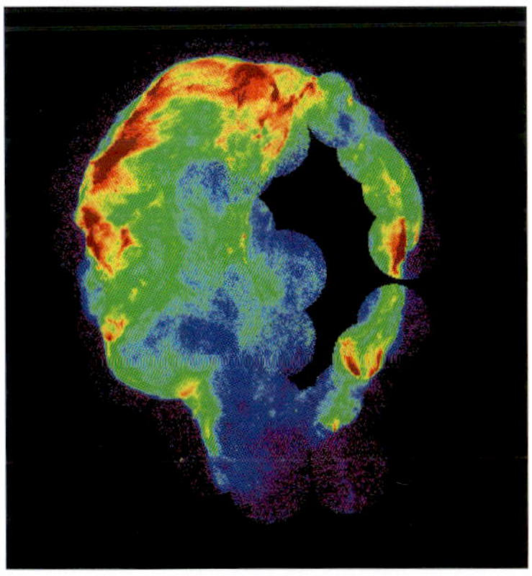

Im Infrarotbild der Galaxie M 81 leuchten besonders die Sternentstehungsgebiete in den Spiralarmen auf (Aufnahme: *Spitzer Space Telescope*, das Bild rechts zeigt den Satelliten kurz vor dem Start im Labor).

Raumsonden im Sonnensystem

Teleskope mögen noch so gut sein, sei es auf der Erdoberfläche oder in einer Umlaufbahn – nur aus nächster Nähe können die Planeten richtig erforscht werden. Vollgepackt mit Kameras, Messinstrumenten und Antennen bahnen sich dutzende irdische Späher den Weg von einem Planeten zum anderen. Alle großen Planeten wurden bereits erforscht.

Der Schritt von erdumkreisenden Satelliten zu Raumsonden, die kreuz und quer durch das Sonnensystem fliegen, war nicht besonders weit. Ein kräftiger Schubs, und sie verlassen das Gravitationsfeld der Erde, bewegen sich mit rasender Geschwindigkeit von einem Planeten zum anderen.

Alle Planeten umrunden die Sonne in nahezu der gleichen Ebene (die Bahnen von Merkur und Pluto sind etwas gegen diese Ebene geneigt). Auch Raumsonden sind daran gebunden. Zudem fliegen sie nicht geradlinig von der Erde z. B. zum Jupiter, sondern bewegen sich in weiten Bögen durch das Sonnensystem. Ihr ohnehin schon langer Weg wird dadurch noch sehr viel länger, die Flugdauer steigt entsprechend an. Grund für diese auf den ersten Blick umständliche Reiseroute ist mangelnde Antriebskraft. Raumsonden werden in der Regel nur einmal beschleunigt und treiben dann vor sich hin. Damit sie ihr Ziel erreichen, wurde zuvor eine komplizierte Flugbahn berechnet, oft verbunden mit Vorbeiflügen an anderen Planeten.

Ihren kostbaren Treibstoff setzen Raumsonden nur für kleine Kurskorrekturen ein. Um überhaupt genügend schnell zu werden, schrammen die Sonden oft mehrmals an einem anderen Planeten vorbei und holen sich dabei zusätzlichen Schwung. Dieses als „Swingby" bezeichnete Manöver ist jedes Mal ein kritischer Punkt. Die Sonde fliegt dabei in das Schwerefeld des Planeten und lässt sich gleichsam auf ihn zufallen, um danach regelrecht in den Weltraum hinauskatapultiert zu werden. Dem Planeten wird dadurch etwas Geschwindigkeit gestohlen, den die Sonde zu ihrer Beschleunigung benutzt.

Cassini-Huygens ist ein Gemeinschaftsprojekt von drei Raumfahrtorganisationen. Die Huygens-Sonde wurde im Januar 2005 von Cassini abgetrennt und ist dann auf dem Saturnmond Titan gelandet.

Cassinis langer Weg zu Saturn

Nach dem Start am 15. Oktober 1997 flog *Cassini* erst in die falsche Richtung, hin zum Planeten Venus. Die erste Begegnung mit Venus am 26. April 1998 beschleunigte die Sonde, die daraufhin noch eine Runde um die Sonne machte, Venus zum zweiten Mal am 24. Juni 1999 zur Beschleunigung besuchte, gefolgt von einem Swingby an der Erde am 18. August 1999.

Der Vorbeiflug an der Erde rief Kritiker auf den Plan, denn *Cassini* ist mit einer nuklearen Stromversorgung ausgestattet, die unter keinen

Umständen unkontrolliert auf die Erde stürzen durfte. In 1166 km Abstand schoss *Cassini* mit „astronomischer Genauigkeit“ an der Erde vorbei und konnte nun endlich das innere Sonnensystem verlassen.

Für den 30. Dezember 2000 war schließlich ein letztes Rendezvous mit einem anderen Planeten geplant. Jupiter, der größte Planet des Sonnensystems, gab *Cassini* den entscheidenden Kick und brachte die sieben Tonnen schwere Sonde auf ihren Weg zu Saturn. Nach einer fast sieben Jahre langen Reise erreichte *Cassini* im Juli 2004 den Ringplaneten Saturn. Das Haupttriebwerk zündete für 130 Sekunden und bremste die Sonde ab, die sich fortan als künstlicher Mond um Saturn bewegt.

Erst jetzt begann für *Cassini* die eigentliche Arbeit. Sie wird mehrere Jahre lang Saturn, dessen Ringe und Monde erforschen. Einer der Saturnmonde, Titan, ist einzigartig im ganzen Sonnensystem. Dieser Mond besitzt eine dichte Atmosphäre. Zu seiner Erforschung hatte *Cassini* eine kleine Tochtersonde mit an Bord: *Huygens* hat sich im Januar 2005 von seinem Mutterschiff gelöst und ist auf dem Saturnmond gelandet.

Voyager & Co. – die Raumsonden-Klassiker

Zu den Highlights der interplanetaren Späher zählen vor allem *Voyager 1* und *Voyager 2*, die in die Außenbereiche des Sonnensystems reisten und dort die Riesenplaneten Jupiter, Saturn, Uranus und Neptun aus der Nähe beobachteten.

Die zwei baugleichen Sonden folgten einander in wenigen Monaten Abstand. Erstes Ziel war Jupiter, den *Voyager 1* im März 1979 und *Voyager 2* im Juli 1979 erreichte. Knapp zwei Jahre später flogen die Voyagers an Saturn vorbei. Für *Voyager 1* endete hier die geplante Reise, die Sonde wurde von Saturn so stark abgelenkt, dass dieser sie aus der Planetenebene herausschleuderte.

Radarbeobachtungen der Venus durch die Sonde *Magellan* ermöglichen perspektivische Ansichten der Venusoberfläche, die sonst durch die dicke Wolkenschicht der Venus verborgen bleibt. Hier der 5000 m hohe Vulkan Maat Mons.

Ein Klassiker der Planetenfotos: Riesenplanet Jupiter, aufgenommen im Jahr 1979 von der Raumsonde *Voyager 2*.

Für *Voyager 2* hingegen ging die Reise weiter zu den Planeten Uranus und Neptun. Sie ist die einzige Sonde, die jemals diese beiden Planeten besucht hat. Uranus wurde im Januar 1986 passiert, Neptun drei Jahre später, im August 1989.

Einige Jahre zuvor wurden Jupiter und Saturn bereits von den Sonden *Pioneer 10* und *Pioneer 11* erforscht. Sie ebneten den *Voyager*-Sonden gewissermaßen den Weg, damit diese (besonders *Voyager 2*) eine einzigartig günstige Stellung der Planeten zu ihrer großen Reise erfolgreich nutzen konnten.

Zu den Klassikern darf sicher auch die Raumsonde *Galileo* gezählt werden. Diese nach dem italienischen Astronomen Galileo Galilei benannte Jupiter-Sonde wurde am 18. Oktober 1989 mit einem *Space Shuttle* gestartet, in der Erdumlaufbahn ausgesetzt und dann mit einem weiteren Triebwerk in den Weltraum befördert. Auch *Galileo* hat eine wahre Odyssee durch das Sonnensystem gemacht. Als erste Sonde flog sie dabei an zwei Kleinplaneten (Gaspra und Ida) vorbei, die sich als unförmige, mit Kratern übersäte Objekte entpuppten. Bei Ida wurde ein Mond gefunden, dem man den Namen Dactyl gab.

Im Dezember 1995 kam *Galileo* bei Jupiter an. Leider konnte die Antenne der Sonde nicht vollständig entfaltet werden, was die Datenübertragung erschwerte. Ein Erfolg war dagegen der Abwurf einer kleinen Kapsel in die Jupiteratmosphäre. Von einem Fallschirm gebremst, tauchte die Sonde in Jupiters Wolken ein und übertrug ihre Messwerte an *Galileo*, von wo aus sie zur Erde übermittelt wurden. *Galileo* erforschte bis 2003 intensiv Jupiter und dessen Monde, bis man sie in die Jupiteratmosphäre stürzen und dort verglühen ließ.

Ein besonderes Kapitel der Planetenforschung mit Raumsonden ist Mars, unser äußerer Nachbarplanet.

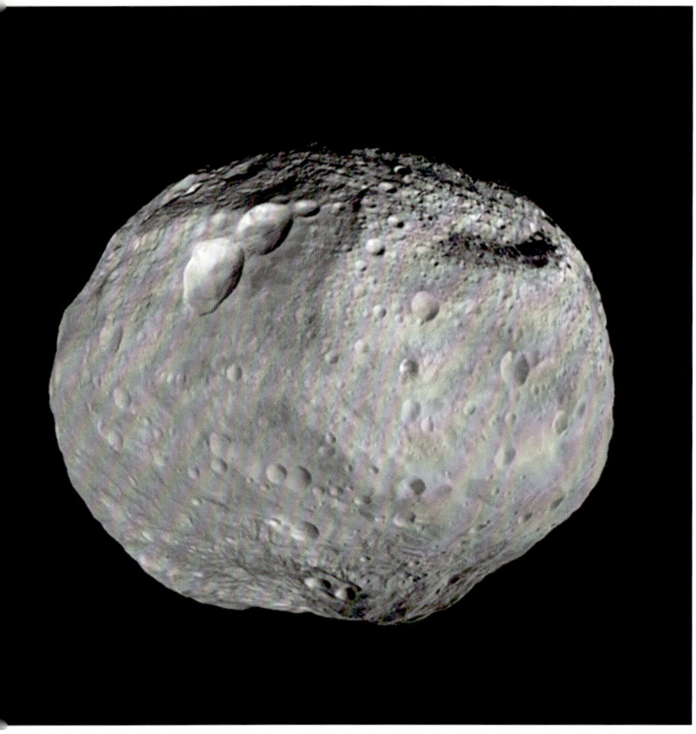

Die Raumsonde *Dawn* besuchte den Kleinplaneten Vesta und enthüllte ihn als unförmige Kraterwelt.

Auch wenn längst niemand mehr an kleine grüne Marsmännchen glaubt, ist die Frage nach Leben auf dem roten Planeten noch immer nicht endgültig beantwortet.

Pannen und Erfolge bei Mars

Zum Mars wurden bereits über drei Dutzend Raumsonden gestartet – und die meisten kamen nie dort an. Entweder ging schon der Start schief, die Sonde gab unterwegs „den Geist auf" oder zerschellte auf der Oberfläche des Planeten. Von 40 Marssonden waren nur 15 wirklich erfolgreich. Jüngstes Beispiel für einen Misserfolg ist der Marslander *Beagle 2*, der im Dezember 2003 auf Mars landete, aber danach keinen Ton mehr von sich gab und bis heute als verschollen gilt.

Andere Marsmissionen waren dagegen sehr erfolgreich. Besonders hervorzuheben sind die auf Mars gelandeten Sonden *Viking 1* und *Viking 2* (1976), der *Mars Pathfinder* mit dem kleinen Marsauto *Sojourner* (1997), die Marsorbiter *Mars Global Surveyor* (1997), *Mars Odyssey* (2001) und *MarsExpress* (2004), die größeren Roboterfahrzeuge *Spirit* und *Opportunity* (2004) sowie das *Mars Science Laboratory* (2012, auch *Curiosity* genannt).

Nach den Beobachtungen der Raumsonden musste unser Bild von Mars mehrfach revidiert werden. Galt er erst aufgrund von Erdbeobachtungen als zweite Erde mit ausgeprägter Vegetation, enthüllten ihn die Bilder der Raumsonden als kalten, trockenen Wüstenplaneten.

Mittlerweile ist aber klar, dass es auf Mars einst große Mengen flüssiges Wasser gegeben haben muss, und die neuesten Untersuchungen haben Wassereis an mehreren Stellen eindeutig nachgewiesen. Die Frage nach Leben bleibt dagegen weiterhin offen. Die mit entsprechenden Experimenten ausgestatteten *Viking*-Lander (1976) konnten die Vermutung nach Leben nicht bestätigen. Andererseits deutet das Vorhandensein von Methan

Wichtige Raumsondenmissionen

Raumsonde	Ziel	Ankunft
Luna 2 und 3	Mond	1959
Mariner 2	Venus	1962
Mariner 4	Mars	1965
Apollo	Mond	1969
Venera 7	Venus	1970
Pioneer 10	Jupiter	1973
Pioneer 11	Jupiter	1974
Mariner 10	Merkur	1974
Viking 1 und 2	Mars	1976
Pioneer 11	Saturn	1979
Voyager 1	Jupiter, Saturn	1979, 1980
Voyager 2	Jupiter, Saturn, Uranus, Neptun	1979, 1981 1986, 1989
Giotto	Komet Halley	1986
Magellan	Venus	1990
Galileo	Gaspra, Ida, Jupiter	1991, 1993 1995
SOHO	Sonne	1995
Pathfinder	Mars	1997
Mars Global Surveyor	Mars	1997
Clementine	Mond	1996
Lunar Prospector	Mond	1998
Deep Space 1	Komet Borrelly	2001
MarsExpress	Mars	2003
Spirit und Opportunity	Mars	2004
Stardust	Komet Wild 2	2004
Cassini	Saturn	2004
Deep Impact	Komet Tempel 1	2005
Venus Express	Venus	2006
STEREO	Sonne	2006
Mars Reconaissance Orbiter	Mars	2006
Phoenix	Mars	2008
Messenger	Merkur	2011
Dawn	Vesta, Ceres	2011, 2015
Mars Science Laboratory	Mars	2012
Rosetta	Komet Churyumov-Gerasimenko	2014
New Horizons	Pluto	2015

in der dünnen Marsatmosphäre auf Bakterien im Marsboden hin.

Sonden zu Merkur und Venus

Der sonnennächste Planet Merkur wurde bisher zweimal von einer Raumsonde besucht. Bereits 1974/75 passierte *Mariner 10* gleich dreimal den kleinen Planeten. Aus technischen Gründen blickte die Sonde bei allen Vorbeiflügen aber immer auf die gleiche Seite von Merkur.

Im Sommer 2004 wurde die Sonde *Messenger* gestartet und ist nach einer langen Reise im Jahr 2011 in eine Umlaufbahn um den sonnenächsten Planeten eingeschwenkt. Seitdem funkt sie unzählige Bilder zur Erde, die uns die mondähnliche Kraterlandschaft von Merkur in hoher Auflösung zeigen.

Bei unserem inneren Nachbarplaneten Venus verhindert eine dicke Wolkendecke den direkten Blick auf die Oberfläche, so dass *Mariner 2* (die erste erfolgreiche Planetensonde überhaupt) 1962 keine Oberflächenaufnahmen liefern konnte. Auch Landungen auf Venus waren nicht von viel Erfolg gekrönt, da dort im wahrsten Sinne des Wortes höllische Bedingungen herrschen, die jede Sonde innerhalb kurzer Zeit zerstören. Immerhin gelang es aber 1970 *Venera 7*, einige Bilder der Oberfläche zu machen und diese zur Erde zu funken.

Ein einzigartiger Erfolg war dagegen *Magellan*, die mittels Radarbeobachtungen ab 1990 die Venus fast vollständig kartierte (siehe auch das Bild auf Seite 25 unten). Im Jahr 2006 trat die europäische Sonde *Venus Express* in eine Bahn um unseren Nachbarplaneten ein und erforscht seitdem die Atmosphäre der Wolkenwelt.

Weitere wichtige Raumsonden

Bis auf Pluto wurde jeder Planet im Sonnensystem von mindestens einer Raumsonde besucht. Selbst die Sonne wurde – natürlich in weitem Bogen – von einer Sonde untersucht. Seit 1990 hat Ulysses die Sonnenpole bereits zweimal umflogen. Eine „stationäre" Sonde ist *SOHO*. Dieses im Weltraum „verankerte" Sonnenobservatorium beobachtet die Sonne seit 1995 ununterbrochen.

Zum Mond wurden natürlich die meisten Sonden geschickt. Erste Bilder lieferten 1959 die sowjetischen Luna-Missionen, 1969 betraten im Rahmen des Apollo-Programms die ersten Menschen den Mond. 2005 wurde mit der kleinen Smart-Sonde eine neue Antriebsart getestet: das rein mit Sonnenenergie betriebene Ionentriebwerk.

Aber es gibt noch eine Vielzahl kleiner Körper im Sonnensystem, die ebenfalls das Ziel von Missionen waren. 1986 flog *Giotto* am Kometen Halley vorbei und lieferte erstmals Bilder eines Kometenkerns. Für *Galileo* lagen die Kleinplaneten Gaspra und Ida „auf dem Weg". Im September 2001 flog *Deep Space 1* am Kometen Borrelly vorbei, *Stardust* gelang dieses Kunststück im Januar 2004 beim Kometen Wild 2. Die zwei größten Kleinplaneten Vesta und Ceres zu erforschen ist die Aufgabe von *Dawn*. Ihr Besuch bei Vesta fand von Juli 2011 bis September 2012 statt. Im Februar 2015 soll sie bei Ceres eintreffen.

Kometen bestehen aus der „Urmaterie" des Sonnensystems und sind daher von besonderem Interesse. Die bis dato ehrgeizigste Mission wurde am 2. März 2004 gestartet. Seitdem befindet sich die Sonde *Rosetta* auf dem Weg zum Kometen Churyumov-Gerasimenko. Sie soll dort im Jahr 2014 ankommen und den kleinen Lander *Philae* auf dem Kometenkern absetzen.

Das *Mars Science Laboratory* ist im Sommer 2012 auf dem roten Planeten gelandet. Durch Kameras an langen Roboterarmen konnte die Sonde dieses Selbstporträt von sich aufnehmen.

Rosetta befindet sich seit März 2004 auf einer zehnjährigen Reise zum Kometen Churyumov-Gerasimenko, auf dem die Landeeinheit *Philae* abgesetzt werden soll.

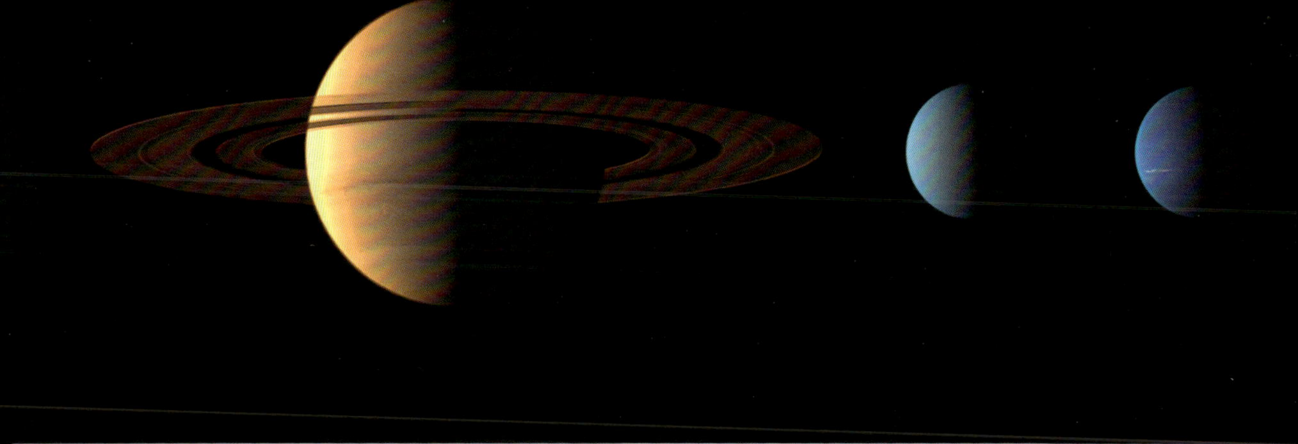

Unser Sonnensystem

Die Sonne – unser Stern

Für uns Menschen ist die Sonne so selbstverständlich, dass wir sie kaum wahrnehmen. Morgens geht sie auf und abends geht sie unter, Tag für Tag. Richtig auffällig wird sie erst, wenn man sie lange Zeit nicht mehr gesehen hat. Für Astronomen ist die Sonne dagegen ein Stern „vor unserer Haustür“, der intensiv erforscht wird.

Wenn wir von der Sonne sprechen, dann eigentlich nur über deren Auswirkung auf unser Leben: „Endlich kommt die Sonne raus!“; „Die Sonne brennt heute aber wieder heiß!“; „Ist das ein schöner Sonnenuntergang!“. Ohne die Wärme und das Licht der Sonne hätten wir Menschen ein ernstes Problem. Kein Wunder also, dass in allen Kulturen die Sonne mit göttlicher Kraft und Vollkommenheit in Verbindung gebracht wurde.

So ganz falsch lagen unsere Vorfahren mit dieser Einschätzung nicht. Die Sonne ist zwar kein Gott, sondern nur ein ganz gewöhnlicher Stern, aber sie dominiert unser Sonnensystem in vielerlei Hinsicht. Die Planeten tanzen im wahrsten Wortsinn nach ihrer Nase, d.h. die Sonne bildet den ruhenden Pol im Sonnensystem, um den alle Planeten ihre Bahnen ziehen. In ihr sind 99,9 % der Masse des Sonnensystems vereinigt. Alle Planeten, Kometen und andere Kleinkörper bringen zusammen nur 0,1 % auf die Waage.

Erste Zweifel an der Göttlichkeit der Sonne traten zu Beginn des 17. Jahrhunderts auf. Man hatte gerade das Teleskop erfunden und betrachtete damit auch die Sonne.

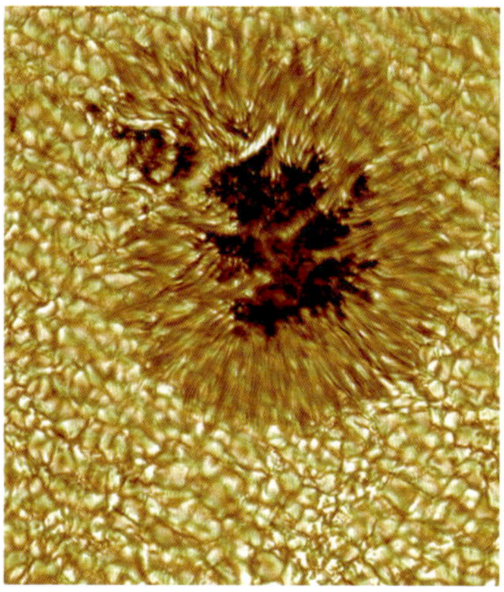

Sonnenfleck im Detail mit Granulation. Die kleinsten sichtbaren Strukturen weisen eine Größe von ca. 100 km auf.

Die Grafik zeigt das sogenannte Schmetterlingsdiagramm der Sonnenflecken. Abgebildet wird der 11-jährige Aktivitätszyklus der Sonne. In dieser Art des Diagramms werden die heliografischen Koordinaten (Länge und Breite auf der Sonne) von Sonnenflecken aufgetragen. Der Sonnenäquator liegt in der Mitte des Diagramms. Man sieht deutlich, dass zu Beginn der Zyklen die Flecken gehäuft in Polnähe (oben und unten) entstehen und während des Zyklus langsam in Richtung Sonnenäquator „wandern“.

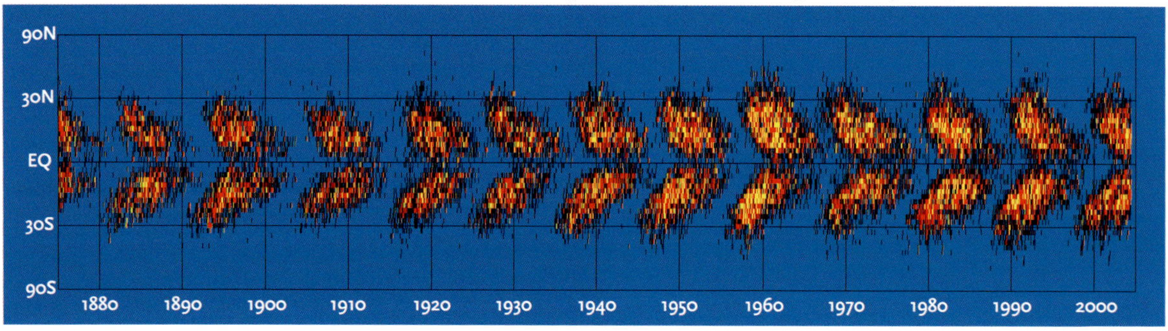

An dieser Stelle ein sehr wichtiger Hinweis: Schauen Sie niemals mit ungeschütztem Auge in die Sonne! Weder „einfach so“ noch mit einem Fernglas oder Teleskop. Augenschäden bis hin zur völligen Erblindung wären die Folge. Wie man die Sonne sicher beobachten kann, wird auf Seite 156 beschrieben.

Galileo Galilei konnte 1610 diesen Hinweis noch nicht lesen und erblindete mit der Zeit aufgrund seiner Sonnenbeobachtungen. Die ersten Beobachter bemerkten auf der Sonne kleine schwarze Flecken, die seitdem Sonnenflecken genannt werden. Diese Sonnenflecken bewegten sich innerhalb von Tagen über die Sonnenscheibe, dann verschwanden sie nach einiger Zeit und andere tauchten wieder auf. Damit war klar: Die Sonnenoberfläche ist nicht von jener Makellosigkeit, wie sie die damals gängige Lehre gefordert hatte. Wenn auf der Sonne natürliche Erscheinungen zu beobachten sind, kann es sich bei ihr nicht um ein gottgleiches Wesen handeln.

Systematische Beobachtungen der Sonnenflecken (unter anderem Anfang des 19. Jahrhunderts durch Samuel Heinrich Schwabe, der eigentlich nach dem dunklen Schatten eines sehr sonnennahen Planeten gesucht hatte) zeigten einen etwa zehnjährigen Rhythmus, in dem die Anzahl der Sonnenflecken zu- und wieder abnimmt. Weitere Forschungen haben den Aktivitätszyklus der Sonne auf einen Mittelwert von 11,1 Jahren präzisiert.

Die wahre Natur der Sonnenflecken

In Detailaufnahmen zerfallen Sonnenflecken in viele Einzelteile. Der innere, dunkle Teil wird dabei als „Umbra“ (lat., Schatten), der äußere als „Penumbra“ (lat., Halbschatten) bezeichnet. Mit Schatten haben die Sonnenflecken aber nichts gemein. Wo sie auftreten, verhindern Magnetfelder den Austritt von Licht. Dabei sind die augenscheinlich schwarzen, kalten Flecken nur etwa 1000 Grad kühler als die restliche Sonnenoberfläche, die 5500 Grad Celsius heiße Photosphäre.

Die Sonnenoberfläche ist auch sonst keineswegs glatt und strukturlos. Auf scharfen Bildern wirkt sie körnig, die sogenannte „Granulation“ wird sichtbar. Diese Granulen sind nicht statisch, sie bewegen sich ständig, entstehen hier und verschwinden dort. Was es mit Sonnenflecken und Granulation genau auf sich hat, erahnte man erst, nachdem man das Rätsel über die Energieproduktion der Sonne gelöst hatte.

Polarlichter entstehen in ca. 120 km Höhe der Erdatmosphäre durch Anregung von Sauerstoff- und Stickstoffmolekülen. Als anregende Teilchen wirken Elektronen, die durch den Sonnenwind zur Erde gelangen.

Eine große Sonnenfleckengruppe im Vergleich zum Erddurchmesser. Rechts oben ist die gesamte Sonnenscheibe abgebildet, das Hauptbild zeigt den Sonnenfleck im Detail und links unten im gleichen Maßstab die Erde.

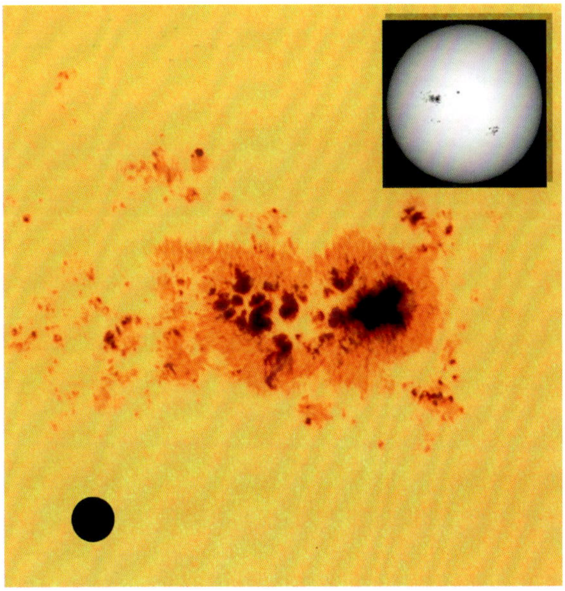

Der kosmische Fusionsreaktor

Nachdem klar war, dass die Erde vor Millionen oder gar Milliarden Jahren entstanden sein musste, stellte sich Mitte des 19. Jahrhunderts den Forschern die Frage, welche Energiequelle denn die Sonne über diesen offenbar ewigen Zeitraum leuchten lassen kann. Kein irdisches Material vermag dies zu leisten, selbst der Gedanke an einen riesigen Klumpen Steinkohle ergab nur eine Sonnenleuchtzeit von etwa 5000 Jahren. Zu dieser Zeit begann man auch, das Sonnenlicht mit spektroskopischen Methoden zu untersuchen. Die dunklen Linien im Sonnenspektrum zeigten, dass die Sonne zu 73 % aus Wasserstoff, zu 25 % aus Helium und nur zu 2 % aus anderen Elementen wie Sauerstoff oder Kohlenstoff besteht.

Bis in die 30er Jahre des 20. Jahrhunderts dauerte es, ehe die Wissenschaftler dem Geheimnis auf die Spur kamen. Durch neue Erkenntnisse in der Teilchenphysik ergab sich das auch heute noch gültige Modell, nach dem die Sonne ein gewaltiger Fusionsreaktor ist. Tief in ihrem Inneren herrscht eine Temperatur von 15 Millionen Grad und ein ungeheurer Druck. Ganze Atome gibt es hier nicht mehr, die Atomkerne (bei Wasserstoff ist dies ein einzelnes Proton) und Elektronen schwirren einzeln und mit großer Geschwindigkeit umher. Unter diesen Verhältnissen ist es möglich, dass Protonen ihre eigentlich unüberwindliche Abstoßungskraft überwinden und sich zum nächstgrößeren Atomkern verbinden. Aus vier Wasserstoffkernen (Protonen) wird so ein Heliumkern, der aus zwei Protonen und zwei Neutronen besteht. Ein Heliumkern ist aber etwas leichter als vier Protonen, die fehlende Masse wurde im Laufe des Prozesses direkt in Energie umgewandelt. Auf diese Weise „verbrennt" die Sonne in jeder Sekunde 4 Millionen Tonnen Materie und wandelt sie in Energie um. Damit ist der Energievorrat der Sonne zwar auch nicht unendlich groß, genügt aber, um ihr Alter von 4,5 Milliarden Jahren zu erklären – und um sie weitere Milliarden Jahre leuchten zu lassen.

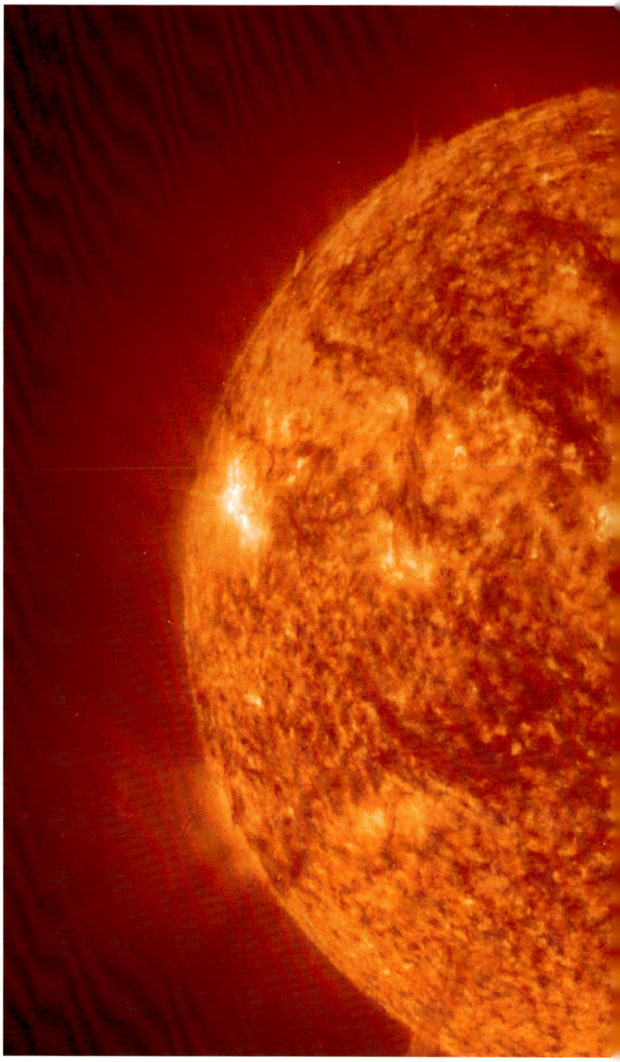

Eine riesige Protuberanz wurde am 14. September 1999 von der Sonne ausgestoßen. In der Aufnahme des Satelliten SOHO wird die obere Chromosphäre der Sonne bei 30,4 nm sichtbar.

SOHO

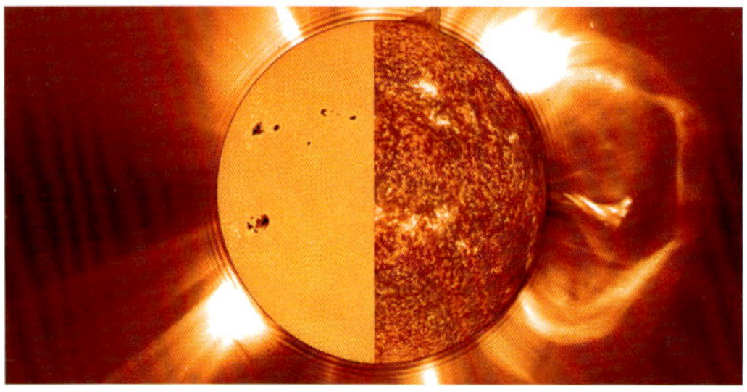

Das „Solar and Heliospheric Observatory", abgekürzt SOHO, wurde am 2. Dezember 1995 in den Weltraum befördert. Rund drei Monate später erreichte die Sonde einen speziellen Punkt zwischen Erde und Sonne, in dem sich die Anziehungskraft der beiden Himmelskörper gerade aufhebt. In diesem 1,5 Millionen km von der Erde entfernten „Lagrange-Punkt" wurde SOHO gewissermaßen verankert und beobachtet seitdem ununterbrochen die Sonne (sohowww.nascom.nasa.gov).

SOHO kann nicht nur fantastische Bilder der Sonne in verschiedenen Spektralbereichen liefern, die 600 kg schwere Sonde dient gewissermaßen auch als Frühwarnstation, wenn wieder einmal eine Wolke gefährlicher Sonnenteilchen auf die Erde zurast. Durch Untersuchungen von „Sonnenbeben" kann SOHO sogar auf indirektem Weg in die Sonne hineinschauen und hat geholfen, das sogenannte Neutrinorätsel zu lösen (auf der Erde wurden weniger Neutrinos gemessen als vorhergesagt). SOHO bestätigte, dass im 250 000 km durchmessenden Zentralbereich der Sonne eine Temperatur von 15 Millionen Grad und ein Druck von etwa zwei Milliarden Atmosphären herrscht. Mit Hilfe einer Blende kann SOHO die helle Sonnenscheibe abdecken und so die auf der Erde sonst nur bei einer totalen Sonnenfinsternis sichtbare Korona der Sonne untersuchen.

Die Sonne – ein Stern unter Sternen

Im Licht der modernen Astronomie ist unsere Sonne nur ein ganz gewöhnlicher Stern, man klassifiziert sie sogar als „Zwerg". Sie hat genügend Masse, um das kosmische Feuer lange Zeit brennen zu lassen, aber auch nicht so viel, als dass es bei ihr zu dramatischen Prozessen kommen könnte. Sterne mit nur einem Zehntel der Sonnenmasse schaffen es nicht, den Fusionsreaktor in Gang zu setzen; sie glimmen allein aufgrund der Energie, die durch ihre ständige Kontraktion entsteht. Sterne mit dem Mehrfachen der Sonnenmasse hingegen verbren-

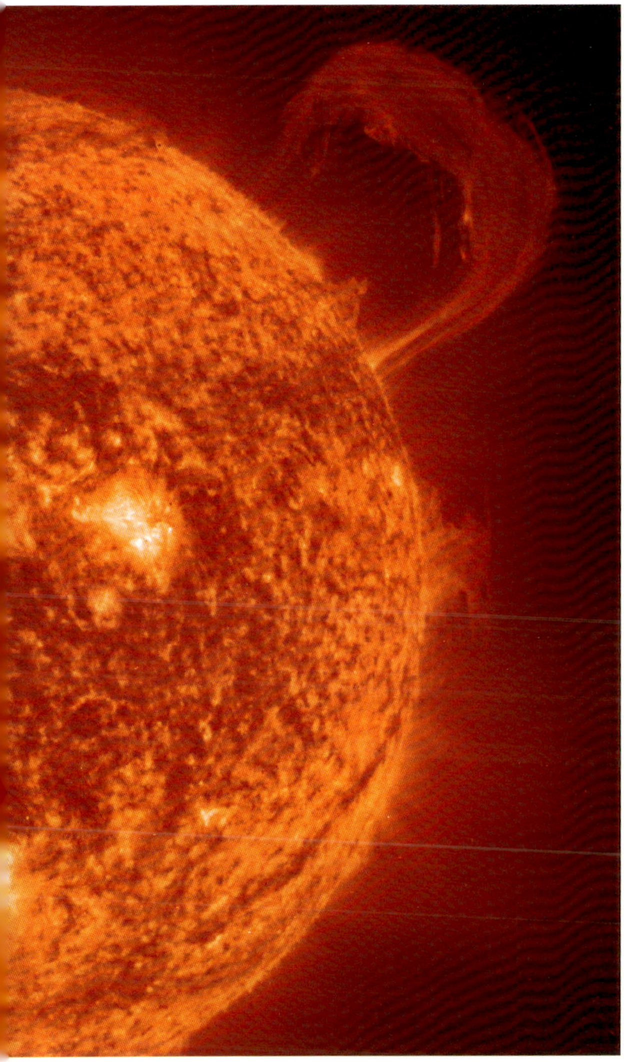

nen ihren Wasserstoffvorrat so schnell, dass ihr Leben nur einige zehn bis hundert Millionen Jahre dauert, bevor sie in einer Supernovaexplosion enden.

Wie die Sonne unser Leben beeinflusst

Unsere astrophysikalisch langweilige Sonne ist Voraussetzung dafür, dass sich auf der Erde überhaupt Leben entwickeln konnte. Bereits geringe Schwankungen in der Sonnenaktivität haben starken Einfluss auf das Erdklima. Die Eiszeiten der Vergangenheit waren direkte Folge geringerer Sonnenaktivität. Zurzeit leben wir in einer Phase mit eher höherer Sonnenleistung, und selbst die allmähliche Erwärmung des Erdklimas wird, zumindest zum Teil, auf die ansteigende Sonnenaktivität zurückgeführt.

Neben diesen langfristigen Entwicklungen beeinflusst die Sonne unser Leben aber auch durch plötzlich auftretende Phänomene. An die sichtbare Oberfläche der Sonne schließen sich andere Zonen an, die weit in den Weltraum hinausreichen. Auf den sichtbaren Bereich der Photosphäre folgt die nur tausend Kilometer dicke Chromosphäre. Hier steigen immer wieder riesige Gasbögen auf, die sogenannten Protuberanzen (Bild links). Oberhalb der Chromosphäre beginnt die zarte Korona der Sonne, die man nur bei einer totalen Sonnenfinsternis beobachten kann. Sie bildet einen fließenden Übergang mit dem Weltraum, in den ständig der „Sonnenwind" hineinweht, ein Strom elektrisch geladener Teilchen, der bis weit hinter die Plutobahn reicht.

Einen direkten Eindruck von der aktiven Sonne bekommen wir, wenn dort durch Eruptionen Milliarden Tonnen heißer Gase und energiereicher Partikel in Richtung Erde geschleudert werden. Trifft diese Wolke auf das Erdmagnetfeld, so wird dieses stark zusammengedrückt, und im Bereich der magnetischen Pole können Teilchen bis in die Erdatmosphäre eindringen. Ein beeindruckendes Naturschauspiel ist die Folge – Polarlichter flackern in verschiedenen Farben am Nachthimmel. Für unsere hochtechnisierte Zivilisation stellen solche Sonnenausbrüche aber auch eine echte Gefahr dar, denn als Folge solcher Eruptionen sind schon Stromnetze zusammengebrochen und Flüge gestrichen worden. Besonders Satelliten (und Astronauten) außerhalb der schützenden Erdatmosphäre sind diesem Partikelangriff gnadenlos ausgeliefert. Die ständige Beobachtung der Sonnenaktivität – einen großen Anteil daran hat der Satellit SOHO (siehe Kasten auf Seite 32) – ist daher keine wissenschaftlich-abstrakte Tätigkeit, sondern wichtig für das tägliche Leben auf unserer Erde.

Die Sonnenkorona ist der äußerste Teil der Sonnenatmosphäre und erreicht Temperaturen von bis zu zwei Millionen Grad und eine Ausdehnung von mehreren Millionen Kilometern. Sie kann mit bloßem Auge nur während einer totalen Sonnenfinsternis gesehen werden und verändert Ihre Form ebenfalls nach dem 11-jährigen Aktivitätszyklus der Sonne. Die Korona ist gleichzeitig Quelle des Sonnenwindes, einem Teilchenstrom, der das ganze Sonnensystem bis über die Plutobahn hinaus ausfüllt.

Das Sonnensystem in Zahlen

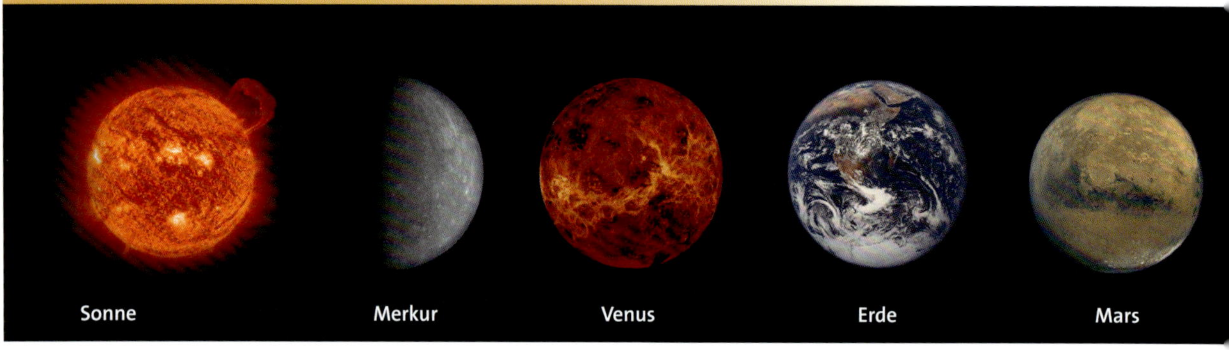

	Sonne	Merkur	Venus	Erde	Mars
Entfernung zur Sonne	–	57,9 Mio. km	108,2 Mio. km	149,6 Mio. km	227,9 Mio. km
Umlaufzeit um die Sonne	–	87,969 Tage	224,70 Tage	365,256 Tage	686,98 Tage
Exzentrizität der Bahn	–	0,206	0,0068	0,0167	0,093
Bahnneigung gegen Ekliptik	–	7° 0′	3° 24′	0° 00′	1° 51′
Durchmesser	1 392 520 km	4878 km	12 104 km	12 742 km	6794 km
Masse	$1{,}989 \times 10^{30}$ kg	$0{,}33 \times 10^{24}$ kg	$4{,}87 \times 10^{24}$ kg	$5{,}974 \times 10^{24}$ kg	$6{,}42 \times 10^{23}$ kg
Mittlere Dichte	1,41 g/cm^3	5,43 g/cm^3	5,25 g/cm^3	5,52 g/cm^3	3,93 g/cm^3
Siderische Rotation	25^d09^h	$58^d15^h30^m$	$243^d00^h14^m$	23^h56^m	24^h37^m
Entweichgeschwindigkeit	617,7 km/s	4,25 km/s	10,36 km/s	11,18 km/s	5,02 km/s

Das Sonnensystem besteht aus dem Zentralstern Sonne und acht Planeten. Mit zunehmendem Abstand sind dies Merkur, Venus, Erde, Mars, Jupiter, Saturn, Uranus und Neptun. Der kleine Pluto gilt seit einem internationalen Beschluss 2006 nicht mehr als „richtiger" Planet, sondern zählt zur Klasse der Zwergplaneten. In der Tabelle oben sind alle wichtigen Daten zu den Planeten zusammengefasst.

Was die Planetentabelle enthält

Die erste Zeile gibt die **mittlere Entfernung** eines Planeten von der Sonne an. Von der mittleren Entfernung spricht man, da die Planeten nicht auf exakt kreisförmigen, sondern auf mehr oder weniger elliptischen Bahnen um die Sonne laufen. Dabei ändert sich auch der Abstand zur Sonne. Die Erde ist zwischen 147,1 und 152,1 Mio. km von der Sonne entfernt.

In der zweiten Zeile wird die **Umlaufzeit** um die Sonne angegeben. Je weiter ein Planet von der Sonne entfernt ist, desto länger ist seine Umlaufzeit. Der sonnennächste Planet Merkur benötigt für einen Umlauf nur knapp 88 Tage, Pluto hingegen fast 248 Jahre.

Die dritte Zeile gibt die **Exzentrizität** der Bahn des Planeten an. Dieser Wert ist ein Maß, wie sehr die Bahn von der exakten Kreisform abweicht. Für einen Kreis beträgt die Exzentrizität null, je größer der Wert ist, desto elliptischer wird die Bahn. Die Venusbahn kommt einem Kreis am nächsten, die Bahnen von Merkur und Pluto hingegen sind deutlich elliptisch.

In der nächsten Zeile werden die **Bahnneigungen** gegen die Ekliptik in Winkelgrad angegeben. Als Ekliptik wird die Bahn der Erde um die Sonne bezeichnet, sie stellt die Bezugsebene dar. Alle Planeten bewegen sich fast exakt in dieser Ebene, nur die Bahnen von Merkur und vor allem die von Pluto sind deutlich gegen die Ekliptik geneigt, diese Planeten stehen daher mal deutlich unterhalb und mal deutlich oberhalb der Erdbahn.

Ab Zeile fünf werden Angaben zum Planeten selbst gemacht. Hier kann man von den erdähnlichen Planeten Merkur bis Mars im Vergleich zu den Gasplaneten Jupiter bis Neptun jeweils große Unterschiede feststellen. Pluto nimmt hier eine Sonderstellung ein; auch aus diesem Grund wurde 2006 beschlossen, dass man Pluto überhaupt nicht als richtigen Planeten bezeichen darf.

Die Angaben zum **Durchmesser** sind wieder Mittelwerte, denn exakt kreisrund ist keiner der Planeten. Besonders die Gasplaneten haben am Äquator einen größeren Durchmesser als von Pol zu Pol gemessen.

Die Werte zur **Masse**, also dem „Gewicht" der Planeten, sind verkürzt mit Zehnerpotenzen angegeben, da die Zahlen sonst sehr lang wären. Dabei bedeutet z. B. bei der Erde $5{,}937 \times 10^{24}$ kg, dass man den Wert 5,937 mit einer „Eins mit 24 Nullen" multiplizieren muss, ausgeschrieben beträgt die Masse der Erde also 5 937 000 000

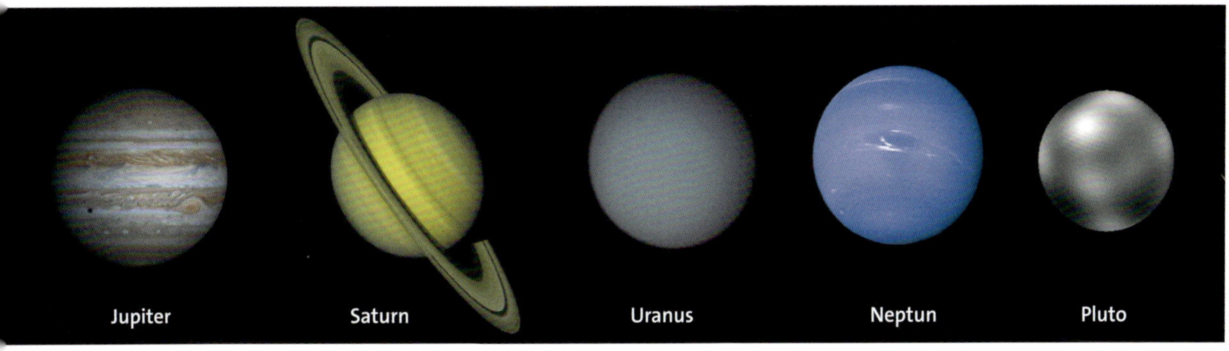

Jupiter	Saturn	Uranus	Neptun	Pluto
779 Mio. km	1432 Mio. km	2884 Mio. km	4509 Mio. km	5966 Mio. km
11,869 Jahre	29,46 Jahre	84,67 Jahre	165,49 Jahre	247,7 Jahre
0,048	0,055	0,047	0,010	0,246
1° 18'	2° 29'	0° 46'	1° 46'	17° 09'
142 796 km	115 630 km	51 118 km	49 424 km	2300 km
$1{,}899 \times 10^{27}$ kg	$5{,}684 \times 10^{26}$ kg	$8{,}685 \times 10^{25}$ kg	$1{,}028 \times 10^{26}$ kg	$1{,}5 \times 10^{22}$ kg
1,33 g/cm^3	0,69 g/cm^3	1,27 g/cm^3	1,67 g/cm^3	2,15 g/cm^3
9^h55^m	10^h30^m	17^h14^m	16^h03^m	$6^d9^h18^m$
57,6 km/s	33,4 km/s	21,3 km/s	23,7 km/s	–

000 000 000 000 000 kg. Die Gasplaneten sind durchschnittlich um einen Faktor Tausend massereicher als die erdähnlichen Planeten (bis zur Masse der Sonne ist es dann nur ein weiterer Faktor Tausend!)

Auch bei den Werten zur **mittleren Dichte** fällt auf, dass sich die Planeten in zwei Gruppen trennen. Saturn, der Ringplanet, besitzt die geringste Dichte. Er würde in Wasser schwimmen, wenn man nur eine entsprechend große Wanne hätte.

Unter der **siderischen Rotation** versteht man die Zeit, in der sich ein Planet einmal um seine eigene Achse dreht. Der Wert bei der Erde ist hier kein Fehler, die Erde benötigt für eine Rotation tatsächlich knapp vier Minuten weniger als einen Tag.

In der letzten Zeile wird schließlich die **Entweichgeschwindigkeit** angegeben. Diese Geschwindigkeit müsste eine Rakete erreichen, um vom Planeten in den freien Weltraum starten zu können. Wie man sieht, ist das vom Mars aus sehr viel leichter möglich als von der Erde.

Die Entstehung des Sonnensystems

Vor ca. fünf Milliarden Jahren wurde eine bis dorthin friedlich im Weltraum schwebende Wolke aus interstellarer Materie gestört (vielleicht durch eine Sternexplosion in der Nähe) und begann daraufhin, sich zusammenzuziehen. Einmal in den Fängen der Gravitation, war die Zusammenballung nicht mehr aufzuhalten.

Der überwiegende Teil der Wolke bestand aus Wasserstoff, vermischt mit, prozentual gesehen, kleinen Mengen aller anderer Elemente. Im Zuge der Kontraktion begann die Wolke zu rotieren, da die bis dorthin kreuz und quer herumwuselnden Teilchen sich ganz langsam einer gemeinsamen Richtung unterwarfen. Für kosmische Maßstäbe geht die Zusammenballung der Molekülwolke sehr rasch vor sich. Es dauert nur einige hunderttausend Jahre, bis sich die Wolke so weit konzentriert hat, dass in ihrem Zentralbereich ein Protostern entsteht. Dieser Protostern erzeugt seine Energie durch weitere Kontraktion, er und die ihn umgebende Materie rotieren schneller, so dass sich diese zu einer Scheibe abflacht. Durch Magnetfelder und andere Prozesse wird die Rotation des Sterns und der Scheibenmaterie langsam abgebremst, und nach einigen Millionen Jahren hat sich der Protostern endlich so weit verdichtet, dass in seinem Inneren die Kernfusion zündet; jetzt ist er ein richtiger Stern.

In der Scheibe hat sich die Materie an mehreren Stellen zusammengeklumpt, und der nun einsetzende Sternwind treibt die leichteren Gase aus dem Innenbereich des gerade entstehenden Planetensystems heraus. Bis zu einer Grenze – in unserem Fall irgendwo zwischen Mars und Jupiter – entstehen daher kleine Gesteinsplaneten. Jenseits der Grenze ist der Sternwind schwächer, dort können sich die Gase um die Gesteinskerne sammeln, hier entstehen die Gasplaneten Jupiter, Uranus und Neptun.

Merkur – der flinke Sonnennachbar

Der sonnennächste Planet heißt Merkur. Obwohl er von der Erde nicht so weit entfernt ist wie z. B. Saturn, wissen wir über diesen Planeten noch recht wenig. Merkur steht der Sonne auch am irdischen Himmel immer recht nahe, was teleskopische Beobachtungen schwierig macht. Seit März 2011 wird Merkur von der Raumsonde *Messenger* begleitet und intensiv untersucht.

Am irdischen Himmel bewegt sich Merkur am schnellsten von allen Planeten. Dies hat ihm seinen Namen des flinken Götterboten eingebracht. Merkur steht nie weiter als 28 Grad von der Sonne am Himmel entfernt und kann daher immer nur kurze Zeit in der Abend- oder Morgendämmerung gesehen werden. In Mitteleuropa finden die besten Sichtbarkeiten im Frühjahr abends und im Herbst morgens statt (siehe auch Seite 113).

Durch diese Nähe zur Sonne und die stets horizontnahe Stellung in der Dämmerung konnte Merkur durch Teleskopbeobachtungen kaum erforscht werden. Am auffälligsten sind noch die Phasen, die Merkur ähnlich wie unser Mond zeigt. Ansonsten ist auf dem winzigen Planetenscheibchen nichts zu erkennen. Alle Versuche, die Rotationsdauer des Planeten durch Beobachtungen von Oberflächenmerkmalen zu bestimmen, waren daher nicht von Erfolg gekrönt. Erst 1965 konnte die Rotationsdauer von Merkur durch Radarbeobachtungen zu 59 Tagen bestimmt werden – das sind knapp zwei Drittel der Umlaufzeit des Planeten um die Sonne, die 88 Tage beträgt. Bis dorthin war man davon ausgegangen, dass Merkur eine „gebundene Rotation" besitzt, der Sonne also immer die gleiche Seite zuwendet.

Einige Jahre später startete die erste Raumsonde zu Merkur, *Mariner 10*. *Mariner 10* flog 1974 und 1975 zwar gleich dreimal an Merkur vorbei, schaute dabei aber jedes Mal auf die gleiche Seite des Planeten. Trotzdem waren die Aufnahmen von *Mariner 10* ein großer Fortschritt, zeigten sie doch erstmals Einzelheiten von Merkur. Seite 2011 umkreist die Raumsonde *Messenger* den sonnennächsten Planeten.

Merkur in der Abenddämmerung, genau senkrecht über der Turmspitze.

Merkur unter die Lupe genommen

Auf den Bildern von *Mariner 10* und *Messenger* präsentiert sich Merkur als Zwilling des Erdmondes, er sieht ihm auf den ersten Blick zum Verwechseln ähnlich. Die Oberfläche von Merkur ist von unzähligen Kratern gezeichnet, allerdings fehlen die vom Mond bekannten „Meere" (Maria), also lavaüberflutete Becken. Außerdem ist die Oberfläche fast so dunkel wie die des Mondes, die Rückstrahlkraft („Albedo") von Merkur beträgt nur 0,096; beim Mond sind dies 0,07, bei Mars 0,15 und bei Venus sogar 0,76.

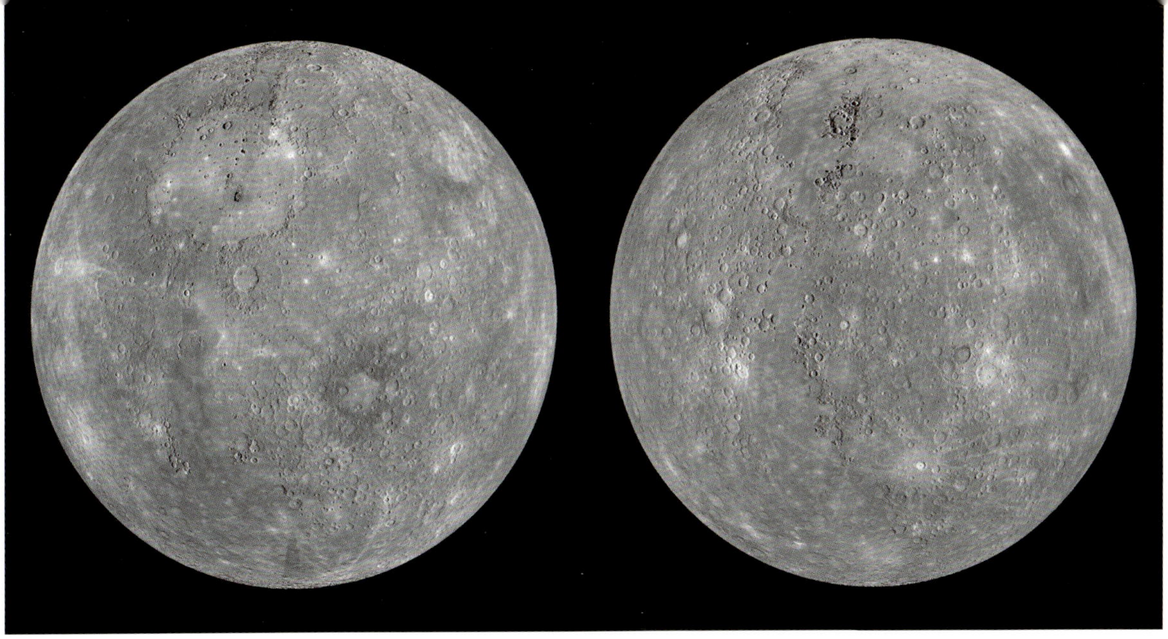

Die zwei Gesichter von Merkur – der Raumsonde *Messenger* gelang es, den sonnennahen Planeten vollständig zu kartieren.

Merkur war offenbar lange Zeit regelmäßigen Einschlägen von kleineren Gesteinsbrocken ausgesetzt. Im Gegensatz zur Erde besitzt Merkur auch keine Atmosphäre, die vor kosmischen Bomben schützt.

Durch seine ausgesprochen langsame Eigenrotation von 59 Tagen in Verbindung mit dem nur 88 Tage dauernden Sonnenumlauf dauert ein Merkurtag, also die Zeit zwischen zwei Sonnenhöchstständen, auf Merkur ganze 176 Erdtage. Dabei erhitzt sich die der Sonne zugewandte Seite des Planeten auf 427 °C, während die sonnenabgewandte, also die Nachtseite, auf −183 °C abkühlt. Merkur ist daher sicher kein Planet, auf dem es jemals Leben gegeben hat oder irgendwann einmal geben wird.

Der innere Aufbau von Merkur ist unter mehreren Aspekten überraschend. Zwar ist die mittlere Dichte von Merkur der unserer Erde recht ähnlich, aber Merkur besitzt einen im Verhältnis zum Durchmesser übergroßen Eisenkern. Unerwartet wurde von *Mariner 10* auch ein schwaches Magnetfeld bei Merkur nachgewiesen, so dass der Eisenkern zumindest zum Teil noch flüssig sein muss. Man geht mittlerweile davon aus, dass Merkur vor langer Zeit einmal deutlich größer gewesen sein muss als heute. Durch die katastrophale Kollision mit einem anderen Körper wurde Merkur ein Großteil seines Mantels geraubt, so dass er nun einen im Vergleich zu den anderen Planeten dünnen Mantel und dicken Eisenkern besitzt.

Endlich eine neue Merkursonde!

Im Sommer 2004 ist die US-amerikanische Raumsonde *Messenger* zum sonnennächsten Planeten aufgebrochen und im Jahr 2011 in eine Bahn um den Planeten eingeschwenkt. *Messenger* hatte einen weiten und ziemlich verwickelten Weg hinter sich. Im Sommer 2005 flog die Sonde zuerst an der Erde, im Juni 2006 und im Oktober 2007 dann an der Venus, dem Planeten zwischen Merkur und Erde, vorbei. Jede Planetenbegegnung beeinflusste die Bahn der Sonde und sparte ihr so Treibstoff, um sie an ihr Ziel zu bringen. Im Januar 2008 flog *Messenger* erstmals an Merkur vorbei, nochmals im Oktober 2008, und ist schließlich, dank mehrerer Kurskorrekturen, im März 2011 in eine polare Umlaufbahn um Merkur eingeschwenkt. Dort hat *Messenger* seine umfangreiche Arbeit aufgenommen und den Planeten vollständig kartiert.

Im November 2012 wurde die mögliche Entdeckung von Wassereis und anderen gefrorenen Gasen in den dunklen, niemals vom Sonnenlicht beschienenen Kratern an den Polen von Merkur bekanntgegeben. Durch die nahezu senkrecht auf der Umlaufbahn stehende Rotationsachse des Planeten kann es tatsächlich Regionen geben, die niemals von Sonnenlicht beschienen werden und so gefrorene Gase für lange Zeit beherbergen. Im Jahr 1991 ließen Radarbeobachtungen von der Erde aus bereits das Vorkommen von Wassereis in den Polregionen von Merkur vermuten.

Test für Einstein

Eine besondere Eigenart der Merkurbahn um die Sonne hat sogar zur Bestätigung von Albert Einsteins Allgemeiner Relativitätstheorie geführt. Der sonnennächste Bahnpunkt von Merkur, das „Perihel" bewegt sich in geringem Maß um die Sonne. Der größte Teil dieses 225 800 Jahre dauernden Umlaufs geht auf Störungen der Nachbarplaneten Venus und Erde zurück, aber knapp zehn Prozent lassen sich nur durch die Einsteinsche Theorie der Raumkrümmung erklären. Nach ihr krümmt die große Masse der Sonne den Raum und beeinflusst so geringfügig die Bahnen der sie umlaufenden Planeten.

Venus – der innere Nachbarplanet

Die Venus ist der hellste Planet am irdischen Himmel. Und doch kann man auf ihr keine Einzelheiten sehen, denn Venus wird von einer dicken Wolkendecke umgeben. Lange wurde spekuliert, was sich darunter wohl verbergen mag – man glaubte sogar ernsthaft an tropische Verhältnisse und weit entwickelte Lebensformen. Ein fulminanter Irrtum, wie sich später herausstellen sollte.

Unseren inneren Nachbarplaneten Venus hat bestimmt jeder schon einmal am Himmel gesehen, denn nach Sonne und Mond ist sie das hellste Gestirn. Für Wochen oder gar Monate ist die Venus als hell leuchtender Abend- oder Morgenstern oft nicht zu übersehen. Auch Venus zieht, wie Merkur, ihre Runden innerhalb der Erdbahn um die Sonne. Sie ist zwischen 107,5 und 108,9 Mio. km von der Sonne entfernt, ihre Bahn kommt der exakten Kreisform von allen Planeten am nächsten. Mit einem Durchmesser von 12 104 km ist Venus fast so groß wie die Erde, auch weist sie der Erde vergleichbare Werte bei Masse und Dichte auf. Wenn man bei Venus vom Schwesterplanet der Erde spricht, scheint dies daher nicht ganz unbegründet zu sein.

Venus wird von einer dicken Wolkendecke umgeben.

Leider hat die dichte Wolkendecke der Venus lange Zeit verhindert, die Vermutung nach dort anzutreffenden erdähnlichen Bedingungen zu bestätigen oder zu verwerfen. Im Fernrohr sind, wiederum wie bei Merkur, nur die Phasen des Planeten zu sehen. Von einer großen dünnen Sichel kurz vor „Neuvenus“ über die halb beleuchtete Scheibe zur Zeit des größten Winkelabstandes zur Sonne bis hin zur fast runden „Vollvenus“ sind alle Phasengestalten zu beobachten. Selbst grobe Einzelheiten in der Wolkendecke können von der Erde aus kaum beobachtet werden. Mit spektroskopischen Methoden wurde aber Kohlendioxid als Hauptbestandteil der Venusatmosphäre nachgewiesen.

Eines der wenigen Farbbilder von der Venusoberfläche. Die sowjetische Sonde *Venera 13* konnte 1982 den extremen Bedingungen zwei Stunden standhalten.

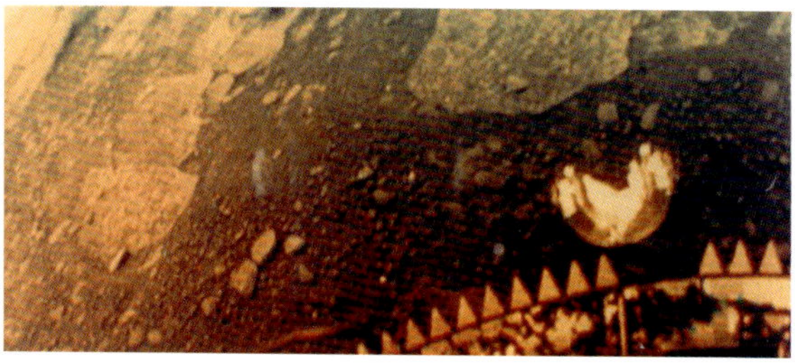

Dreidimensionale Ansicht eines Einschlagkraters auf Venus.

Doch es blieb wieder einmal den Raumsonden vorbehalten, einen Blick hinter den Vorhang zu werfen. Von den 17 zur Venus gestarteten Sonden sind sogar sieben auf der Oberfläche gelandet – alle versagten aber aufgrund der dort herrschenden Verhältnisse nach wenigen Zehn Minuten den Dienst, sie sind ob der Anmut des Planeten der Liebesgöttin buchstäblich hinweggeschmolzen.

Höllische Verhältnisse auf Venus

Auf der Venus herrschen höllische Verhältnisse. Die Temperatur erreicht an die 500 °C, der Druck entspricht dem 90-fachen des irdischen Luftdrucks. In der Nähe der Oberfläche ist es zwar fast windstill, aber in einigen Zehn Kilometern Höhe rasen die Wolken mit Geschwindigkeiten um 400 km/h und umrunden die Venus in nur vier Tagen.

Die Raumsonde *Magellan* hat fast die gesamte Venusoberfläche kartiert. Seit 2006 erkundet die europäische Sonde *Venus-Express* den Nachbarplaneten.

Die Zusammensetzung der Atmosphäre ist wenig erfreulich. Wasser gibt es auf Venus nicht, weder an der Oberfläche noch in den Wolken. 1972 wiesen Messungen von der Erde aus darauf hin, dass es aus den Venuswolken Schwefelsäuretröpfchen regnet. Dies wurde von Raumsonden bestätigt, und nach ihnen besteht die Venusatmosphäre zu über 96 % aus Kohlendioxid und zu ca. 3 % aus Stickstoff; den Rest teilen sich Wasserdampf und Schwefeldioxid sowie Spuren anderer Gase.

Die Venusatmosphäre ist ein wunderbares Beispiel für intensiven Treibhauseffekt. Durch den hohen Anteil an Kohlendioxid wird weniger Wärme in den Weltraum abgegeben als Venus durch die Sonnenstrahlung erhält; die Atmosphäre heizt sich dadurch sehr stark auf.

Es war nicht besonders erfolgreich, die Venusoberfläche mit optischen Beobachtungen oder auf der Venus landenden Raumsonden zu erkunden. Einzig die sowjetischen *Venera*-Sonden konnten Ende der 1970er Jahre wenigstens kurze Zeit auf der Venusoberfläche überstehen und dabei einige, zum Teil sogar farbige Aufnahmen zur Erde funken. Dass wir heute trotzdem (fast) die ganze Venusoberfläche kennen, ist vor allem der Raumsonde *Magellan* zu verdanken, die ab 1990 mittels Radarbeobachtungen die Venus mit einer Auflösung von 120 m kartierte. Radarstrahlen durchdringen die dicken Wolken, werden von der Oberfläche reflektiert und vom Orbiter wieder empfangen. Später kann aus den so gewonnenen Daten die Form der Oberfläche berechnet und in Bildern wiedergegeben werden. Dabei ist es sogar möglich, dreidimensionale Ansichten zu erzeugen.

Einzelheiten der Venusoberfläche

Auch die Venusoberfläche ist von Einschlagkratern gezeichnet, aber es gibt davon nur wenige und diese sind alle recht groß. Von kleineren Einschlägen blieb Venus verschont, wohl weil kleinere Brocken in der dichten Venusatmosphäre verglüht sind. Zudem gab es auf Venus über 150 aktive Vulkane, deren ausströmende Lavamassen die Venuslandschaft wiederholt „zugedeckt" und damit geglättet haben. Möglicherweise sind auch heute noch einige Vulkane auf Venus aktiv.

Die Venusoberfläche wird von drei „Kontinenten" geprägt, die jeweils wenige Kilometer höher sind als der mittlere Planetenradius. Aus dem nördlichsten dieser Gebiete, Ishtar Terra, ragen mit 11 km Höhe die höchsten Berge auf Venus empor. Das äquatornahe Hochland Aphrodite Terra weist mit dem 8 km hohen Maat Mons den höchsten Vulkan auf. Besonders kurios erschienen ca. 20 km große, runde Plateaus, die mehrere Hundert Meter hoch sind. Man schreibt sie lokalen Magmablasen zu, die knapp über der Venusoberfläche erstarrt sind.

Die Erde – der blaue Planet

Als dritter Planet von der Sonne zieht die Erde ihre Runden. Sie ist nicht besonders groß oder klein, weist aber einige Eigenschaften auf, die es an diesem Ort des Sonnensystems ermöglicht haben, dass Leben entsteht. Und dieses Leben macht sich sogar eigene Gedanken und versucht, von der kleinen blauen Murmel aus das Universum zu erforschen.

Zusammen mit den anderen Planeten des Sonnensystems ist die Erde vor knapp fünf Milliarden Jahren aus den Resten einer interstellaren Gas- und Staubwolke entstanden. Ein kleiner Planet neben einer unauffälligen Sonne irgendwo in den Außenbezirken der Milchstraße. Ist es gerade diese Durchschnittlichkeit, die es möglich gemacht hat, dass auf der Erde Leben entsteht?

Die Erde im Vergleich mit anderen Planeten

Von den vier erdähnlichen oder „terrestrischen" Planeten Merkur, Venus, Erde und Mars ist die Erde der größte Planet, dicht gefolgt von Venus. Im Vergleich mit den Gasplaneten Jupiter, Saturn, Uranus und Neptun erscheint aber auch die Erde wie ein Zwerg.

Die Bahn der Erde um die Sonne ist fast ein perfekter Kreis, der Abstand Erde – Sonne schwankt bei einem Umlauf nur um knapp 2 %. Aber die Erde zieht ihre Bahn in einem Abstand, der gerade richtig ist für das Vorhandensein von flüssigem Wasser. Ein wenig näher zur Sonne wäre es zu warm und das Wasser würde verdunsten (was man bei Venus gut beobachten kann), ein wenig weiter weg, und das Wasser könnte nur in gefrorener Form vorkommen – so wie man es auf Mars gefunden hat.

Die Jahreszeiten entstehen durch die Schrägstellung der Erdachse. Im Juni ist die Nordhalbkugel der Sonne zugeneigt, im Dezember die Südhemisphäre.

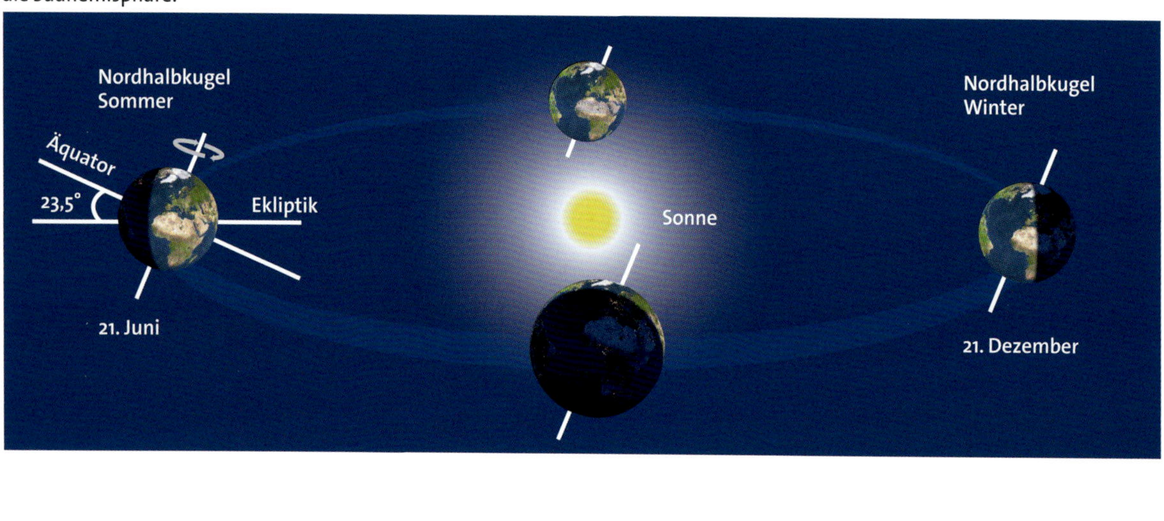

Leuchtend blau hebt sich die dünne Erdatmosphäre gegen den dunklen Weltraum ab.

Außerdem ist die Erde massereich genug, um auf Dauer eine Atmosphäre an sich zu binden. Wie eine dünne Decke hüllt die Atmosphäre unsere Erde ein und schützt den Planeten vor lebensfeindlicher Strahlung von der Sonne und aus dem All.

Erdbeobachtung von der Erde aus

Der Planet Erde wurde – im Gegensatz zu allen anderen Planeten – von seiner eigenen Oberfläche aus erkundet. Dies ist von Vorteil für geologische Untersuchungen, was die Stellung der Erde im Universum angeht, ergaben sich damit aber lange Zeit große Missverständnisse.

So dreht sich die Erde nicht in 24 Stunden, sondern in 23^h56^m um ihre eigene Achse. Die restlichen vier Minuten, bis die Sonne wieder ihren Höchststand am Himmel erreicht hat, sind Folge des Umlaufs der Erde um die Sonne. Für einen Sonnenumlauf benötigt die Erde 365,256 Tage; aus diesem Grund gibt es, meist alle vier Jahre, einen Schalttag, um unseren Kalender mit den wahren Gegebenheiten wieder in Einklang zu bringen.

Für die Jahreszeiten ist nicht der Abstand der Erde von der Sonne verantwortlich (sonst müsste überall auf der Erde im Januar Sommer sein, denn dann ist der Abstand am geringsten). Auslöser für die Jahreszeiten ist die um 23,45 Grad gegen die Bahnebene geneigte Rotationsachse der Erde. Daher ist einmal die Nordhalbkugel der Sonne stärker zugeneigt (Ende Juni) und einmal die Südhalbkugel (Ende Dezember).

Nur mit Teleskopen messbar oder über einen Zeitraum von mehreren Jahrhunderten sichtbar ist die „Präzession" genannte Schwankung der Erdachse. Wie ein taumelnder Kreisel beschreibt die Erdachse im Laufe von 25 800 Jahren einen Vollkreis. Daher wird es auch nicht immer wie derzeit einen „Polarstern" geben, der uns die Nordrichtung weist.

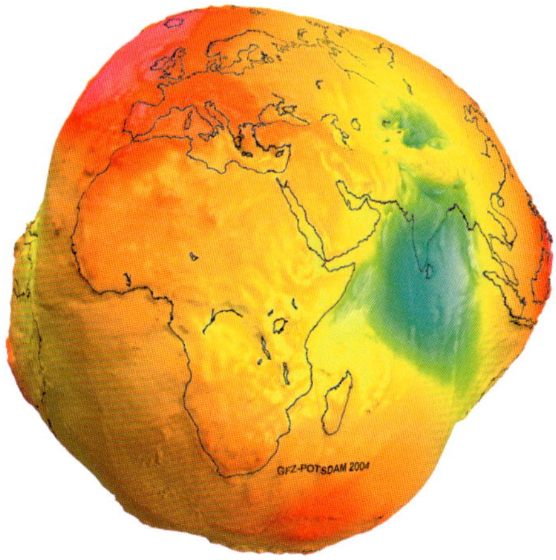

Die Erde ist keine exakte Kugel, sondern hat Beulen und Dellen, was diese Abbildung verstärkt zeigt.

Die Erde unter die Lupe genommen

Die 12 742 km große Erdkugel ist zu 71 % von Wasser bedeckt, was besonders eindrucksvoll Aufnahmen der Erde aus dem Weltraum belegen. Sie gilt daher als „blauer Planet". In ihrem Inneren beherbergt die Erde einen rund 7000 km durchmessenden Eisenkern, von dem aber nur die zentralen 2500 km als fest gelten. Die etwa 2250 km dicke Schale aus flüssigem Eisen um den Kern erzeugt das Erdmagnetfeld, das weit in den Weltraum hinausreicht und gefährliche Strahlung von der Sonne ablenkt.

Trotz Atmosphäre und Erdmagnetfeld ist aber auch die Erde nicht von Einschlägen planetarer Kleinkörper verschont geblieben. Sogar in Deutschland gibt es mit dem „Nördlinger Ries" in der Schwäbischen Alb einen ca. 24 km durchmessenden Meteoritenkrater.

Diesen Anblick genoss die Mannschaft von Apollo 17, als sie am 7. 12. 1972 von ihrer Reise zum Mond zur Erde zurückkehrte.

Der Mond

Der Mond ist der einzige Himmelskörper, auf dem man bereits mit bloßem Auge Oberflächenmerkmale erkennen kann. Diese tragen noch heute die Namen früherer Forscherphantasien. Aber es gibt weder einen Mann im Mond noch Meere auf dem Erdbegleiter. Spätestens seit den Apollo-Missionen hat sich der Mond als karge Kraterlandschaft entpuppt.

Bevor man über die Bahnen der Planeten und Kleinkörper im Sonnensystem Bescheid wusste, zählte der Mond zu den klassischen Wandelsternen. Etwa alle vier Wochen wiederholt sich das gleiche Schauspiel: Erst ist abends eine dünne Mondsichel zu sehen, die in den nächsten Tagen immer dicker wird, bis nach 14 Tagen schließlich der Vollmond die Nacht aufhellt und manchem scheinbar den Schlaf raubt. In den darauf folgenden 14 Tagen nimmt der Mond wieder ab und steht am Ende dieser Periode als Neumond unsichtbar am Taghimmel.

Dieser ständig und pünktlich wiederkehrende Rhythmus empfahl sich bald als Kalender, nicht umsonst leitet sich unser Begriff Monat vom Namen des Erdbegleiters ab. Die exakte Zeit zwischen zwei Vollmondstellungen beträgt aber 29,53 Tage, weswegen sich die Mondphasen von Monat zu Monat etwas verschieben.

Die Entstehung des Mondes

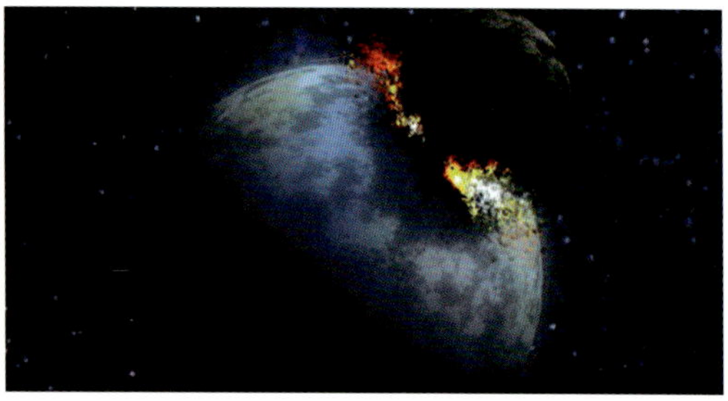

Die allgemein akzeptierte Theorie zur Entstehung des Erdmondes geht davon aus, dass die Erde gegen Ende ihrer Entstehung von einem etwa marsgroßen Körper getroffen wurde. Aus den dabei entstandenen Trümmern hat sich innerhalb weniger Monate ein Mond geformt, der zum Teil aus irdischem Material besteht. Diese Trümmer waren anfangs 20 000 km von der Erde entfernt, durch Gezeitenreibung vergrößerte sich später der Abstand auf den heutigen Wert.

Verwickelte Mondbahn

Für einen Umlauf um die Erde benötigt der Mond dagegen nur 27,32 Tage. Durch die Bewegung der Erde um die Sonne dauert es dann gut zwei Tage länger, bis wieder die gleichen Beleuchtungsverhältnisse herrschen. Dabei fällt (besonders bei Vollmond) auf, dass der Mond jedes Mal gleich aussieht, uns immer die gleiche Seite zuwendet. Dies legt den trügerischen Schluss nahe, der Mond drehe sich nicht um seine eigene Achse. Doch der Mond narrt uns, denn er braucht für eine Rotation exakt die gleiche Zeit wie für den Umlauf um die Erde; man spricht von einer „gebundenen" Rotation.

Die Mondbahn ist gegen die Ekliptik (die Bahn der Erde um die Sonne) um etwa fünf Grad geneigt. Daher sind Sonne, Erde und Mond nur selten auf einer exakten Linie anzutreffen und Mond- wie Sonnenfinsternisse entsprechend rar. Außerdem ist die Mondbahn elliptisch, weicht also deutlich von der Kreisform ab. Im Mittel ist

Der Astronaut Charles M. Duke sammelte während der *Apollo-16*-Mission Mondgestein am Rande eines kleinen Kraters. Im Hintergrund sieht man das Mondauto.

der Mond 384 400 km von der Erde entfernt, kann ihr aber bis auf 356 400 km nahe kommen oder 406 700 km von der Erde entfernt sein. Als Folge davon schwankt der Durchmesser des Mondes am Himmel um ca. 10 % (was aber nichts damit zu tun hat, dass der Mond in Horizontnähe oft besonders groß erscheint).

Erde und Mond beeinflussen sich gegenseitig, hauptsächlich aufgrund der Gezeitenwirkung. Mond und Erde ziehen ständig an sich herum, der gemeinsame Schwerpunkt liegt nicht im Erdmittelpunkt, sondern 1700 km unter der Erdoberfläche. Dabei zieht der Mond das Wasser auf der ihm zugewandten Erdseite an, während es auf der anderen Erdseite zurückbleibt. Unter diesen beiden Flutbergen dreht sich die Erde ständig weg, gleichzeitig be-

Vom Mond aus betrachtet zeigt auch die Erde Phasen. Einen „Erdaufgang" kann man vom Mond aus aber nicht beobachten, da sich die Erde am Mondhimmel aufgrund der gebundenen Mondrotation nicht bewegt.

Ein Bröckchen Mondgestein, das von *Apollo*-Astronauten auf die Erde gebracht wurde.

wegt sich der Mond ein Stück auf seiner Bahn. So dauert es von Flut zu Flut (oder Ebbe zu Ebbe) etwas länger als einen halben Tag (zwei Flutberge!), nämlich 12^h25^m.

Woraus der Mond besteht

Auch wenn der Mond strahlend hell am irdischen Himmel steht, in Wirklichkeit ist er ein sehr dunkler Körper. Nur 7 % des einfallenden Lichts werden von der 3470 km großen Mondkugel reflektiert. Da der Mond keine Atmosphäre besitzt, wird es im Sonnenlicht auf ihm bis zu 120 °C warm, auf seiner Nachtseite hingegen mit bis zu −130 °C sehr kalt.

Auf der Mondoberfläche sind schon mit bloßem Auge große dunkle Gebiete sowie zahlreiche Krater auszumachen. Die dunklen Gebiete werden, historisch bedingt, „Maria" (lat., Mondmeere) genannt. Statt von Wasser wurden sie aber einst von Lavamassen überflutet. Durch Kraterzählungen ergab sich, dass die Mondmeere jünger sind als die restliche Mondoberfläche.

Die bei irdischen Beobachtungen scharfkantig erscheinenden Krater sind in Wirklichkeit sanft gewellt. Über die gesamte Mondoberfläche hat sich im Laufe von Jahrmillionen eine dicke Puderschicht gelegt, das Resultat des ständigen Bombardements von Mikrometeoriten, die den atmosphärelosen Mond ungebremst treffen. Dank der bemannten *Apollo*-Missionen Ende der 1960er und Anfang der 1970er Jahre hat sich unser Wissen über die Zusammensetzung des Mondes stark erweitert. Von den Astronauten wurden 283 kg Mondgestein zur Erde gebracht.

Demnach ist die Mondoberfläche bis in mehrere Meter Tiefe von Staub und Geröll überzogen. Die Zusammensetzung ähnelt irdischem Basaltgestein, wie es bei Vulkanausbrüchen entsteht. Auffallend waren kleine glaskugelartige Einschlüsse. Sie sind aufgrund der enormen Hitze entstanden, die bei den Meteoriteneinschlägen entsteht.

Wasser auf dem Mond?

Messungen der Raumsonden *Clementine* und *Lunar Prospector* haben in den 1990er Jahren vermuten lassen, dass es auf dem Mond in lichtgeschützten Kratern Wassereis gibt. Diese Vermutung konnte durch Radarbeobachtungen von der Erde aus aber nicht bestätigt werden.

Mars – der rote Planet

Der Mars, für was musste er nicht alles herhalten. Erst Kriegsgott, dann Welt einer anderen Zivilisation, kalter Wüstenplanet und schließlich doch die Hoffnung auf Leben außerhalb der Erde. Zahlreiche Raumsonden brachen zu ihm auf – nur wenige von ihnen haben ihr Ziel erreicht. Und doch wissen wir heute: Wassereis gibt es auf Mars. Aber die Frage nach Leben ist immer noch nicht beantwortet.

Mars ist der äußere Nachbarplanet der Erde. Nur alle zwei Jahre kann man ihn gut am Himmel beobachten – und aufgrund seiner elliptischen Umlaufbahm um die Sonne ist er zur Erde während einer Opposition, also bei „Vollmars", nicht immer gleich weit entfernt.

Die kleinste Erdentfernung und damit beste Sichtbarkeit seit Tausenden von Jahren fand im August 2003 statt. Jeder wollte den Mars einmal sehen, und gleich drei Raumsonden nutzten die Gelegenheit für einen „Kurztrip" zum roten Planeten. Die Marseuphorie ist ungebrochen, auch wenn schon lange bekannt ist, dass es dort keine kleinen grünen Marsmännchen gibt. Seit Giovanni Virginio Schiaparelli 1877 seine Beobachtungen der Marskanäle – ein „eindeutiger Beweis" für hochentwickeltes Leben – veröffentlicht hat, lässt die irdische PR-Maschinerie keine Gelegenheit aus, um den roten Planeten ins

Mars in der Übersicht: Links eine Aufnahme des *Hubble*-Weltraumteleskops bei der Marsopposition 2007. Rechts ein aus 24 Einzelaufnahmen zusammengesetztes Porträt von Mars, aufgenommen vom Mars-Orbiter *Mars Global Surveyor*.

Die Marsmonde

Mond	Radius	Entfernung
Phobos	11 km	9000 km
Deimos	6 km	23 000 km

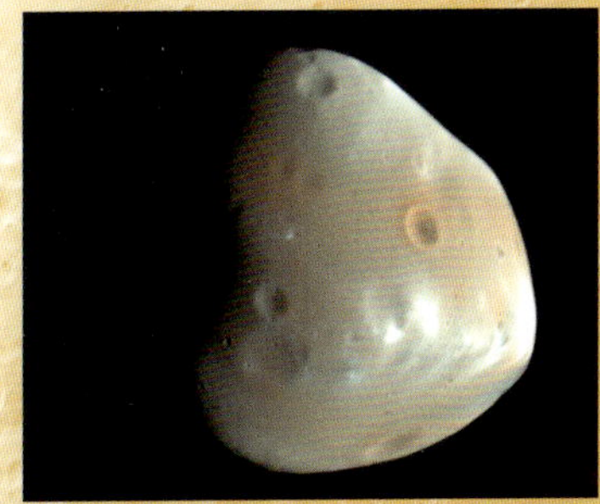

Marsmond Deimos

Der Mars wird von zwei sehr kleinen Monden begleitet: Phobos („Furcht") und Deimos („Schrecken"). Wahrscheinlich handelt es sich bei beiden um „eingefangene" Asteroiden.

Marsmond Phobos

Rampenlicht zu rücken. Ihren Gipfel erreichte die Marshysterie, als am 30. Oktober 1938 ein Hörspiel nach dem Buch „Krieg der Welten" von H. G. Wells über die fiktive Invasion vom Mars die Menschen in Panik versetzte.

Was ist dran am „Mythos Mars"?

Warum diese ganze Aufregung? Mars ist nichts weiter als ein kleiner, gerade mal 6800 km durchmessender Planet. Aber er ist (neben unserem Mond) das einzige Himmelsobjekt, auf dem man echte Oberflächeneinzelheiten ausmachen kann.

Durch Beobachtungen von Oberflächenmerkmalen konnte rasch die Rotationszeit des Planeten bestimmt werden. Sie beträgt mit 24^h37^m nur wenig mehr als die der Erde. Im Fernrohr gut sichtbar sind zudem weiße Polkappen auf Mars, die im Laufe des 780 Tage dauernden Marsjahres deutlich ihre Größe verändern. Mars weist, wiederum wie die Erde, ausgeprägte Jahreszeiten auf; seine Rotationsachse ist um fast 24 Grad gegen die Bahn geneigt (bei der Erde sind dies 23,45 Grad). Regelmäßig scheint sich die Marsoberfläche zu verändern; was früher als Zeichen für Vegetation auf Mars gedeutet wurde, sind in Wirklichkeit den ganzen Marsglobus umfassende Staubstürme.

Die blühenden Fantasien der Forscher wurden erst 1965 durch Bilder der amerikanischen Mars-Sonde *Mariner 4* gedämpft. Keine Vegetation, keine Marskanäle – nur Krater und grobe Strukturen zeigten die Bilder der Sonde. Aber die Wissenschaftler ließen nicht locker, und mit *Viking 1* und *Viking 2* landeten 1976 die ersten Sonden auf der Marsoberfläche. Die beiden Vikings nahmen Proben des Marsgesteins und untersuchten sie vor Ort auf Lebensspuren. Das Ergebnis war ein klares „Jein", Leben konnte nicht eindeutig nachgewiesen werden, was aufgrund der unempfindlichen Sensoren aber auch nicht sehr überraschend war. Dafür sorgte eine Aufnahme des Viking-Orbiters für neue Aufregung. Zu sehen war dort ein Gebilde, das wie ein menschliches Gesicht aussieht. Dieses „Marsgesicht" durfte 25 Jahre lang in keinem Bericht über mögliches Leben auf Mars fehlen – bis es 2001 durch eine scharfe Aufnahme der Marssonde *Mars Global Surveyor* als erodierter Berg entlarvt wurde.

Der Mars im Detail

Einige Jahre und mehrere Raumsonden später hat sich unser Wissen über den roten Planeten stark erweitert. Besonders die fantastischen Panoramaaufnahmen der Roboterfahrzeuge *Sojourner* (1997), *Spirit* und *Opportunity* (beide ab 2004) sowie *Curiosity* (2012) zeigen die Marsoberfläche als karge Geröllwüste. Auf Mars gibt es mehrere Vulkane, von denen der 24 km hohe Olympus Mons als höchster Berg im Sonnensystem gilt. Das mit großem Abstand auffälligste Oberflächenmerkmal sind aber die Valles Marineris (die „Mariner-Täler", so benannt nach den Raumsonden). Über eine Länge von 5000 km zieht

Das „Marsgesicht" (links) gab Spekulationen über Leben auf dem Mars neuen Auftrieb – und wurde später als optische Täuschung entlarvt (rechts).

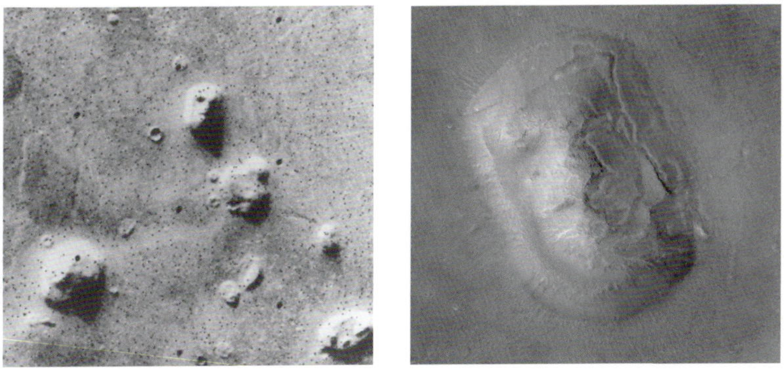

Quer über die Marskugel erstrecken sich die 5000 km langen Valles Marineris, ein großer Riss in der Marskruste.

sich die mehrere hundert Kilometer breite Schlucht quer über den Marsglobus (Bild oben).

Mars besitzt eine dünne Atmosphäre, die zu 95 % aus Kohlendioxid besteht (weitere 2,7 % sind Stickstoff, der Rest Spurengase). Der Luftdruck beträgt weniger als ein Hundertstel des irdischen; Sauerstoff kommt nur in verschwindend geringer Menge vor, und selbst wenn es mehr davon gäbe, wäre die Marsluft zum Atmen viel zu dünn.

Um den Planeten kreisen zwei Monde, deren Namen Phobos („Furcht") und Deimos („Schrecken") an die ehemalige Karriere von Mars als Kriegsgott erinnern. Beide sind für „echte" Monde sehr klein, Phobos misst immerhin noch etwas über 20 km, Deimos ist mit etwas mehr als 10 km knapp halb so groß. Die Marsmonde sind alles andere als kugelrund und ihre Oberflächen von Kratern zernarbt. Wahrscheinlich handelt es sich um eingefangene Kleinplaneten aus dem nahe gelegenen Kleinplanetengürtel zwischen Mars und Jupiter. Die Monde sind nicht sehr weit von Mars entfernt – Phobos im Mittel 9000 km, Deimos 23 000 km –, durch ihre geringe Größe erscheinen sie am Marshimmel aber fast punktförmig.

Dank der günstigen Gelegenheit, als Mars im Sommer 2003 nur 60 Mio. km von der Erde entfernt war, brachen gleich drei Sondenmissionen zum Nachbarplaneten auf. Am 25. Dezember 2003 erreichte der europäische *Mars-Express* den Mars. Diese Mission bestand aus zwei Teilen, der Landeeinheit *Beagle-2* und dem mit einer hochauflösenden Kamera ausgestattenen Orbiter. *Beagle-2* hat sich zwar vorschriftsmäßig von seinem „Raumtaxi" getrennt, gab nach der Landung aber keinen Ton von sich und gilt als verschollen.

Die beiden US-amerikanischen Roboterfahrzeuge *Spirit* und *Opportunity* hatten dagegen mehr Glück und erreichten im Januar 2004 wie geplant den Marsboden.

Auf der Suche nach dem Mars-Wasser

Aufnahmen und Untersuchungen der Orbiter *Mars Global Surveyor* und *Mars Odyssey* hatten bereits konkrete Hinweise geliefert, dass es auf Mars einst große Mengen flüssiges Wasser gegeben haben muss. An mehreren Stellen zeigen die Bilder deutliche Fließspuren auf der Mars-

Ende 2007 blickte der Mars-Rover *Spirit* auf das vor ihm liegende Tal. Deutlich sieht man den von einer rostroten Staubschicht bedeckten Marsboden.

oberfläche. *Mars Odyssey* wies zudem dicht unter der Oberfläche das Vorkommen von Wasserstoff nach; hier könnte heute noch Wasser in Form von Permafrost vorhanden sein.

Zu den Aufgaben der beiden Rover *Spirit* und *Opportunity* gehört es daher, das Marsgestein vor Ort nach Hinweisen auf ehemals vorhandenes Wasser zu untersuchen. Und tatsächlich wurden an beiden Landestellen Elemente und Mineralien gefunden, die (eigentlich) nur in Verbindung mit flüssigem Wasser entstanden sein können.

Parallel dazu untersucht *MarsExpress* aus einer Umlaufbahn die Marsoberfläche. Neben der hochauflösenden Kamera, die Mars mit einer Auflösung von zehn Metern kartiert und aus deren Daten dreidimensionale Bilder generiert werden können, arbeiten weitere Instrumente in anderen Wellenlängenbereichen. Durch Aufnahmen der Polkappe mit dem Infrarot-Spektrometer konnten dort große Mengen von Wassereis nachgewiesen werden. Außerdem ist *MarsExpress* mit dem Radarsystem *Marsis* ausgerüstet. Das Radar hat bis zu 3,7 Kilometer tiefe Eisschichten aufgespürt. Die entsprechende Wassermenge würde Mars mit einer über 10 Meter tiefen Wasserschicht vollständig bedecken. Einen weiteren Beweis für Wassereis auf dem Mars lieferte im Herbst 2008 die Sonde *Phoenix*; sie kratzte die oberste Staubschicht beiseite, wonach weiße Eisspuren sichtbar wurden.

Im Sommer 2012 ist die Sonde *Mars Science Laboratory* (meist „Curiosity" genannt) erfolgreich auf Mars gelandet. Das kleinwagengroße Roboterfahrzeug ist mit umfangreichen Analysemöglichkeiten ausgestattet und wird der Frage nach Leben auf dem Mars sprichwörtlich auf den Grund gehen..

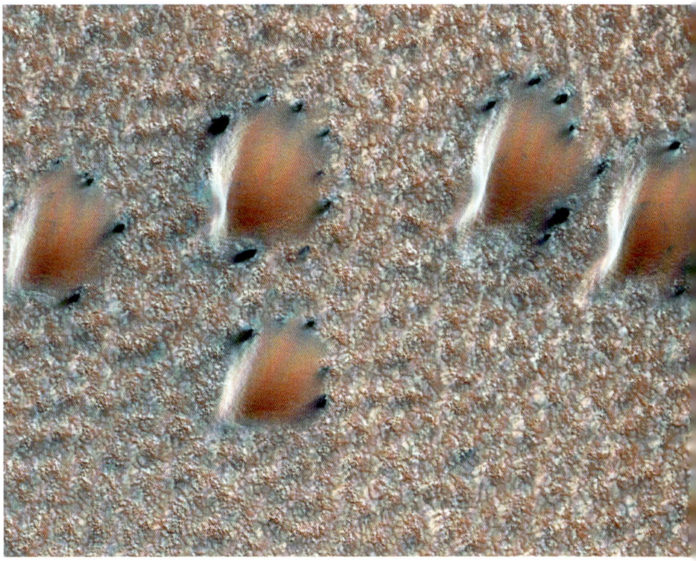

Frühling auf der Mars-Nordhalbkugel: Sanddünen sind von blau schimmerndem Kohlendioxid-Eis gesäumt. An den schwarzen Stellen ist das Kohlendioxid bereits in die dünne Marsatmosphäre sublimiert. Die Aufnahme stammt vom *Mars-Reconnaissance-Orbiter.*

Kurz unter der von Staub bedeckten Oberfläche hat der Mars-Lander *Phoenix* im Juni 2008 deutliche Spuren von Wassereis gefunden. Einige Tage später hatte sich das Eis verflüchtigt.

Kleinplaneten

Im Sonnensystem gibt es acht große Planeten – und hunderttausende kleine, die meisten davon zwischen Mars und Jupiter. Diese treffend „Kleinplaneten" genannten Objekte sehen am Himmel nur wie Lichtpünktchen aus und zeigen in irdischen Teleskopen keinerlei Details. Erst durch die Erforschung mit Raumsonden konnte die Gestalt einiger Kleinplaneten ermittelt werden.

Der erste Kleinplanet wurde in der Neujahrsnacht von 1800 auf 1801 durch Guiseppe Piazzi entdeckt und auf den Namen Ceres getauft. Die Entdeckung kam nicht ganz überraschend, denn einige Jahre zuvor hatten Johann Titius und Johann Elert Bode eine auffällige Systematik der Planetenabstände zur Sonne festgestellt. Nach ihrer Theorie musste es zwischen Mars und Jupiter einen weiteren Planeten geben. Statt eines großen Planeten

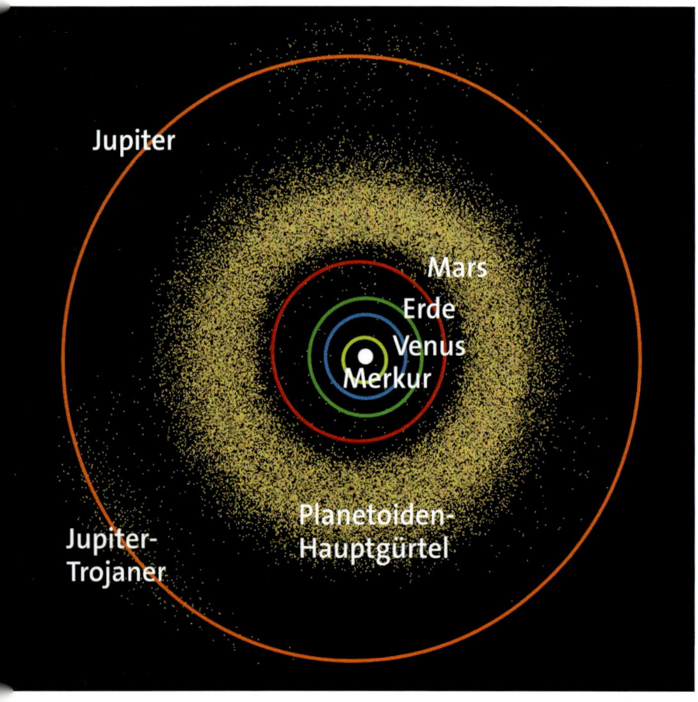

wurden dort aber viele kleine Planeten gefunden, die alle auf ähnlichen Bahnen die Sonne umrunden (siehe Abb. links unten). Mittlerweile sind über 300 000 Kleinkörper in diesem als „Planetoidengürtel" bezeichneten Gebiet bekannt. Alle Kleinplaneten zusammen besitzen nur ein Bruchteil der Erdmasse. Ceres ist mit 950 km der größte von allen, viele andere sind dagegen nur einige Kilometer groß.

Von der Erde aus betrachtet erscheinen Kleinplaneten nur als Lichtpünktchen. Würden sie sich nicht am Himmel bewegen, so wären sie nicht von Sternen zu unterscheiden. Durch diese Bewegung ist es den Astronomen möglich, Kleinplaneten auf lang belichteten Fotografien des Himmels zu entdecken – der Kleinplanet hinterlässt während der z. B. 30 min langen Belichtungszeit eine Strichspur auf dem Bild. Durch Vermessung mehrerer Positionen über einen längeren Zeitraum hinweg kann die Bahn des Kleinplaneten bestimmt und das Objekt auch nach Wochen oder Monaten wieder am Himmel aufgefunden werden.

Kleinplaneten auf der schiefen Bahn

Nicht alle Planetoiden ziehen brav ihre Bahn irgendwo zwischen Mars und Jupiter. Noch harmlos sind die sogenannten Trojaner, die in Jupiterentfernung um die Sonne laufen. In jeweils 60 Grad Abstand vor und hinter Jupiter haben sie sich in energetisch günstigen Bereichen versammelt, aus denen sie sich ohne Fremdeinwirkung auch nicht befreien können. Mehr Anlass zur Sorge gab der bereits 1932 entdeckte Kleinplanet Apollo. Nachdem

Kleinplaneten bewegen sich am Himmel relativ zu den Sternen und bilden auf Fotos eine Strichspur.

Neun Kleinplaneten im Größenvergleich. Vesta ist mit einem Durchmesser von 530 km mit Abstand das größte Objekt.

man seine Bahn bestimmt hatte, stellte sich heraus, dass Apollo hin und wieder die Erdbahn kreuzen und damit der Erde gefährlich nahe kommen kann. Es folgten weitere Objekte, die auf ihren zum Teil stark elliptischen Bahnen die Erdbahn kreuzen. Von diesen „Erdbahnkreuzern" sind bis heute rund tausend Exemplare bekannt. Die ständige Überwachung dieser Kleinplaneten hat für uns Menschen einen ganz praktischen Grund, denn bereits der Einschlag eines nur ein Kilometer großen Körpers auf der Erde hätte verheerende Folgen. Spielfilme wie „Deep Impact" oder „Armageddon" beschreiben ein zwar maßlos übertriebenes, aber doch nicht ganz unrealistisches Szenario.

Einige Sternwarten haben sich der Suche nach erdnahen Objekten verschrieben und verfolgen das konkrete Ziel, bis in einigen Jahren alle Kleinplaneten bis zu einer Größe von einem Kilometer katalogisiert zu haben.

Knochen, Kartoffeln und Melonen

Im Teleskop erscheinen die Kleinplaneten wie gesagt nur als punktförmige Objekte. Allein durch die Analyse ihres Lichtwechsels konnte man schließen, dass sie rotieren und einige von ihnen nicht kugelrund, sondern eher eiförmig durch den Weltraum trudeln.

Anfang der 1990er Jahre konnten erstmals echte Bilder einiger Kleinplaneten bestaunt werden. Auf ihrem Weg zu Jupiter flog die Raumsonde *Galileo* am Kleinplaneten Gaspra vorbei und bestätigte, dass dieses Objekt eine ganz eigene Form besitzt. Von den zahlreichen Kratern auf Gaspra war man überrascht. Anscheinend entgeht kein Körper im Sonnensystem, und sei er auch noch so klein, dem Bombardement anderer „Kleinstplaneten", von denen es unzählige im Sonnensystem gibt.

Noch überraschender fiel der Besuch *Galileos* bei Ida aus. Dieser 58 km lange Kleinplanet wird sogar von einem eigenen, nur 1,5 km kleinen Mond umkreist, dem man den Namen Dactyl gab; man hatte den ersten Mond eines Kleinplaneten entdeckt! Ganz anders dagegen bei der Sonde *NEAR*. Sie startete mit dem Ziel, den Kleinplaneten Eros genau zu erforschen. Auch hier nahm man auf dem Weg einen weiteren Kleinplaneten mit, die 52 km große und ausnahmsweise recht runde Mathilde. Sein Ziel erreichte *NEAR* im Jahr 2002. Statt an Eros einfach vorbeizufliegen, schwenkte die Sonde in eine Umlaufbahn um den 34 km langen Körper ein – und erforschte ihn als „Kleinplanetensatellit" ein Jahr lang.

Durch weitere Raumsondenmissionen konnten zahlreiche Kleinplaneten aus der Nähe fotografiert werden und erlauben so den oben dargestellten Größenvergleich. Die jüngste Mission *Dawn* besuchte 2011 den großen Körper Vesta und wird 2015 bei Ceres erwartet, die mittlerweile als Zwergplanet eingestuft wurde.

Zielscheibe Erde

„Near Earth Objects" (NEOs) sind Asteroiden, Kometen und große Meteoroiden, die die Erdbahn kreuzen können und deshalb eine Kollisionsgefahr darstellen. Um dieser Gefahr vorzubeugen ist eine genaue Kenntnis über solche Objekte notwendig. In den USA hat die NASA vom Kongress den Auftrag erhalten, alle NEOs zu katalogisieren, die größer als ein Kilometer im Durchmesser sind. Derzeit sind etwa 1000 derartige Objekte bekannt, nach Expertenmeinung glaubt man allerdings, dass dies nur die Hälfte der NEOs jener Größe ist.

Jupiter – der Riesenplanet

Ab dem fünften Planet im Sonnensystem wird alles anders. Die Planeten sind jetzt viel größer, sehr viel massereicher – und sie bestehen hauptsächlich aus Gas, eine feste Oberfläche kann nicht beobachtet werden. Jupiter selbst ist der größte aller Planeten. Um ihn kreisen mehrere Monde, von denen die vier größten schon fast als kleine Planeten durchgehen.

Jupiter galt schon bei den ersten Himmelsbeobachtern als „König der Planeten". Er strahlt mit ruhigem, gleichbleibend hellem Licht und ist jedes Jahr gut am Himmel zu sehen. Wahrhaft majestätisch zieht er langsam seine Bahn unter den Sternen, von Jahr zu Jahr stattet er einem anderen Sternbild seinen Besuch ab.

Jupiter umläuft nach Merkur, Venus, Erde und Mars als fünfter Planet unsere Sonne. Verbunden mit dem größeren Sonnenabstand – Jupiter ist fünfmal so weit vom Zentralgestirn entfernt wie die Erde – ist die lange Umlaufzeit: Jupiter benötigt fast zwölf Jahre für einen Sonnenumlauf. Von der schnelleren Erde wird er dabei alle 400 Tage überholt und hat sich am irdischen Himmel dann gerade von einem Tierkreissternbild zum nächsten geschoben. Nach Mond und Venus ist Jupiter das hellste Objekt am Nachthimmel und übertrifft sogar Sirius, den hellsten Fixstern. Wenn ein Planet weit von der Sonne entfernt ist und trotzdem hell leuchtet, muss er auch besonders groß sein. Im Teleskop erscheint das Jupiterscheibchen daher auch größer als Mars, der der Erde viel näher steht. Auffallend ist auch die deutliche Abplattung: Der Äquatordurchmesser Jupiters übertrifft den von Pol zu Pol gemessenen Wert um fast 10 %.

Die wahre Natur des Riesenplaneten

Teleskopbeobachtungen von Jupiter zeigen auffallende, parallel zum Äquator verlaufende Streifenmuster. Bei höherer Vergrößerung werden immer mehr Einzelheiten sichtbar. Manche davon verändern sich im Laufe von Wochen und Monaten, andere dagegen sind jahrelang stabil. In einer einzigen Nacht fällt auf, dass sich Jupiter schnell um seine eigene Achse dreht: Die Rotationsdauer des Planeten beträgt nur 9^h55^m. Dabei besitzt Jupiter (wie die Sonne) eine differenzielle Rotation: In Äquatornähe dreht sich der Planet gut fünf Minuten schneller als in nördlichen oder südlichen Breiten.

Die schnelle Rotation ist Grund für Jupiters deutliche Abplattung. Eine feste Oberfläche kann der Riesenplanet daher kaum haben. Die von irdischen Beobachtungen bekannten Streifenmuster entpuppten sich auf Bildern der ersten Raumsonden daher auch als Wolkenwirbel, die mit Geschwindigkeiten von bis zu 500 km/h durch die dichte Atmosphäre fegen. Bereits spektroskopische Untersuchungen von der Erde aus ergaben, woraus die

Der Große Rote Fleck

Im Jahr 1655, knapp fünf Jahrzehnte nach Erfindung des Fernrohrs, entdeckte Giovanni Cassini einen auffallend roten Wolkenwirbel auf Jupiter. Diese „Großer Roter Fleck" (GRF) genannte Struktur ist seitdem nicht verschwunden, existiert als schon mehrere Jahrunderte. Detailuntersuchungen haben ergeben, dass es sich beim GRF um einen riesigen Wirbelsturm handelt (Bild oben). Man blickt hier in tiefer gelegene Schichten der Jupiteratmosphäre. Den GRF kann man bereits in einem guten Hobby-Teleskop beobachten.

Jupiterwolken zusammengesetzt sind. Richtig gründlich wurde die Atmosphäre dann durch die von der Raumsonde *Galileo* mitgeführte Messkapsel erkundet. Ihre Daten bestätigten das bis dato vorhandene Bild, nach dem die –150 °C kalte Atmosphäre zu 75 % aus molekularem Wasserstoff und zu 24 % aus Helium besteht. In Spuren kommen auch Methan, Ammoniak und Wasserdampf vor. Die Jupiteratmosphäre besitzt damit eine Zusammensetzung ähnlich wie die Sonne!

Fast eine zweite Sonne

Am Fixsternhimmel können viele Sterne beobachtet werden, die sich gegenseitig umrunden. Man spricht von Doppelsternen, die gemeinsam aus einer Wolke interstellarer Materie entstanden sind. Solche „Zwillingsgeburten" sind keineswegs selten, mehr als die Hälfte aller Sterne sind Teil eines Doppel- oder Mehrfachsternsystems. Unsere Sonne als Einzelgänger ist schon eher die Ausnahme. Mit Jupiter gibt es aber einen Planeten, der es fast zur zweiten Sonne geschafft hätte. Er vereint 70 % der Masse aller Planeten in sich und hat damit während der Entstehung des Planetensystems den Löwenanteil der Materie an sich gezogen. Um wirklich eine Sonne werden zu können, hätte Jupiter aber mehr als die hundertfache Masse aufsammeln müssen.

Trotzdem strahlt Jupiter mehr Energie ab als er von der Sonne erhält. Wie ein Protostern schrumpft Jupiter ganz allmählich und heizt sich dabei auf. Die entstehende Wärme wird nach außen abgeführt, sie ist die Energiequelle der turbulenten Atmosphäre.

Bereits 1000 km unterhalb der Wolkenwirbel ist der Druck so hoch, dass Wasserstoff und Helium in flüssiger Form vorkommen. Diese „flüssige Atmosphäre" reicht bis in eine Tiefe von 25 000 km (gut ein Drittel des Jupiterradius), wonach der zunehmende Druck dem Wasserstoff metallische Eigenschaften zuführt. Die 40 000 km starke Schicht metallischen Wasserstoffs reicht bis zum Zentrum des Riesenplaneten, wo ein erdgroßer Gesteinskern vermutet wird.

Der metallische Wasserstoff ist elektrisch leitfähig und für das ausgeprägte Magnetfeld Jupiters verantwortlich. Wie auf der Erde können daher auch bei Jupiter hin und wieder Polarlichter beobachtet werden, wenn energiereiche Teilchen des Sonnenwindes im Bereich der Pole in die Jupiteratmosphäre vordringen können.

Jupiter besitzt auch einen zarten Ring, der 1979 von den *Voyager*-Raumsonden entdeckt wurde und nur im Gegenlicht sichtbar ist. Hier beginnt der Übergang zu den zahlreichen Jupitermonden, von denen vier schon im Fernglas beobachtet werden können.

Polarlichter am Nordpol

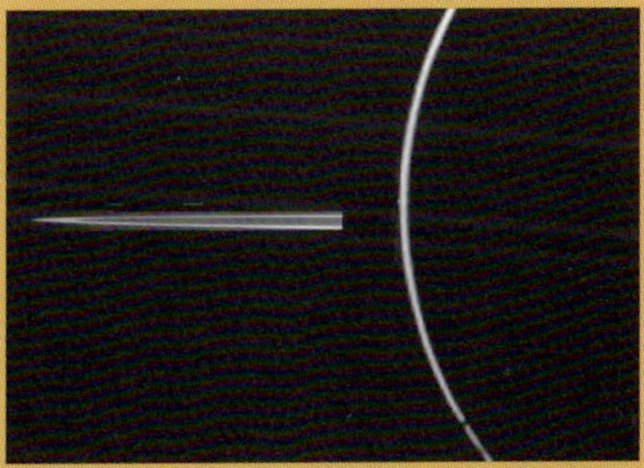

Jupiterringe

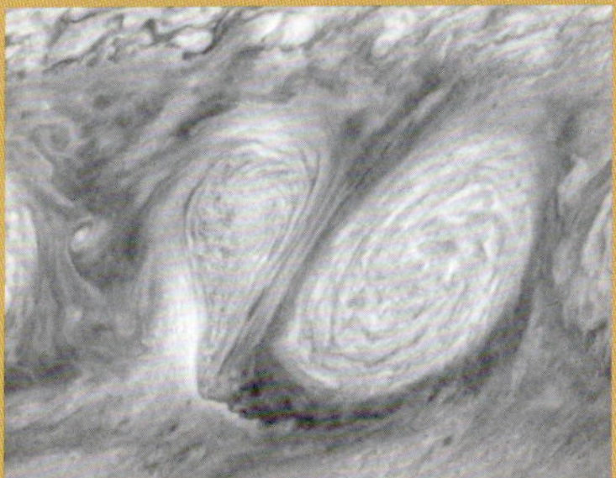

Wirbelstürme von der Größe der Erde

Die Jupitermonde

Um Jupiter kreisen mehr als 60 Monde. Vier von ihnen – Io, Europa, Ganymed und Kallisto – kann man leicht mit dem Fernrohr beobachten. Man könnte sie noch mit bloßem Auge sehen, würde ihr heller Mutterplanet sie nicht überstrahlen. Bereits Galileo Galilei hat sie mit seinem bescheidenen Fernrohr beobachtet, daher werden sie auch Galileische Monde genannt. Für Galilei war diese Entdeckung ein weiterer Hinweis darauf, dass sich eben nicht alles nur um die Erde dreht – denn aus der Ferne betrachtet sehen Jupiter und seine Monde wie die Miniaturausgabe eines Sonnensystems aus.

Die größten Jupitermonde

Mond	Durchmesser	Entfernung zu Jupiter
Ganymed	5262 km	1070000 km
Kallisto	4800 km	1883000 km
Io	3700 km	422000 km
Europa	3138 km	671000 km
Amalthea	270 km	181000 km
Himalia	170 km	11461000 km
Thebe	110 km	222000 km

Die vier Galileischen Monde im Größenvergleich: Von links nach rechts sind dies Ganymed, Kallisto, Io und Europa.

Die Galileischen Monde bewegen sich nahe der Äquatorebene um Jupiter, so dass im Fernrohr interessante Schattenspiele beobachtet werden können. Mal tritt ein Mond in den (ansonsten unsichtbaren) Schatten des Riesenplaneten, oder er zieht vor- oder hinter der Jupiterscheibe vorbei. Besonders attraktiv sind Schattenwürfe der Monde auf Jupiter selbst, dann wandert ein kleiner schwarzer Klecks langsam über Jupiters Wolkenbänder.

Durch die Beobachtungen von Jupitermondverfinsterungen konnte 1676 der dänische Astronom Ole Römer sogar die Lichtgeschwindigkeit bestimmen.

Die Oberfläche des Jupitermondes Europa ist von einer Eiskruste bedeckt. Es wird vermutet, dass sich unter dem eisigen Mantel ein Ozean aus Salzwasser befindet. Daher werden die Spuren von Meteoriteneinschlägen durch nachströmendes Wasser schnell wieder verwischt. Wenn es auf Europa wirklich flüssiges Wasser gibt, könnte dort auch Leben entstanden sein.

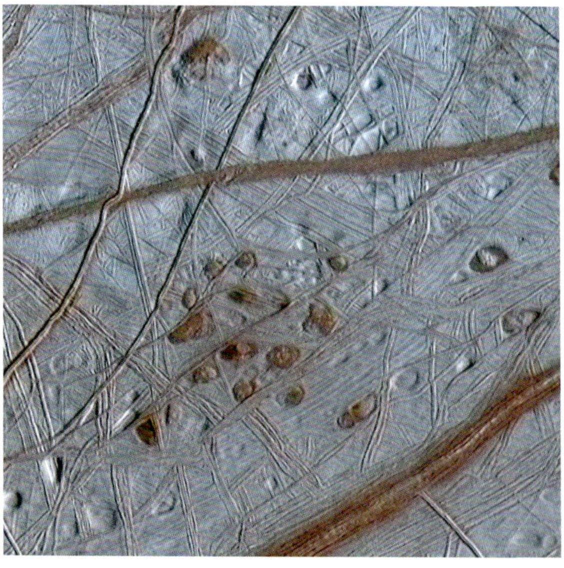

Vulkane, Eispanzer und Ozeane

Auf den Nahaufnahmen der Monde durch Raumsonden wurde eine überraschende Vielfalt deutlich. Jeder Jupitermond ist eine eigene, faszinierende Welt. Kein Vergleich mit dem kargen Erdmond oder den zwei Minimonden des Mars!

Io ist der innerste Jupitermond und vielleicht der spektakulärste des ganzen Sonnensystems. Sein „Pizzagesicht" wird durch sehr aktiven Vulkanismus geprägt. Dabei schießen immer wieder Schwefelfontänen aus der Ober-

Vulkanausbruch auf Io, dem aktivsten Mond im Sonnensystem.

fläche Ios empor, steigen mehrere hundert Kilometer auf und regnen in schirmartiger Form wieder auf die Oberfläche hinab (Abb. oben). Io ist nur 420 000 km von Jupiter entfernt und wird ständig von den Gezeitenkräften des Riesenplaneten durchgeknetet. Er befindet sich auch noch innerhalb des Strahlungsgürtels von Jupiter und steht in starker Wechselwirkung mit dessen Magnetfeld.

Auch **Europa**, der von Jupiter gesehen zweite große Mond, beeinflusst Io, er zieht und zerrt durch Gezeitenkräfte an seinem inneren Nachbarn. Dabei ist Europa ganz anders beschaffen als Io. Mit 3130 km ist dieser Mond nur wenig kleiner als der Erdtrabant, seine Oberfläche ist von Rissen und Spalten gezeichnet. Einschlagkrater sind keine zu finden, und das aus gutem Grund: Die Oberfläche von Europa besteht aus einem dicken Eispanzer, unter dem ein tiefer Ozean aus Wasser vermutet wird. Es gibt sogar Überlegungen, eine Raumsonde zu Europa zu schicken, die auf dem Mond landen und sich durch dessen dicken Eispanzer bohren soll, um im Europa-Ozean nach biologischen Aktivitäten zu suchen.

Ganymed ist der dritte im Bunde, mit 5262 km der größte Mond im Sonnensystem und sogar 400 km größer als der Planet Merkur! Lange Zeit hielt diesen Rekord der Saturnmond Titan, bis sich herausstellte, dass dieser von einer dichten Wolkendecke umhüllt ist, die einen größeren Durchmesser vorgegaukelt hatte. Ganymed ist mit über einer Million Kilometer recht weit von Jupiter entfernt, trotzdem benötigt er für einen Umlauf um seinen Planeten nur etwas mehr als sieben Tage. Auch Ganymed ist von einem Eispanzer bedeckt, der allerdings von zahlreichen Kratern gezeichnet ist. Wenn es, wie manche Forscher vermuten, auch unter der Eisdecke Ganymeds einen Ozean aus Wasser gibt, dann ist dieser ob der 150 km dicken Eisschicht noch schwieriger zu erreichen als bei Europa.

Kallisto ist von den Galileischen Monden am weitesten von Jupiter entfernt. In knapp 2 Mio. km Entfernung benötigt dieser Mond über zwei Wochen für einen Umlauf. Er ist der dunkelste der vier großen Monde. Auf seiner Oberfläche sind unzählige Krater und zwei große Einschlagbecken zu finden. Je weiter ein Mond von Jupiter entfernt ist, desto mehr Krater weist er auf. Doch auch Kallistos Oberfläche besteht überwiegend aus Eis, unter dessen mindestens 200 km dicker Kruste sich ebenfalls ein wenige Kilometer tiefes Wassermeer befinden kann.

Regelmäßig werden neue Jupitermonde entdeckt, die kleinsten davon weisen gerade mal Kilometergröße auf. Innerhalb der Bahnen der großen Monde befinden sich nur vier weitere Jupitersatelliten, die noch vergleichsweise groß sind: Metis, Adrastea, Amalthea und Thebe. Sie „füttern" mit verlorenen Staubpartikeln gleichsam die Jupiterringe. Ansonsten handelt es sich bei ihnen, wie bei den anderen 52 bisher bekannten Mini-Monden, wahrscheinlich um eingefangene Planetoiden, die auf ihrer Bahn um die Sonne irgendwann dem Riesenplaneten zu nahe gekommen sind und seitdem von dessen Gravitationskraft gefangen gehalten werden.

Der Mond Io über dem Wolkenmeer von Jupiter.

Saturn – der Ringplanet

Saturn ist nach Jupiter der zweitgrößte Planet des Sonnensystems – und mit seinen prächtigen Ringe der schönste. Sie sind weniger als einen Kilometer stark, aber dank ihnen hat sich Saturn das Prädikat „Herr der Ringe" mehr als verdient. Seit Juli 2004 wird Saturn von der Raumsonde *Cassini* im Detail erforscht.

Als sechstes Mitglied der klassischen Planeten ist Saturn bereits mit bloßem Auge als heller „Stern" am Himmel zu sehen. Er braucht fast 30 Jahre für einen Umlauf um die Sonne und ist im Mittel 1,4 Milliarden Kilometer (ca. 9,5-fache Erdentfernung) von ihr entfernt. Wie Jupiter kann auch Saturn jedes Jahr für einige Monate am Nachthimmel beobachtet werden. Der Ringplanet wandert aber deutlich langsamer durch die Sternbilder des Tierkreises, noch nicht einmal ein halbes Sternbild schafft er pro Jahr; wer Saturn einmal am Himmel gefunden hat, wird ihn auch im nächsten Jahr an ähnlicher Position wiederentdecken.

Schon die ersten Fernrohrbeobachter bemerkten ein merkwürdiges, längliches Aussehen des Planeten. Später wird er als „Planet mit Henkel" beschrieben, und erst 50 Jahre danach, um 1659, erkennt Christian Huygens die wahre Natur der Saturnringe. Kurz zuvor wurde bereits Titan, der größte der Saturnmonde entdeckt.

Außer seinen Ringen hat Saturn allerdings nicht viel zu bieten. Im Gegensatz zu Jupiter erscheint seine „Oberfläche" nahezu strukturlos. Nur zarte Bänder und hin und wieder ein kleines Fleckchen kann man im Fernrohr beobachten. Dieses Bild des Planeten wurde auch durch die Aufnahmen der Raumsonden nicht grundlegend verändert. Saturn wurde bisher von vier Sonden besucht, 1979 von *Pioneer 11*, 1980 von *Voyager 1*, 1981 von *Voyager 2* und seit 2004 von *Cassini*. Für *Pioneer 11* war Saturn das letzte Reiseziel; *Voyager 2* nutzte die Anziehungskraft des Planeten für eine Bahnkorrektur, durch die die Sonde auf ihren Weg zum Planeten Uranus gebracht wurde. Dagegen flog *Voyager 1* so dicht am Ringplaneten vorbei, dass die Sonde daraufhin nahezu senkrecht aus der Bahnebene der Planeten um die Sonne, herausgeschleudert wurde. *Cassini* ist sogar in einen Orbit um Saturn eingetreten.

Saturn in einer Aufnahme der Raumsonde *Cassini*. Deutlich ist der Schattenwurf des Planeten auf die Ringe zu sehen.

Saturn unter die Lupe genommen

Der Ringplanet ist fast doppelt so weit von der Sonne entfernt wie Jupiter, sein Durchmesser beträgt rund 120 000 km (etwa 20 000 km weniger als Jupiter). Deutlich ist auch bei Saturn eine Abplattung der Planetenkugel zu erkennen, denn er dreht sich mit 10^h40^m fast so schnell um seine eigene Achse wie der große Bruder Jupiter (9^h55^m). Wie Jupiter ist auch Saturn ein Gasplanet, die beiden sind sich hinsichtlich ihres inneren Aufbaus sehr ähnlich. Auch Saturns Atmosphäre besteht zum überwiegenden Teil aus Wasserstoff (93 %), der Heliumanteil (6 %) ist etwas geringer als bei Jupiter. An die ca. 1000 km dicke Atmosphärenschicht schließt sich wiederum ein (hier ca. 30 000 km dicker) Mantel aus flüssigen Gasen an, darunter folgt der Bereich des „metallischen Wasserstoffs" und schließlich ein harter Kern, der aus einer etwa erdgroßen Gesteinskugel besteht, die von einer ca. 10 000 km dicken Eiskruste umgeben ist.

Da Saturn weiter von der Sonne entfernt ist, empfängt seine Atmosphäre weniger Strahlungsenergie, wodurch in den Saturnwolken nur kleinere Turbulenzen entstehen können. Außerdem ist die äußere Atmosphäre von einer dicken Dunstschicht verhüllt, was in schwächerer Form auch bei Jupiter beobachtet wurde. Im Gegensatz zu Jupiter ist Saturns Äquatorebene stark (fast 27°) gegen seine Bahnebene geneigt. Somit entstehen auf Saturn Jahreszeiten, da seine Hemisphären während des 29,5 Jahre dauernden Sonnenumlaufs unterschiedlich viel Energie erhalten. Auch die Saturnringe sind in der Äquatorebene angeordnet und damit gegen die Bahnebene geneigt. Von der Erde aus betrachtet ändert sich im Laufe eines Saturnjahres der Blick auf die Saturnringe (Bild unten): Mal schauen wir auf den weit geöffneten Saturnring, dann – 7,5 Jahre später – blicken wir exakt auf dessen Kante; der Saturnring ist für einige Zeit nicht zu sehen. Im Herbst 2009 stand Saturn letztmals in Kantenstellung, sein Ring war von der Erde aus fast unsichtbar.

Milliarden Teile bilden viele Ringe

Je detaillierter die Saturnringe untersucht wurden, in desto mehr Einzelteile haben sie sich „aufgelöst". Kann man von der Erde aus gerade mal einige dunkle Lücken in den Saturnringen beobachten, so waren unter den scharfen Blicken der Raumsonden mehr und mehr Strukturen zu sehen. „Einen" Ring gibt es nicht, vielmehr haben Radarbeobachtungen gezeigt, dass sie aus unzähligen mehr oder weniger großen Brocken bestehen. Manche sind einige Meter groß, die meisten siedeln sich aber im Zentimeterbereich an. Mit einem Durchmesser von ca. 250 000 km befinden sich die Ringe in dem „Roche-Grenze" genannten Bereich, wo größere Körper durch die Gezeitenwirkung des Planeten nach und nach zerrieben werden. Wie die Ringe genau entstanden sind, ist heute noch nicht vollständig geklärt. Möglicherweise sind Kometen oder Planetoiden Saturn zu nahe gekommen und haben sich dort im Laufe der Zeit in viele kleine Teile aufgelöst. Möglicherweise lösen sich die Ringe irgendwann wieder vollständig auf.

Die Neigung der Saturnringe hat sich von 1996 (unten) bis zum Jahr 2000 (oben) deutlich verändert.

32 Monde und ein Geheimnis

Saturn besitzt wie Jupiter viele Monde, und gelegentlich werden neue entdeckt. Mit über 5100 km Durchmesser ist Titan der größte von ihnen und nach Jupitermond Ganymed der zweitgrößte im Sonnensystem. Die anderen Saturnmonde sind deutlich kleiner (Abb. unten), und bei den Brocken unter 100 km Größe handelt es sich wohl um eingefangene Planetoiden.

Titan ist nicht nur der größte, sondern auch der interessanteste Saturnmond. Als Lichtpünktchen kann man ihn mit einem guten Fernglas sehen, aber selbst mit den größten Teleskopen der Erde können auf der winzigen Kugel so gut wie keine Einzelheiten ausgemacht werden. Selbst die an sich so erfolgreiche Raumsonde *Voyager 2* lieferte nur offenbar unscharfe Bilder – aber auch den Grund dafür: Titan ist von einer dichten Atmosphäre umhüllt, die Wolkendecke versperrt den Blick auf die Oberfläche. Diese Atmosphäre besteht hauptsächlich aus Stickstoff und Methan, daneben wurden auch andere Kohlenwasserstoffverbindungen gefunden.

Viele Forscher geraten beim Gedanken an Titan ins Schwärmen und Spekulieren. Verbergen sich unter der dichten Wolkendecke ähnliche Bedingungen, wie sie vor Milliarden Jahren auf der jungen Erde herrschten? Können in der dichten Titanatmosphäre fotochemische Reaktionen ablaufen, bei denen einfache Lebensbausteine entstehen? Um diesen Fragen auf den Grund zu gehen, hatte die Saturnsonde *Cassini* die kleine Landekapsel *Huygens* mit an Bord, die 2005 in die Titanatmosphäre eingetaucht und auf der Titan-Oberfläche gelandet ist.

Die anderen Saturnmonde sind deutlich kleiner als Titan und ganz anders zusammengesetzt.

Rhea besitzt nur knapp ein Drittel des Titandurchmessers, sie ist der größte Eismond des Saturn. Wie bei den äußeren Jupitermonden ist Rheas Oberfläche von Kratern zernarbt, die zu früherer Zeit von Wasser aus tieferen Regionen aufgefüllt wurden.

Die größten Saturnmonde

Mond	Durchmesser	Entfernung zu Saturn
Titan	5150 km	1 221 830 km
Rhea	1530 km	527 040 km
Japetus	1460 km	3 561 300 km
Dione	1120 km	377 400 km
Tethys	1060 km	294 660 km
Enceladus	500 km	238 020 km
Mimas	390 km	185 520 km
Hyperion	300 km	1 481 100 km
Phoebe	220 km	12 952 000 km

Japetus folgt knapp dahinter, ist aber mit 3,5 Mio. km weit von Saturn entfernt und umrundet diesen in 79,3 Tagen. Seine Oberfläche ist auf der einen Seite deutlich dunkler, so dass Japetus von der Erde aus betrachtet mal heller und mal schwächer leuchtet.

Dione und **Tethys** sind die letzten beiden Monde mit Durchmessern über 1000 km. Sie umlaufen Saturn auf näheren Bahnen (siehe Tabelle oben). Auch ihre, wahrscheinlich aus Eis bestehenden, Oberflächen weisen viele Krater auf.

Ein besonderes Merkmal weist noch der knapp 400 km große Mond **Mimas** auf. Eigentlich hatte man erwartet, dass Monde dieser Größe schon nicht mehr genügend Masse besitzen, um durch Eigengravitation einen Kugelkörper zu bilden. Mimas erscheint dagegen kugelrund und besitzt einen 130 km großen und 10 km tiefen Einschlagskrater, dem man den Namen „Herschel" gab.

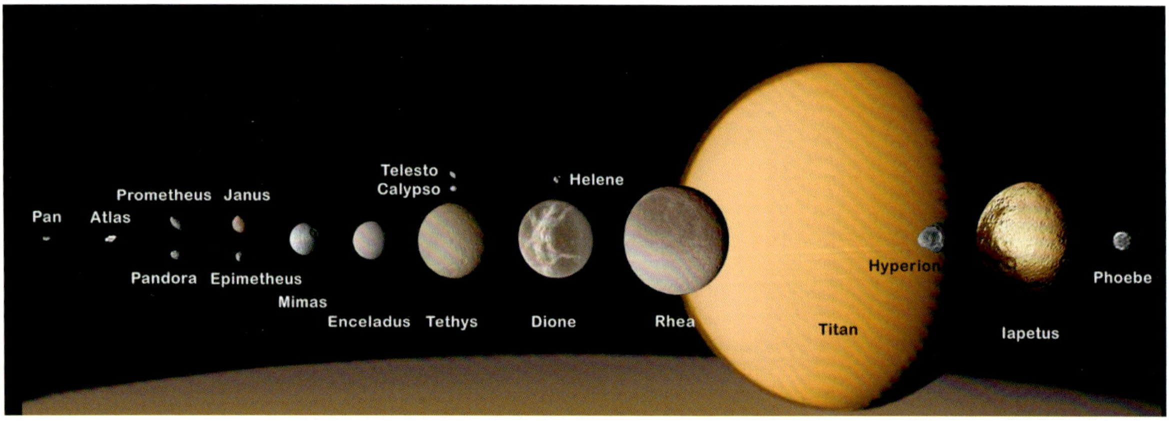

Ein Vergleich der Monde von Saturn: Titan ist mit Abstand der größte unter ihnen und der einzige mit einer eigenen Atmosphäre. Im gleichen Maßstab ist am unteren Bildrand ein Ausschnitt von Saturn zu sehen.

Cassini – die neue Raumsonde bei Saturn

Nach dem Vorbeiflug von *Voyager 2* im Jahre 1981 vergingen über 20 Jahre, bis Saturn wieder Besuch von einem irdischen Späher bekommen sollte.

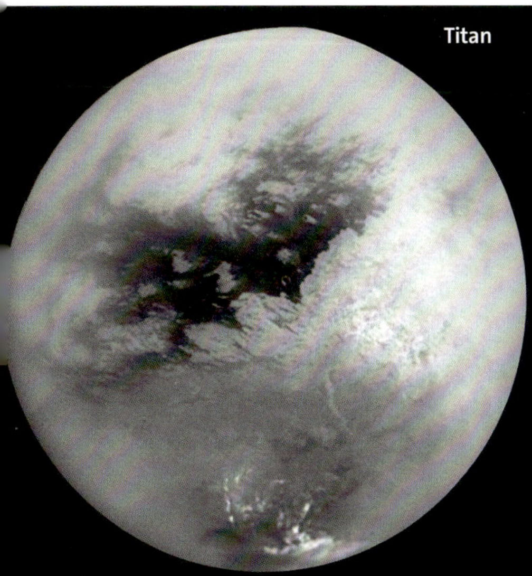
Titan

Oberfläche von Titan

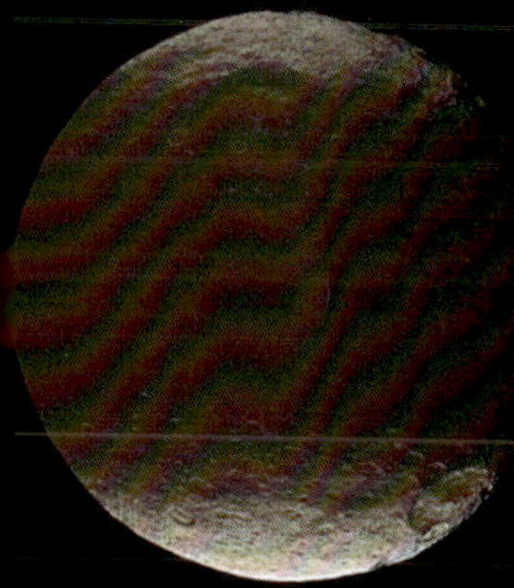

Die zwei Gesichter des Japetus

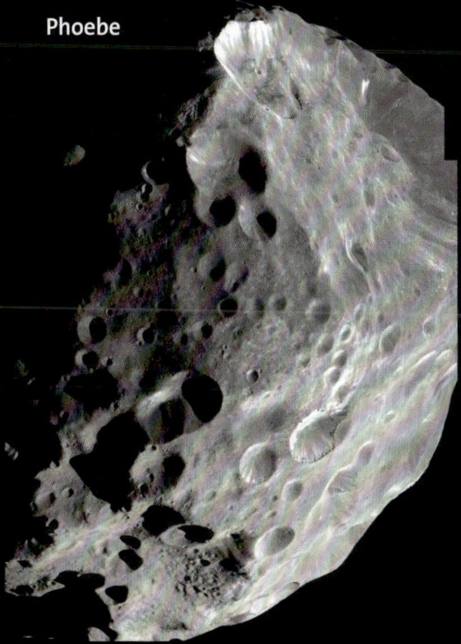
Phoebe

Mimas vor den Saturnringen

Saturnmonde

Aufnahmen der Raumsonde _Cassini_ und der Landekapsel _Huygens_ (rechts oben)

Flüge zu den äußeren Planeten sind kompliziert und dauern lange, *Cassini* benötigte für ihre Reise fast sieben Jahre und musste dabei zweimal an Venus und sogar einmal an der Erde vorbeifliegen, um genügend „Schwung" für ihren Weg ins äußere Sonnensystem aufzunehmen. Ihren letzten Schubs lieh sich die Sonde dann von Jupiter, den sie am 30. Dezember 2000 passierte.

Am 1. Juli 2004 war es endlich so weit: *Cassini* zündete ihr Haupttriebwerk und schwenkte in eine Umlaufbahn um den Ringplaneten ein. Ähnlich der Jupitersonde *Galileo* erforscht *Cassini* seinen Planeten über Jahre hinweg aus einer Umlaufbahn und beobachtet dabei auch die Saturnmonde aus nächster Nähe.

Zu den Aufgaben von *Cassini* gehört es, die genaue Zusammensetzung der Saturnatmosphäre zu ermitteln, Langzeitbeobachtungen der Wolken vorzunehmen sowie die Untersuchung der Ringstrukturen, um schließlich die Entstehung der Saturnringe nachvollziehen zu können. Mit besonderer Spannung wurde der Abstieg der Landekapsel *Huygens* auf dem Saturnmond Titan erwartet, die auch Bilder von der bisher unbekannten Titanoberfläche geliefert hat. Die *Huygens*-Mission war ein voller Erfolg, die Sonde landete weich auf der Titan-Oberfläche und übermittelte faszinierende Bilder dieser fremdartigen Welt. Später konnte *Cassini* eindeutig flüssiges Methan auf Titan nachweisen.

Uranus – der blasse Riese

Der siebte Planet im Sonnensystem trägt den Namen Uranus. Er ist mit bloßem Auge fast nicht mehr zu sehen und wurde daher erst 1781 entdeckt. Wie bei Jupiter und Saturn handelt es sich hier um einen Gasriesen, auch wenn Uranus deutlich kleiner ist.

Die Entdeckung von Uranus ließ lange auf sich warten, erst am 13. März 1781 bemerkte Friedrich Wilhelm Herschel ein bis dahin unbekanntes Lichtpünktchen, das sich vor dem Hintergrund der Fixsterne langsam bewegte. Kurioserweise ist Uranus bereits auf älteren Sternkarten enthalten, wurde dort aber als „Fixstern" eingetragen. Im Idealfall ist Uranus hell genug, um ihn – von einem dunklen Ort aus – mit bloßem Auge sehen zu können, und mit einem Fernglas und einer guten Aufsuchkarte kann jeder diesen fernen Planeten erspähen. Mit der Entdeckung von Uranus wurde das Sonnensystem auf einen Schlag doppelt so groß. Mit knapp drei Milliarden Kilometern ist der siebte Planet fast 20-mal so weit von der Sonne entfernt wie die Erde. Seine Bahn ist wie die von Jupiter und Saturn leicht elliptisch und mit 0,77° nur minimal gegen die Ekliptik geneigt. Uranus ist daher von der Erde aus immer in der Nähe der ebenfalls als Ekliptik bezeichneten Linie zu finden.

Für einen Sonnenumlauf benötigt Uranus 84 Jahre, er bewegt sich am irdischen Himmel daher von Jahr zu Jahr immer nur ein kleines Stück weiter. Derzeit findet man ihn im Sternbild Fische.

Von der Erde aus sieht man selbst bei starker Vergrößerung nur ein kleines, blaugrünes Scheibchen, was selbst die Bestimmung der Uranusgröße ziemlich schwierig

Auf den Bildern von *Voyager 2* sieht Uranus wie eine gleichmäßig blaugrüne Kugel aus. Nur auf dem Falschfarbenbild lassen sich Strukturen erkennen.

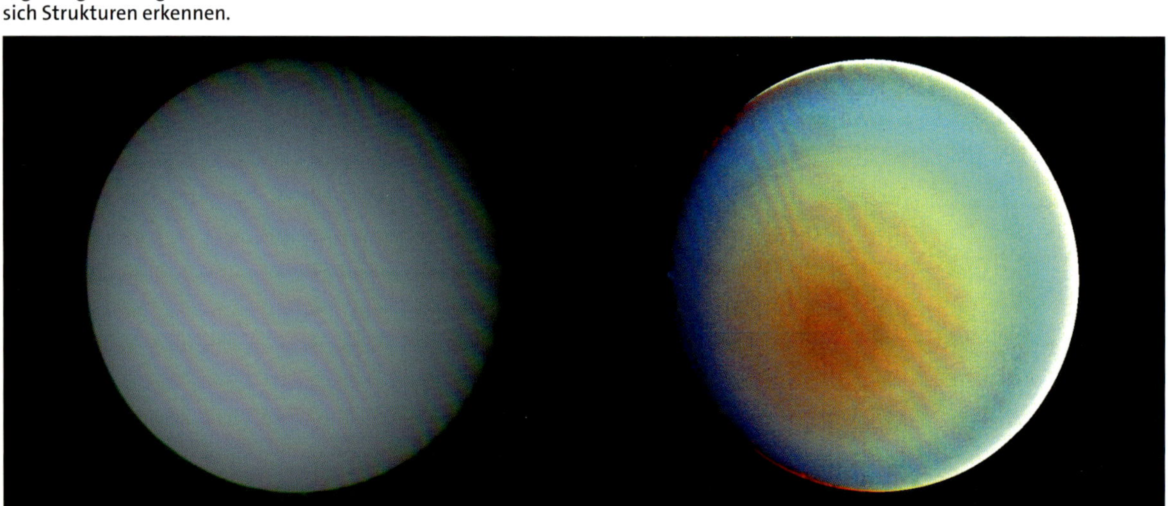

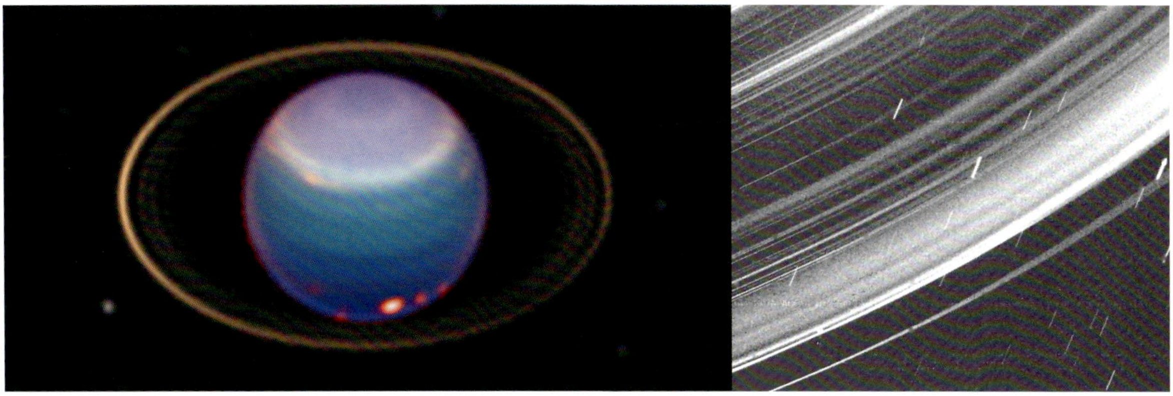

Links: Im Infrarotlicht sieht das Hubble-Teleskop mehr Einzelheiten als die Raumsonde *Voyager 2*; dafür gelangen dieser Detailaufnahmen der Ringe (rechts).

machte. Es blieb daher der Raumsonde *Voyager 2* vorbehalten, uns nähere Informationen über diesen Planeten zu liefern.

Eine hellgrüne Einöde

Die ersten Bilder von *Voyager 2*, die an Uranus im Januar 1986 vorbeiflog, waren enttäuschend. Die von der Sonde zur Erde gefunkten Aufnahmen (was von dort aus schon über zwei Stunden dauert) zeigten ein blassgrünes, strukturloses Planetenscheibchen (Bild S. 58 unten links). Erst mittels kontrastverstärkter Falschfarbenbilder (Bild S. 58 unten rechts) ließen sich der eintönigen Atmosphäre einige Details abringen. Da die Bahnachse von Uranus um 98° gekippt ist, der Planet also auf seiner Bahn „entlangwalzt", blickte *Voyager 2* bei ihrem Anflug auf den sonnenbeschienenen Südpol.

Unter der ca. 40 km dicken Dunstschicht, die einige Prozentpunkte Methan enthält und dem Planeten so seine grünblaue Farbe verleiht, verbirgt sich eine recht stark durchmischte Atmosphäre, die zu 83 % aus Wasserstoff und zu 15 % aus Helium besteht. Uranus weist damit im Prinzip eine ähnliche Zusammensetzung wie Jupiter und Saturn auf, er ist mit einem Durchmesser von 51 000 km aber weniger als halb so groß wie der Ringplanet. In tieferen Regionen liegt auch bei Uranus das Gas in flüssiger Form vor. Aufgrund der deutlichen Abplattung der Uranuskugel geht man aber davon aus, dass sich hier keine Schalenstruktur wie bei seinen großen Brüdern gebildet hat. Vielleicht wurde Uranus auch Opfer einer kosmischen Kollision, die einerseits den Planeten „auf die Seite" geworfen hat und gleichzeitig für eine starke Durchmischung der Uranusatmosphäre sorgte.

Viele Monde – und sogar Ringe

Um den Uranusdurchmesser genauer bestimmen zu können, wurde im März 1977 eine Sternbedeckung durch Uranus verfolgt. Kurz vor und nach dem Uranusscheibchen flackerte das Licht des Sterns dabei unerwartet – ein deutliches Anzeichen für einige schmale Ringe um den Planeten. Diese Ringe wurden 1986 von *Voyager 2* bestätigt und können mit großen Teleskopen mittlerweile auch von der Erde aus aufgenommen werden. Die ca. 100 000 km großen Ringe bestehen aus neun größeren Teilen und werden von mehreren „Schäferhundmonden" begleitet, die das Ringmaterial in bestimmten Bereichen zusammenhalten.

Bei Uranus wurden bis jetzt 27 Monde entdeckt, von denen aber nur fünf eine nennenswerte Größe besitzen. Ihr Aussehen erinnert an die Eismonde von Jupiter und Saturn, sie sind durch Einschlagkrater und tiefe Furchen und Gräben gezeichnet.

Auch hier war mit ziemlicher Sicherheit flüssiges Wasser unter einem dicken Eispanzer dafür verantwortlich, dass durch Einschläge entstandene „Wunden" mit Wasser aufgefüllt wurden und schnell wieder zugefroren sind.

Die größten Uranusmonde

Mond	Durchmesser	Entfernung zu Uranus
Titania	1580 km	435 910 km
Oberon	1524 km	583 520 km
Umbriel	1172 km	266 300 km
Ariel	1158 km	191 020 km
Miranda	480 km	129 390 km

Titania

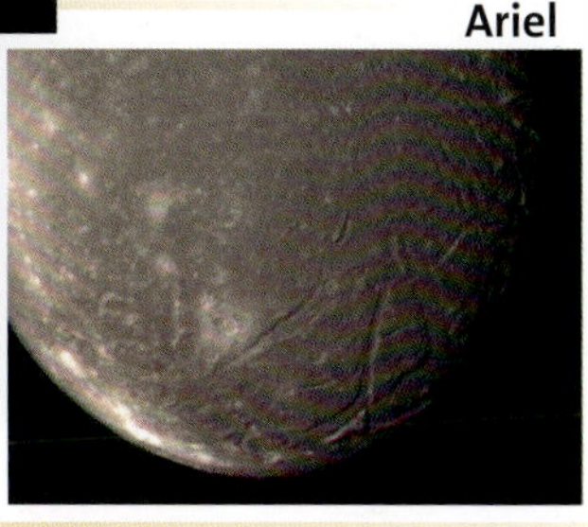

Ariel

Neptun – der zweite blaue Planet?

Die Entdeckung von Neptun war ein sensationeller Erfolg für die Wissenschaft – der ferne Planet wurde „vom Schreibtisch aus“ durch Berechnungen entdeckt. Er ist der vierte Gasplanet des Sonnensystems und in mehrfacher Hinsicht interessanter als sein innerer Kompagnon Uranus.

Als achter Planet des Sonnensystems ist Neptun noch weiter von der Sonne entfernt als Uranus. Er wurde erst 1846 entdeckt, 65 Jahre nach der Entdeckung von Uranus – was auch in diesem Fall etwas verblüfft, denn Neptun ist bereits im kleinen Teleskop leicht zu sehen. Sogar auf einer gezeichneten Karte von Galileo Galilei findet sich Neptun, der diesen aber als Stern eingetragen hatte.

Nachdem Johannes Kepler die Bewegungen der Planeten in mathematische Gesetze gebracht hatte und Isaac Newtons Gravitationsgesetz allgemein akzeptiert worden war, nahmen sich die Forscher der „Himmelsmechanik“ an. Ein erster Erfolg der noch mit viel Skepsis bedachten Methode war bereits die für 1758 von Edmond Halley vorhergesagte Rückkehr „seines“ Kometen.

Der Neptunmond Triton ist der kälteste Punkt des Sonnensystems. Wahrscheinlich handelt es sich bei ihm um einen eingefangenen „Eiszwerg“.

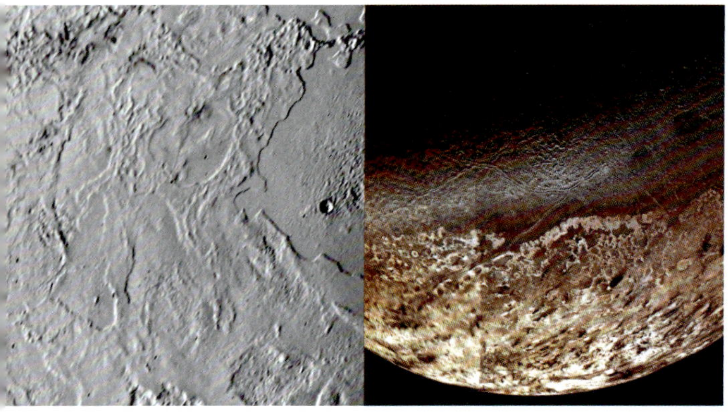

Wie Neptun entdeckt wurde

Langfristige Beobachtungen des gerade neu entdeckten Uranus ließen Zweifel an der Richtigkeit der himmelsmechanischen Gesetze aufkommen: Die Positionen von Uranus wichen etwas von den vorausberechneten ab. Entweder waren die Gesetze doch nicht ganz korrekt – oder es gab noch einen weiteren Planeten, der die Bahn von Uranus beeinflusst. Die zweite These vertrat der französische Astronom Urbain Jean Joseph Leverrier und konnte auf diese Weise sogar die Position des von ihm vermuteten Planeten berechnen. Leider traf das Ergebnis seiner jahrelangen Berechnungen bei seinen Landsleuten auf taube Ohren, niemand wollte ihm glauben, dass man einen neuen Planeten „vom Schreibtisch aus“ entdecken könne. Sie hätten es besser doch getan, denn nachdem Leverrier an den deutschen Astronomen Johann Gottfried Galle geschrieben hatte, blickte der noch am selben Abend durch sein Teleskop und fand prompt den neuen Planeten – Neptun.

Zeitgleich verfolgte übrigens auch der Engländer John Couch Adams dieses Ziel – nur fand er im Gegensatz zu Leverrier niemanden, der für ihn durchs Teleskop blickte.

Neptun im Detail

Mit einem Durchmesser von 49 424 km ist Neptun zwar knapp 2000 km kleiner als Uranus, besitzt aber etwas mehr Masse und damit auch eine höhere mittlere Dichte. In ca. 30-facher Erdentfernung benötigt Neptun rund 166 Jahre für einen Sonnenumlauf. Er hat seit seiner Entdeckung am 23. September 1846 im Sternbild Wasser-

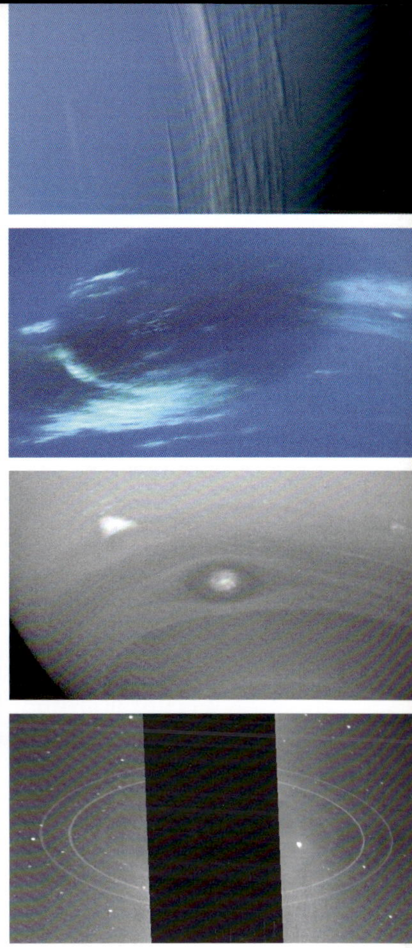

Seiner leuchtend blauen Farbe verdankt Neptun den Beinamen „zweiter blauer Planet". Überrascht waren die Forscher von der strukturreichen Atmosphäre, in der man hoch liegende Methaneiswolken (ganz oben rechts), einen dunklen Fleck und kleine, „Scooter" genannte Wolkenwirbel fand. Die schwachen Neptunringe (Bild rechts unten) bestehen aus sehr kleinen Partikeln.

mann also gerade eine vollständige Runde am Himmel geschafft und zieht seine Bahn derzeit wieder im Wassermann.

Neptun ist wie Jupiter, Saturn und Uranus ein Gasplanet und wurde wie ebenfalls von der Raumsonde *Voyager 2* besucht (im August 1989). Nach dem enttäuschenden Auftritt von Uranus hatten die Wissenschaftler bei Neptun keine großen Erwartungen – und waren umso mehr überrascht, als dieser viele Details in seiner Atmosphäre zeigte. Die typisch blaue Farbe erhält Neptun von Methan in der ansonsten überwiegend aus molekularem Wasserstoff bestehenden Atmosphäre. Auf den Voyager-Aufnahmen erschien er daher als zweiter „blauer Planet" in unserem Sonnensystem.

In der blauen Neptunatmosphäre fiel ein dunkles Gebiet auf, das im Verhältnis zum Planetendurchmesser so groß wie der „Große Rote Fleck" auf Jupiter ist und daher „Großer Dunkler Fleck" (GDF) genannt wurde. Um den GDF siedelten sich weiße Wolken aus Methaneis an, die ihre Schatten auf tiefer gelegene Gebiete warfen. So beständig wie der GRF auf Jupiter ist der GDF allerdings nicht, denn Beobachtungen mit dem Hubble-Teleskop viele Jahre später konnten diese Struktur nicht mehr nachweisen. Auf den in tieferen Schichten wahrscheinlich flüssigen Gasbereich folgt ein Kern, der im Vergleich zu Uranus größer ausfallen muss, was man aus der größeren Masse von Neptun schließt.

Ringe und Monde auch bei Neptun

Wenige Wochen nach seiner Entdeckung wurde bei Neptun ein Mond gefunden: Triton, der mit Abstand größte Begleiter des fernen Planeten. Erst 1949 folgte die Entdeckung des zweiten Mondes Nereide, sechs weitere wurden von *Voyager 2* aufgespürt und seit 2002 fünf neue Monde durch Teleskopbeobachtungen entdeckt; Neptun hat daher mindestens 13 Monde. Triton wurde von *Voyager 2* eingehend untersucht, er gilt als das kälteste Objekt im Sonnensystem – und umläuft Neptun entgegen der sonst üblichen Flugrichtung. Erste Anzeichen für Ringe um Neptun resultierten aus Sternbedeckungen. Vermutete man diese Ringe nur als bruchstückhaft, so waren sie auf den Voyager-Aufnahmen durchgehend zu sehen, wenn auch unterschiedlich stark auffällig.

Die größten Neptunmonde

Mond	Durchmesser	Entfernung zu Neptun
Triton	2720 km	354 600 km
Nereide	340 km	5 513 400 km
Galatea	158 km	62 000 km
Despina	148 km	52 500 km
Larissa	100 km	73 600 km

Pluto – der Eiszwerg

Auf die vier Gasriesen folgt ein merkwürdiger kleiner „Planet“. Nicht einmal so groß wie unser Erdmond, zieht er als schwaches Lichtpünktchen seine Bahn um die Sonne. Bis heute wurde Pluto noch von keiner Raumsonde besucht, und so können wir über seine Oberfläche nur spekulieren. Doch das wird sich 2015 ändern.

Obwohl mehrere Astronomen nach einem neunten Planeten suchten, wurde Pluto erst im Jahr 1930 entdeckt. Clyde W. Tombaugh machte Mitte Januar des Jahres mit dem 24-Zoll-Refraktor des Lowell-Observatoriums in Flagstaff/Arizona Himmelsaufnahmen, die er aber erst am 18. Februar auswerten konnte – und dabei den neuen Himmelskörper entdeckte. Offiziell wurde die Entdeckung von Pluto am 13. März 1930 bekannt gegeben.

Der ferne Planet ist so lichtschwach, dass man zu seiner Beobachtung auch heute noch ein größeres Teleskop benötigt. Außer einem kleinen Lichtpünktchen ist nichts zu sehen; Pluto konnte nur durch seine Bewegung relativ zu den Sternen als Planet nachgewiesen werden.

Für einen Sonnenumlauf benötigt Pluto 248 Jahre, in den 75 Jahren seit seiner Entdeckung ist er daher nur um einige Sternbilder (von den Zwillingen in die Schlange) weiter gewandert. Seine Bahn ist um 17° gegen die Ekliptik geneigt, er steht also meist ober- oder unterhalb jener Ebene, in der sich die meisten Planeten um die Sonne bewegen. Zudem weicht seine Bahn am stärksten von der Kreisform ab: In seinem nächsten Bahnpunkt ist Pluto nur 30 Astronomische Einheiten (AE, der mittlere Abstand Erde–Sonne) von der Sonne weg, in seinem fernsten fast 50 AE. So kann es vorkommen, dass Pluto der Sonne näher ist als Neptun, was zuletzt zwischen 1979 und 1999

Auf Basis von Hubble-Beobachtungen konnten diese Plutokarten erstellt werden. Es handelt sich dabei nicht um echte Bilder, vielmehr um Modelle des Planeten.

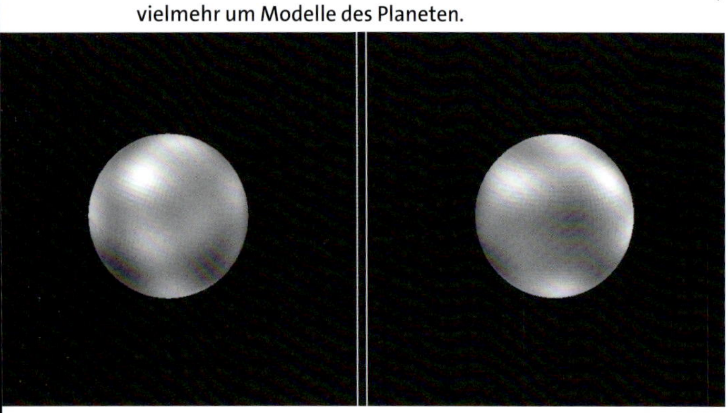

Ist Pluto ein echter Planet?

Seit in den letzten Jahren weitere Objekte entdeckt wurden, die jenseits der Plutobahn um die Sonne laufen, entstand eine Diskussion über den Planetenstatus von Pluto. Mehrere Wissenschaftler sind der Ansicht, man dürfe Pluto nicht als Planeten bezeichnen, er sei lediglich ein großes Objekt der „Eiszwerge“ genannten Körper des Kuiper-Gürtels, von denen an die 1000 bekannt sind. Nachdem im Januar 2005 ein noch sehr viel weiter entferntes und 2300 km großes Objekt gefunden wurde, hat sich die Diskussion verschärft. Im Sommer 2006 beschloss die Internationale Astronomische Union daher, Pluto den Planetenstatus abzuerkennen. Er gilt jetzt nur noch als „Zwergplanet“.

der Fall war. Seinen fernsten Bahnpunkt wird Pluto erst 2107 erreichen. Von der Erde aus erscheint Pluto selbst in den größten Teleskopen nur als Lichtpunkt, denn sein scheinbarer Durchmesser beträgt nur 0,1 Bogensekunden und liegt damit unterhalb jener Grenze, die durch die Erdatmosphäre vorgegeben wird (siehe auch Seite 11). Erst dem Hubble-Weltraumteleskop gelang es, auf Pluto zumindest grobe Oberflächendetails ausmachen zu können (Abb. Seite 62 unten).

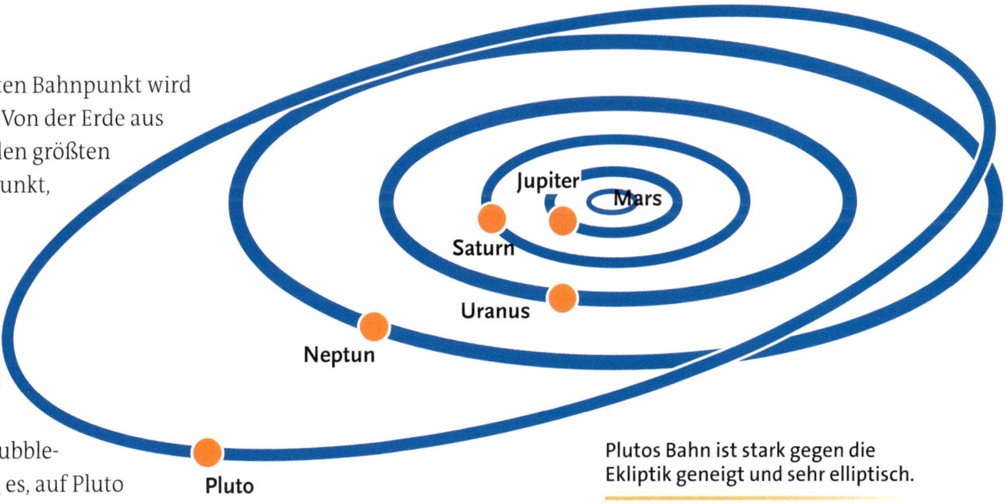

Plutos Bahn ist stark gegen die Ekliptik geneigt und sehr elliptisch.

Was wir über Pluto wissen

Da Pluto noch von keiner Raumsonde besucht wurde, ist nur wenig über den fernen Planeten bekannt. Sein Durchmesser beträgt ca. 2300 km – damit ist Pluto noch kleiner als der Erdmond (Durchmesser: 3476 km). Die Rotationsdauer konnte aus Helligkeitsschwankungen zu 6,4 Tagen bestimmt werden. Über seiner –220 °C kalten Oberfläche liegt eine dünne Atmosphäre, die überwiegend aus Methan besteht. Im Inneren besitzt Pluto einen 1700 km großen Gesteinskern, der von einer 300 km dicken Eiskruste bedeckt ist. Seine Oberfläche ist wahrscheinlich der des Jupitermondes Kallisto ähnlich.

Pluto und seine Monde

Im Jahr 1978 wurde bei Pluto ein Mond entdeckt und auf den Namen Charon getauft. Aus gegenseitigen Bedeckungen von Pluto und Charon ließ sich der Durchmesser des Mondes ableiten: Er beträgt gut 1200 km. Damit sind Pluto und Charon mehr ein Doppelplanet als ein Planet mit Mond. Charon umkreist Pluto in ca. 20 000 km Abstand, wobei sich die beiden Körper immer die gleiche Seite zuwenden; es handelt sich um eine „doppelt gebundene" Rotation. 2005 wurden die kleineren Monde Nix und Hydra entdeckt, 2011 und 2012 folgten die Objekte P4 und P5.

Über Pluto ist bisher wenig bekannt. Doch das wird sich am 14. Juli 2015 ändern, wenn die NASA-Raumsonde *NewHorizons* beim Zwergplaneten ankommt und uns ein neues Bild des fernen Körpers liefern wird.

Pluto wird von fünf Monden umgeben: Der größte von Ihnen ist Charon, gefolgt von Nix und Hydra. Die Objekte P4 und P5 durchmessen nur um die 20 Kilometer.

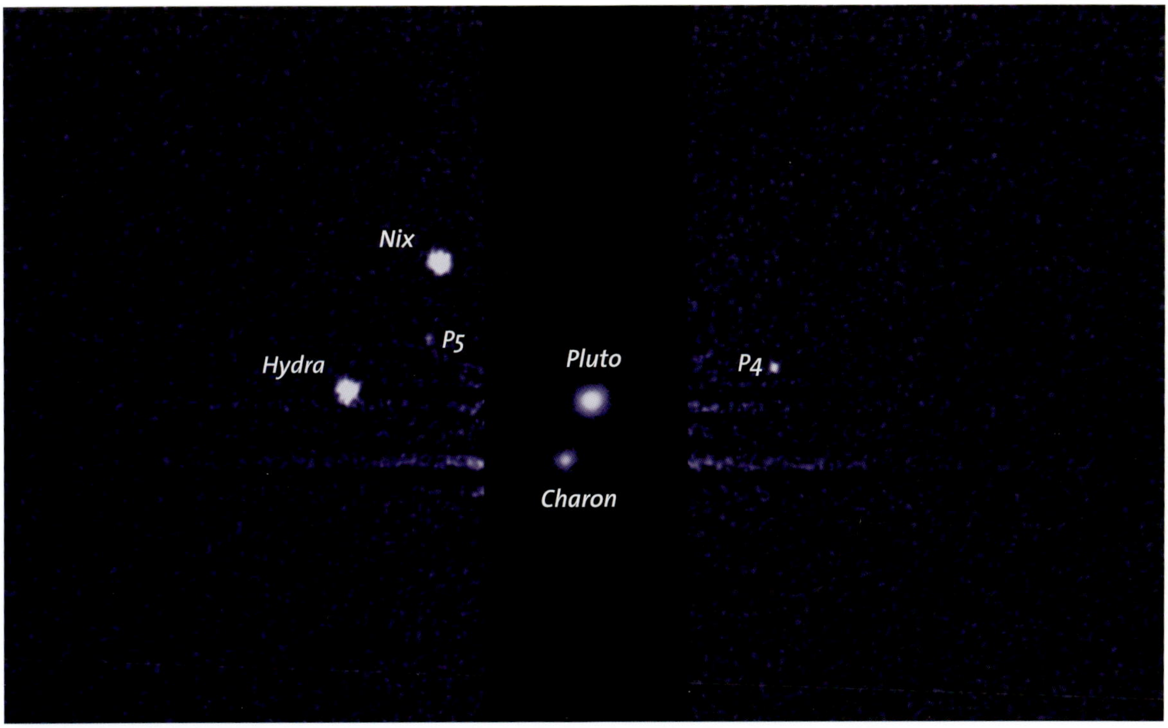

Kometen und die Oortsche Wolke

Neben den Planeten und Planetoiden gibt es im Sonnensystem weitere Körper, die immer nur für einige Wochen sichtbar sind: die Kometen. Besonders die neu entdeckten und dann besonders hellen stammen aus einer noch weitgehend unerforschten Region, der Oortschen Wolke.

Früher reagierten die Menschen mit Entsetzen auf das Erscheinen eines Schweifsterns. Denn diese galten als Unglücksboten, wurden für Kriege und andere Katastrophen verantwortlich gemacht. Selbst 1910, bei der vorletzten Rückkehr des Halleyschen Kometen, gerieten viele noch in Panik. Man erwartete vom Schweif des „Besensterns" gesundheitsschädliche Auswirkungen auf die Menschheit. Dabei sind Kometen alles andere als gefährlich (von einem Kometeneinschlag auf der Erde einmal abgesehen). Ungewöhnlich ist nur ihr plötzliches Auftreten, das sich offenbar schlecht vorhersagen lässt.

Hale-Bopp im März 1997: einer der schönsten und hellsten Kometen der letzten Jahre.

Kometen mit kurzen und langen Bahnen

Ganz so überraschend, wie es scheint, tauchen einige Kometen dann doch nicht am Himmel auf. Schon 1682 bemerkte Edmond Halley, dass die Bahn eines gerade am Himmel sichtbaren Kometen perfekt mit Erscheinungen der Jahre 1607 und 1531 zusammenpasste. Er schloss daraus, dass auch Kometen Mitglieder des Sonnensystems sind und sagte die Wiederkehr des Kometen von 1682 für das Jahr 1758 voraus.

Halleys Prognose ging in Erfüllung, auch wenn er selbst einige Jahre zuvor starb und seinen Triumph nicht miterleben konnte. Seitdem wird dieser Komet, der alle 76 Jahre in Sonnennähe auftaucht, der Halleysche Komet genannt. Die letzte Sichtbarkeit fand 1986 statt, die nächste wird 2061 folgen. Halley gehört zur Gruppe der kurzperiodischen Kometen, die spätestens alle 200 Jahre im inneren Sonnensystem auftauchen. Daneben gibt es auch langperiodische Kometen, manche von ihnen benötigen Tausende Jahre für einen Sonnenumlauf.

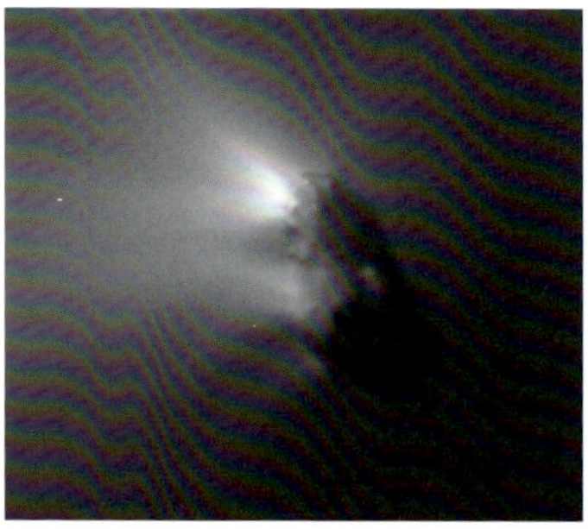

Der Kern des Kometen Halley nach einer Aufnahme der Raumsonde *Giotto* aus dem Jahr 1986. Ganz oben dazu als Vergleich der Kern des Kometen Hartley 2, aufgenommen von der Sonde *Epoxi* im November 2010. Halley misst 15 km, Hartley 2 ist mit 2 km deutlich kleiner.

Aus was Kometen bestehen

Am auffälligsten bei Kometen ist deren langer Schweif. Genau genommen sind es sogar zwei Schweife, einer zeigt genau von der Sonne weg, der andere ist leicht gekrümmt. Kometenschweife entwickeln sich erst dann, wenn der Komet nahe genug an die Sonne herangekommen ist, was ungefähr im Abstand der Marsbahn geschieht. Bis dorthin sind die Kometen nicht sichtbar, denn ihr Kern ist klein und dunkel.

Fred Whipple prägte den gängigen Ausdruck eines „schmutzigen Schneeballs", wonach der meist nur einige Kilometer große Kometenkern aus einem Gemisch von Staub, Gesteinsbrocken und gefrorenen Gasen besteht. In Sonnennähe beginnt der Kometenkern aufzutauen und bildet eine etwa 100 000 km große „Atmosphäre", die sogenannte Koma des Kometen. Der ständig vorhandene Sonnenwind treibt die Staubteilchen und die durch UV-Strahlung ionisierten (also zum Leuchten angeregten) Gasatome vom Kometenkern weg, wodurch der Millionen Kilometer lange Schweif entsteht. Dabei besteht der Schweif aus zwei Teilen: Der Gas- oder Plasmaschweif leuchtet meist blau und zeigt genau von der Sonne weg. Der Staubschweif hingegen reflektiert das Sonnenlicht, sieht daher gelblich-weiß aus und ist etwas gekrümmt. Seine Überreste verteilen sich entlang der Kometenbahn und sorgen so, wenn die Erde diese Bahn wieder kreuzt, für Nächte mit vielen Sternschnuppen.

Die Oortsche Wolke: Quelle der Kometen?

Da viele Kometen auf sehr langgestreckten Bahnen um die Sonne laufen, stellt sich natürlich die Frage, woher sie kommen und wohin sie nach ihrem Besuch des inneren Planetensystems wieder verschwinden. Die Auswertung vieler Kometenbahnen ergab, dass sich Kometen anscheinend nicht – wie die Planeten – in einer Scheibe um die Sonne ansiedeln. Zudem müssen ihre sonnenfernsten Bahnpunkte sehr weit von der Sonne entfernt sein, man spricht vom 50 000-fachen Erdabstand – das sind bereits 0,75 Lichtjahre und damit ein gutes Stück zu den nächsten Fixsternen, die einige Lichtjahre weit von der Sonne entfernt sind.

Der niederländische Astronom Jan Hendrik Oort stellte die Hypothese auf, nach der sich in weiter Entfernung von der Sonne Milliarden oder gar Billionen Kometenkerne befinden. Dieses kugelförmige Gebiet im Grenzbereich zu anderen Sternen wird nach ihm „Oortsche Wolke" genannt. Einzelne Objekte konnten bislang nicht beobachtet werden, sie sind zu weit entfernt.

Ein zumindest kleiner Schritt in diese Richtung gelang durch die Entdeckung des Objekts 2003 VB_{12} im November 2003, das seitdem Sedna genannt wird. Sedna konnte auch auf älteren Aufnahmen identifiziert werden, wodurch die Bahn dieses 1000 km großen „Kleinplaneten" gut bestimmt werden konnte. Demnach befindet sich Sedna auf einer sehr elliptischen Bahn und kommt der Sonne im besten Fall bis auf 76 AE nahe. Der sonnenfernste Bahnpunkt liegt hingegen fast 1000 AE weit entfernt, Sednas Welt befindet sich also irgendwo zwischen dem bekannten Sonnensystem und der Oortschen Wolke. Im Januar 2005 wurde das Objekt Eris entdeckt – mit einem Durchmesser von 2300 km ist Eris etwa gleich groß wie Pluto.

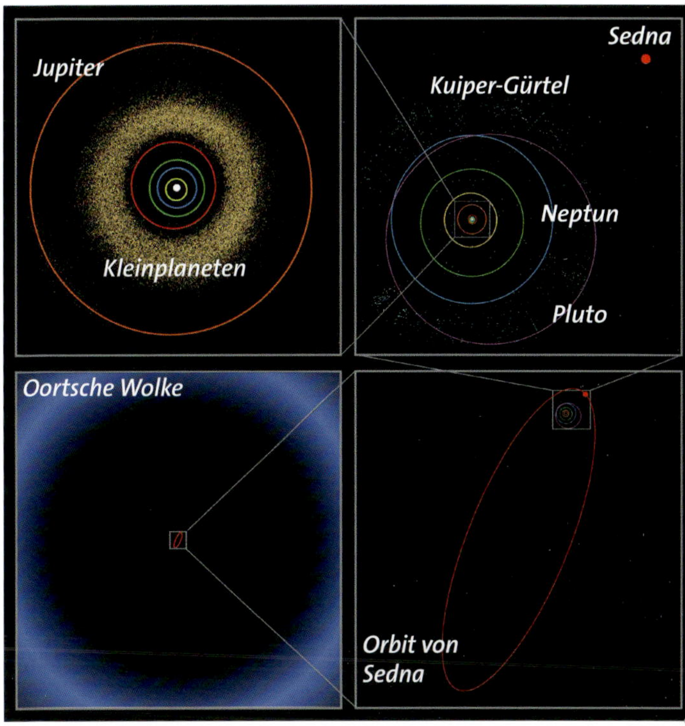

Die langgestreckte Bahn von Sedna im Vergleich zum Planetensystem und der Oortschen Wolke.

Größenvergleich der größten Kuiper-Gürtel-Objekte mit der Erde.

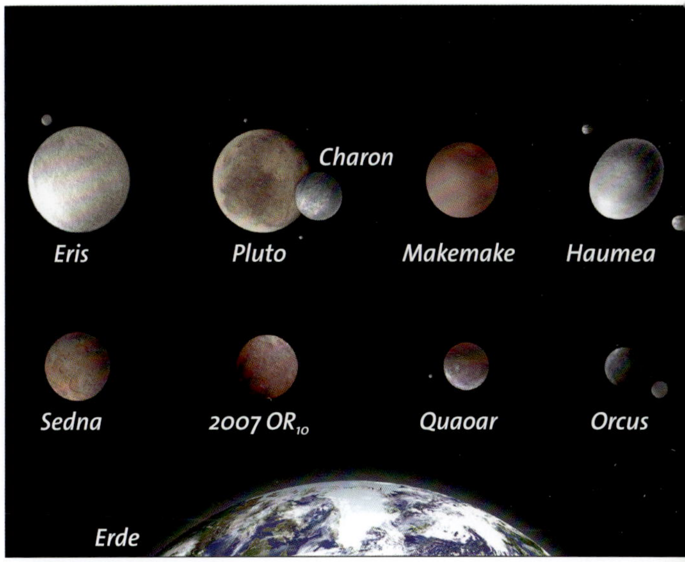

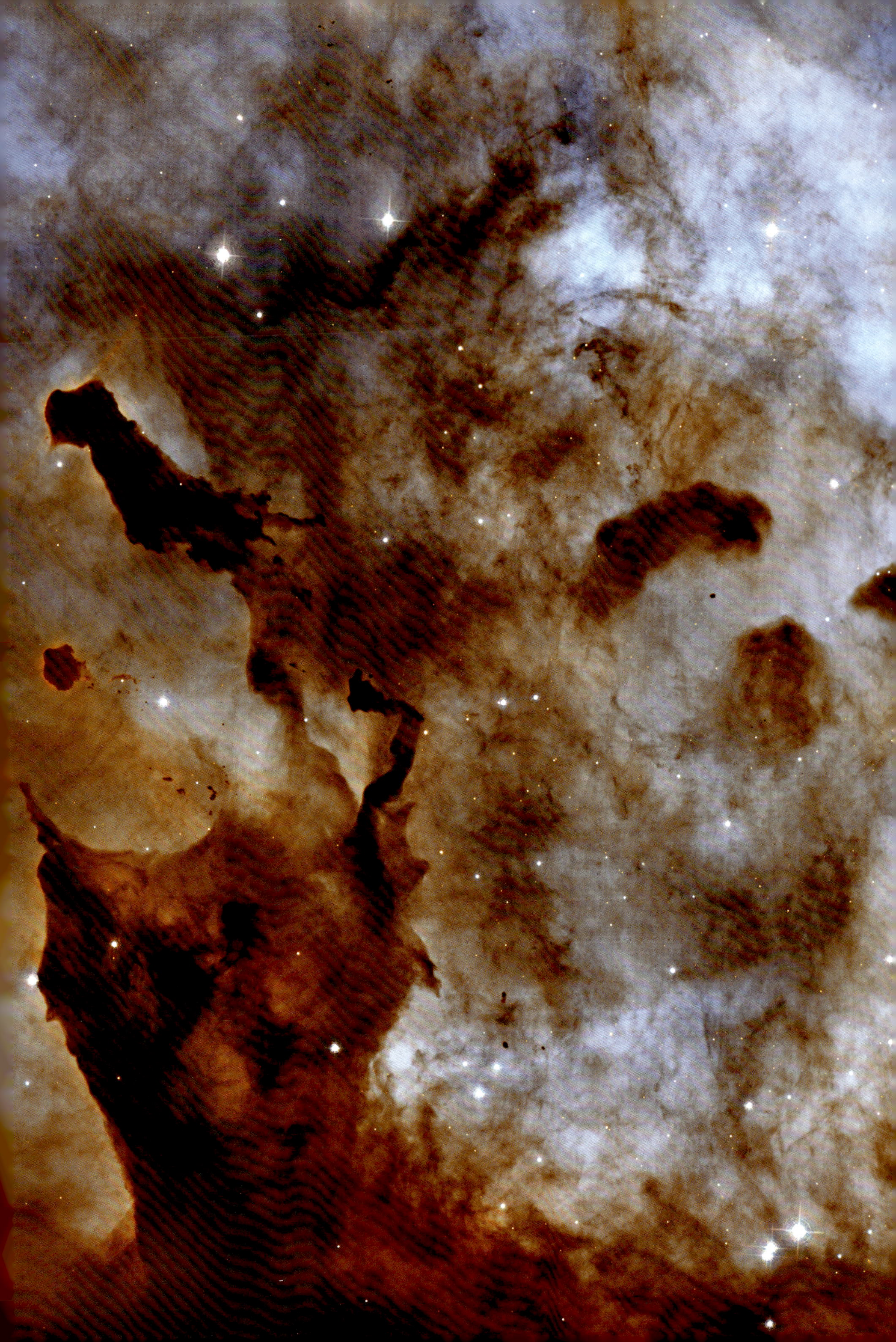

Das Universum der Sterne

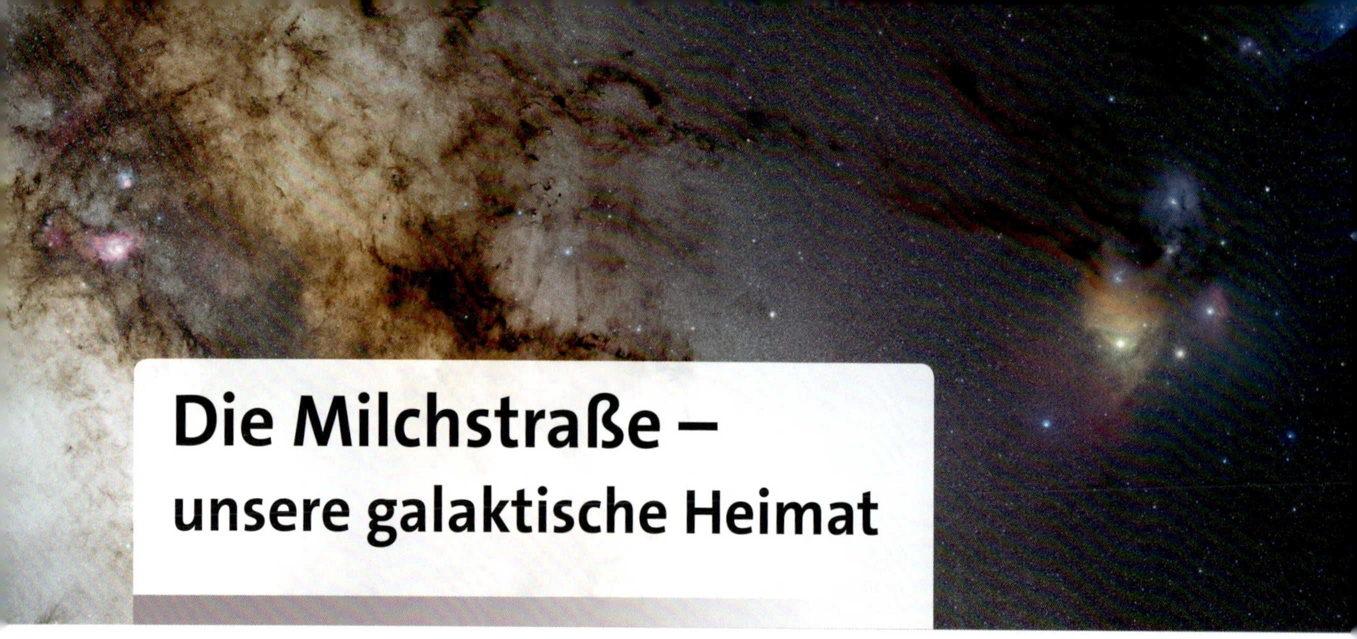

Die Milchstraße – unsere galaktische Heimat

Mit der Milchstraße verbindet man meist das zart schimmernde Band am Himmel. Dabei handelt es sich bei ihr um ein Sternsystem mit Milliarden Sternen, zahlreichen Nebeln und vielen Sternhaufen, die zusammen eine eigene Galaxie bilden. Die Sonne mit ihren Planeten ist Zaungast, wir befinden uns weit vom Milchstraßenzentrum entfernt.

In den Sommermonaten Juli und August kann man die Milchstraße am besten sehen. Ihr Band zieht sich dann quer über den Himmel, und hoch über unseren Köpfen leuchtet sie besonders hell. Dieses Bild der Milchstraße war dank des dunkleren Nachthimmels für unsere Vorfahren noch einprägsamer, und es entstanden Mythen und Legenden, wie die Milchstraße wohl entstanden sei. Aus der gerne und oft zitierten griechischen Sagenwelt gibt es gleich zwei Geschichten dazu. Die gängigste berichtet vom kleinen Gottessohn Herakles (heute als Herkules ein Sternbild), der bei seiner Mutter Hera so gierig nach Milch saugte, dass ein Teil davon quer über den Himmel schoss und die Milchstraße bildete. Eine andere erzählt das Abenteuer von Phaidos, der eines Tages den Sonnenwagen seines Vaters Helios zu einer Spritztour entwendete und prompt einen Unfall baute. Die Sonne purzelte heraus, der Himmel fing Feuer, und übrig blieb eine lange Aschespur – die Mlichstraße.

Für die Ureinwohner Australiens oder die Indios in Peru bildete die Milchstraße einen himmlischen Fluss, an dessen Ufern sich Tiere aufhalten. Ähnlich den Sternbildern sah man auch in den Dunkelwolken der Milchstraße Figuren, die aus der Natur bekannt waren, zum Beispiel einen Emu.

Das von der Erde aus aufgenommene Band der Milchstraße gleicht einer Spiralgalaxie in Kantenstellung. Auf halber Strecke zwischen Rand und Zentrum befindet sich unsere Sonne.

Die wahre Natur der Milchstraße zu erkennen, dauerte überraschend lang. Viel mehr als auch dem Gelegenheitsbeobachter auf den ersten Blick auffällt – im Sommer ist die Milchstraße heller als im Winter – war lange Zeit nicht bekannt. Seit der Erfindung des Fernrohrs wurde zwar schnell klar, dass dieses mit bloßem Auge neblige Gebilde aus vielen einzelnen Sternen besteht, was es damit aber genau auf sich hat, stellte sich erst Mitte der 1950er Jahre mittels Radiobeobachtungen heraus.

Die Milchstraße in Zahlen

Durchmesser	100 000 Lichtjahre
Dicke der Scheibe	3000 Lichtjahre
Dicke des Zentrums	16 000 Lichtjahre
Anzahl der Sterne	100 Milliarden
Abstand der Sonne vom Zentrum	25 700 Lichtjahre
Abstand der Sonne zur Ebene	50 Lichtjahre
Umlaufzeit der Sonne um den Mittelpunkt der Milchstraße	220 Mio. Jahre

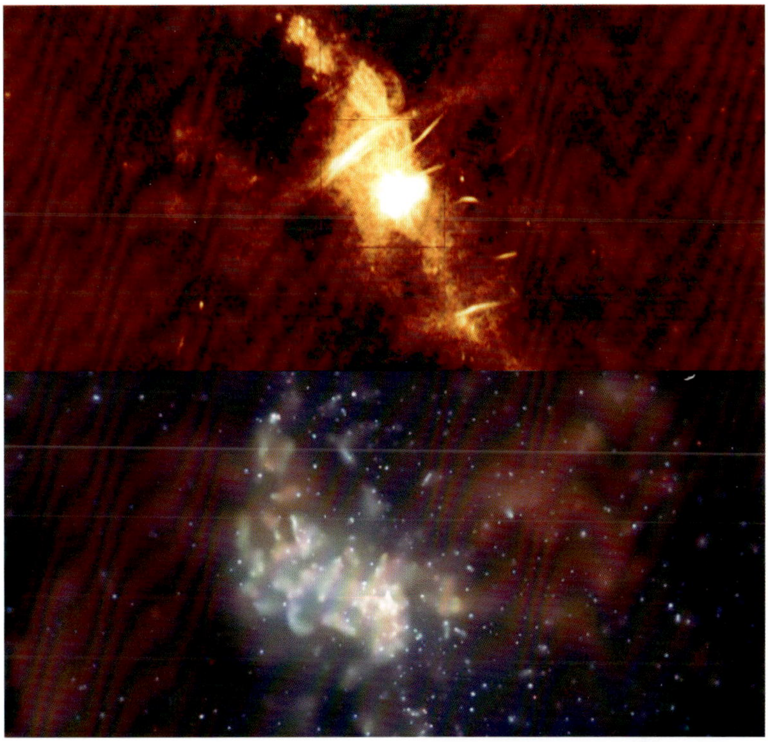

Das Zentrum der Milchstraße im Infrarotlicht (oben) und im Bereich der Röntgenstrahlung (unten).

Die Milchstraße – eine Galaxie

Wenn man heute in einem Buch liest „Die Milchstraße ist eine Spiralgalaxie wie viele andere im Universum auch", dann erscheint dies vollkommen selbstverständlich. Wir haben uns an den Gedanken gewöhnt, dass die Erde nicht der Mittelpunkt des Universums ist, unsere Sonne nur ein Stern am Rande einer Galaxie namens Milchstraße, die zusammen mit Millionen anderen durch die scheinbar endlosen Weiten des Weltalls treibt. Man muss dabei aber bedenken, dass dieses Wissen durch Beobachtungen aus dem Inneren der Milchstraße heraus gewonnen wurde und die Existenz anderer Galaxien erst seit den 1920er Jahren bekannt ist.

Wenn man im Wald steht, fällt es auch nicht gerade leicht, aus der Vielzahl einzelner Bäume auf ein abgeschlossenes Waldstück zu schließen – und so erging es auch den Astronomen. Sie zählten die Sterne, versuchten deren Entfernungen zu ermitteln, stellten Hypothesen auf und verwarfen diese wieder. Erst als man durch radioastronomische Beobachtungen den in der Milchstraße vorhandenen neutralen Wasserstoff nachweisen konnte, ergab sich unser heutiges Bild einer Spiralgalaxie (der Begriff „Galaxie" stammt aus dem Griechischen und bedeutet Milchstraße).

In Spiralgalaxien sind, ähnlich wie die Planeten in einem Sonnensystem, die Sterne hauptsächlich in einer flachen Scheibe angeordnet, mit einer Verdickung im Zentrum. Die Sterne sind in der Ebene aber nicht gleichmäßig verteilt, sondern in Spiralarmen konzentriert, die sich um das Zentrum der Galaxie winden. Unsere Sonne (und mit ihr die Erde und alle anderen Körper des Sonnensystems) befindet sich weit vom Zentrum der Milchstraße entfernt und etwas unterhalb der Milchstraßenebene.

Daher sieht die Milchstraße am Himmel im Sommer sehr viel heller aus als im Winter: Im Sommer blicken wir in Richtung Milchstraßenzentrum, im Winter zum Rand der Galaxis hin. Im Frühjahr und Herbst dagegen schauen wir senkrecht zur Milchstraßenebene, dort sind nur wenige Sterne zu sehen, dafür kann man weit in den Weltraum außerhalb der Milchstraße sehen.

Das Milchstraßenzentrum befindet sich in Richtung des Sternbildes Schütze, aber dichte Staub- und Gaswolken versperren – zumindest im sichtbaren Licht – den direkten Blick dorthin. Beobachtungen von Sternen im Infrarotlicht haben gezeigt, dass sich diese um eine unsichtbare, sehr große Masse bewegen – im Herzen der Milchstraße befindet sich ein Schwarzes Loch.

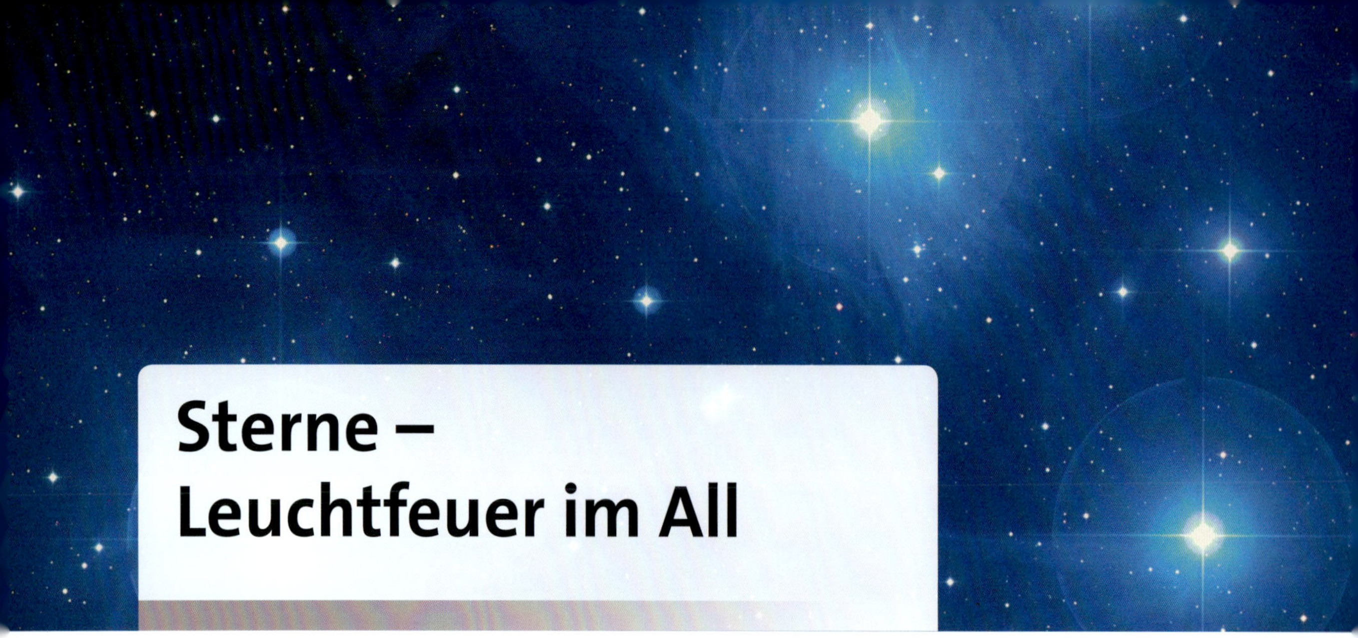

Sterne – Leuchtfeuer im All

Auf den ersten Blick sieht der Sternenhimmel jedes Jahr gleich aus. Man spricht nicht umsonst von Fixsternen, die ewig und unveränderlich sind. Aber Sterne haben durchaus ein bewegtes Leben: Sie werden geboren, sind dramatischen Entwicklungen unterworfen – und verlöschen schließlich.

Die funkelnden Lichtpunkte am Himmel wurden von unseren Vorfahren Fixsterne genannt. Im Gegensatz zu den Wandelsternen, den Planeten, findet man einen Fixstern an einem bestimmten Zeitpunkt immer an der gleichen Stelle am Himmel. Auch die Figuren der Sternbilder scheinen wie „festgenagelt" an der Himmelssphäre zu stehen. Wenn man zum Beispiel als Kind am 21. August 2013 um 22:30 Uhr das Sternbild Leier gesehen hat, dann wird man als Rentner die Leier am 21. August 2073 um 22:30 Uhr wieder exakt an der gleichen Stelle des Himmels vorfinden. Nichts scheint sich zu verändern, die Sterne wie an einer fernen Sphäre festgeheftet.

Die Sterne des Offenen Haufens M 39 sind größtenteils Hauptreihensterne kurz vor der Entwicklung zu Roten Riesen.

Auch die Helligkeiten der Sterne sind offenbar auf immer und ewig gleich. Der Stern Wega aus dem oben genannten Sternbild Leier war schon für die Babylonier der hellste Sommerstern. Selbst die Farben der Sterne, die man ohne Fernrohr leider nur bei den besonders hellen Sternen sehen kann (etwa der rötlichen Beteigeuze im Orion), haben sich nicht verändert, seitdem sie von Menschen beobachtet und beschrieben wurden.

Sind die Sterne unveränderlich?

Keine Regel ohne Ausnahmen – auch bei den Sternen fielen schon früh einige unbesonnene Ausreißer auf, die sich nicht an die göttliche Unveränderlichkeit der Fixsternsphäre halten wollten. Ein Stern im Sternbild Perseus verändert zum Beispiel ca. alle drei Tage merkbar seine Helligkeit; für einige Stunden wird er deutlich lichtschwächer, um dann wieder mit seiner normalen Helligkeit zu leuchten. Dies wurde bereits von arabischen Sternkundigen bemerkt, die diesem Stern den Namen „Algol" gaben, was übersetzt „Teufelsstern" bedeutet.

Im Jahre 1054 tauchte am Himmel plötzlich ein Stern auf, der heller als alle anderen strahlte und für Wochen sogar am Taghimmel sichtbar war. Chinesische Astronomen beschrieben dieses Phänomen und nannten es „Gaststern". Nach einigen Monaten wurde der Gaststern

Die Leuchtkraft

Klasse	Objektbeschreibung
Ia:	helle Überriesen
Ib:	schwächere Überriesen
II:	helle Riesen
III:	normale Riesen
IV:	Unterriesen
V:	Hauptreihensterne (Zwerge)
VI:	Sub-Hauptreihensterne (Unterzwerge)
VII:	Weiße Zwerge

Die zehn hellsten Sterne am Himmel

Name	Sternbild	Entfernung (Lichtjahre)	Scheinbare Helligkeit	Absolute Helligkeit
Sirius	Großer Hund	8,6 LJ	$-1{,}^{\mathrm{m}}46$	$+1{,}^{\mathrm{M}}43$
Canopus	Schiffskiel	312,6 LJ	$-0{,}^{\mathrm{m}}72$	$-5{,}^{\mathrm{M}}63$
Alpha Centauri	Zentaur	4,4 LJ	$-0{,}^{\mathrm{m}}03$	$+4{,}^{\mathrm{M}}34$
Arktur	Rinderhirte	36,7 LJ	$-0{,}^{\mathrm{m}}04$	$-0{,}^{\mathrm{M}}30$
Wega	Leier	25,3 LJ	$+0{,}^{\mathrm{m}}03$	$+0{,}^{\mathrm{M}}58$
Kapella	Fuhrmann	42,4 LJ	$+0{,}^{\mathrm{m}}08$	$-0{,}^{\mathrm{M}}48$
Rigel	Orion	772,5 LJ	$+0{,}^{\mathrm{m}}12$	$-6{,}^{\mathrm{M}}75$
Prokyon	Kleiner Hund	11,4 LJ	$+0{,}^{\mathrm{m}}38$	$+2{,}^{\mathrm{M}}66$
Achernar	Eridanus	143,7 LJ	$+0{,}^{\mathrm{m}}46$	$-2{,}^{\mathrm{M}}76$
Beteigeuze	Orion	427,3 LJ	$+0{,}^{\mathrm{m}}50$	$-5{,}^{\mathrm{M}}09$

wieder schwächer und verblasste danach zunehmend, bis er für das bloße Auge ganz verschwand. Ähnliche Phänomene beobachteten 1572 Tycho Brahe sowie 1604 Johannes Kepler, in beiden Fällen stand plötzlich ein heller Stern am Himmel, der Wochen bzw. Monate später wieder verschwand.

Was man bei Sternen beobachten kann

Ab dem 17. Jahrhundert wurden die Menschen neugieriger und begannen, an der Lehre der unveränderlichen Fixsterne zu zweifeln. Mit dem gerade erfundenen Fernrohr konnten die Objekte am Himmel genauer untersucht werden, was die Zweifel an der gängigen Lehre zunehmend verstärkte.

Richtig „untersuchen" konnte man die Sterne aber noch nicht. Was unterscheidet denn einen Stern von einem anderen? Natürlich seine Position am Himmel, seine Helligkeit und bei manchen die Farbe. Wie weit ein Stern entfernt ist, woraus er besteht und um was es sich bei einem Stern eigentlich handelt, ist durch bloßes Anschauen mit dem Fernrohr nicht zu ermitteln.

Aufgabe der ersten systematischen Sternbeobachter war es daher, die Positionen der Sterne exakt zu vermessen und ihre Helligkeiten mit Zahlenwerten zu benennen. Für die Positionsangaben führte man ein Gradnetz ein, wie es bereits auf der Erde verwendet wurde: Breitengrade nannte man „Deklination", Längengrade „Rektaszension". Die Sternhelligkeiten wurden, ähnlich wie Schulnoten, in sechs Klassen unterteilt – die hellsten Sterne erhielten den Wert eins, die schwächsten, gerade noch mit bloßem Auge sichtbaren, den Wert sechs.

Damit war der Grundstein für eine physikalische Betrachtung der Sterne gelegt, und dank immer größerer Teleskope, verfeinerter Messmethoden, neuer Instrumente und ausgefallener Ideen gelang es ab Mitte des 19. Jahrhunderts, dem Wesen der Sterne Schritt für Schritt auf die Spur zu kommen.

Sterne unter die Lupe genommen

Der entscheidende Beweis, dass Sterne nicht an einer imaginären Sphäre festgeheftet sind, gelang erst Mitte des 19. Jahrhunderts Friedrich Wilhelm Bessel. Er beobachtete einen lichtschwachen Stern im Schwan und versuchte mit der von der Landvermessung her bekannten Methode der trigonometrischen Entfernungsbestimmung, die Distanz dieses Sterns zu messen (siehe auch Seite 16). Sein Ergebnis: Der Stern 61 im Schwan ist über 10 Lichtjahre von uns entfernt! Kurz darauf wurden von anderen Astronomen auch die Entfernungen der Sterne Wega in der Leier (25 LJ) und Toliman im Südsternbild Zentaur (4 LJ) bestimmt.

Kennt man die Entfernung eines Sterns, dann kann man auch auf dessen wahre Helligkeit schließen. Dabei ergab sich, dass Sterne keinesfalls gleich hell sind, und damit die helleren uns etwa näher stehen als die schwächeren. Das Gegenteil ist der Fall: Die Sterne sind nicht nur sehr unterschiedlich weit von uns entfernt, sie haben auch deutlich unterschiedliche wahre Helligkeiten. Unter ihnen gibt es schwache Lichter ebenso wie strahlende Leuchtfeuer.

Das Sternbild Kassiopeia in zwei Ansichten: Links mit den scheinbaren Sternhelligkeiten, rechts mit den „echten" oder absoluten Sternhelligkeiten.

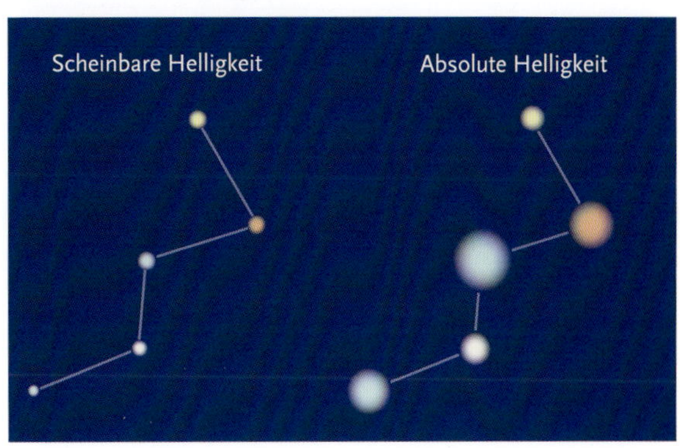

Heiße und kühle Sterne

Name	Sternbild	Temperatur	Spektralklasse	Farbe
Alnitak	Orion	31 000 K	O	blau
Rigel	Orion	11 000 K	B	blauweiß
Sirius	Großer Hund	9400 K	A	weiß
Prokyon	Kleiner Hund	6500 K	F	gelbweiß
Kapella	Fuhrmann	5800 K	G	gelb
Sonne	–	5800 K	G	gelb
Arktur	Rinderhirte	4300 K	K	orange
Beteigeuze	Orion	3500 K	M	rot

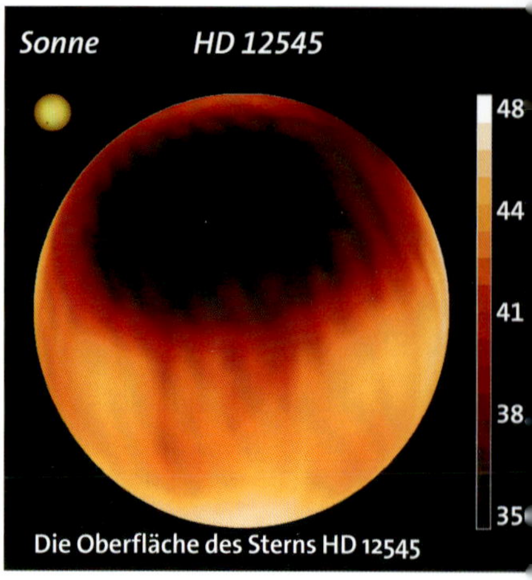

Die Oberfläche des Sterns HD 12545

Gleichzeitig wurde den Forschern bewusst, dass Sterne – absolut betrachtet – extrem hell sein müssen, wie sollte man sie sonst aus diesen aberwitzigen Entfernungen von mehreren Lichtjahren, also Billionen von Kilometern, noch sehen können? Mit dem Einzug der Spektroskopie (siehe Seite 15) wurden auch in den Regenbogenbändern der Sterne ähnlich dunkle Linien wie im Spektrum der Sonne gefunden, und der Schluss lag nahe, dass es sich bei Sternen um weit entfernte Sonnen handeln muss.

Individuelle Eigenschaften der Sterne

In der modernen Astronomie werden Sterne durch folgende Kriterien voneinander unterschieden:

Die wahre Helligkeit, in der Astronomie **„Leuchtkraft"** genannt, kann ermittelt werden, wenn die scheinbare Helligkeit (von der Erde aus gemessen) und die Entfernung des Sterns bekannt sind. Es wurden sieben Leuchtkraftklassen definiert, dabei werden die hellsten „Überriesen" mit I, die schwächsten Sterne (Weiße Zwerge) mit VII bezeichnet. Unsere Sonne gilt in dieser Klassifikation als Zwerg der Klasse V. Häufig wird statt der Leuchtkraft die absolute Helligkeit eines Sterns angegeben, darunter versteht man die scheinbare Helligkeit, die der Stern in einer Einheitsentfernung von 10 Parsec hätte. Unsere Sonne hat eine scheinbare Helligkeit von $-26{,}^{m}8$, aber nur eine absolute Helligkeit von $+4{,}^{M}7$.

Unter dem **Spektraltyp** eines Sterns versteht man, vereinfacht gesagt, dessen Farbe bzw. Temperatur. Die Skala reicht von kühlen, roten Sternen über durchschnittliche, gelbe Sterne (wie unsere Sonne) bis hin zu heißen, blauen Sternen. Die Spektralklassen werden mit lateinischen Großbuchstaben bezeichnet, wobei die alphabetische Reihenfolge historisch bedingt durcheinander kam und die Reihe heute O-B-A-F-G-K-M lautet. O-Sterne sind dabei die heißesten Objekte, M-Sterne die kühlsten. Von einer Spektralklasse zur nächsten werden noch zehn

Barnards Pfeilstern

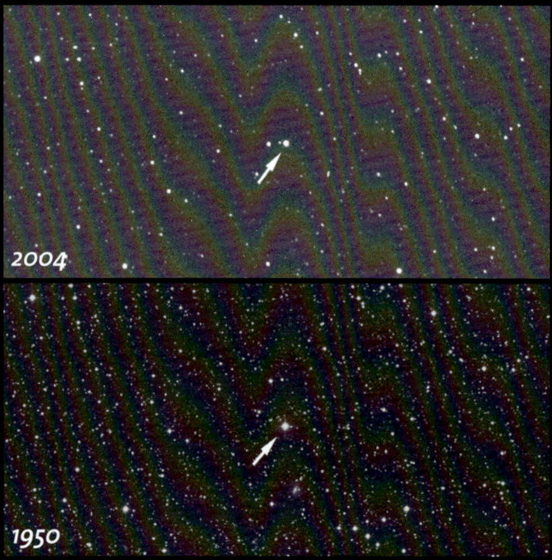

Nicht alle „Fix"-Sterne stehen unbeweglich am Himmel. Ein ganz besonders flinker ist „Barnards Pfeilstern". Er ist nach Alpha Centauri mit einer Entfernung von nur 6 Lichtjahren unser nächster Nachbarstern. Die Bezeichnung „Pfeilstern" erhielt er wegen seiner großen Eigenbewegung, die jedes Jahr gut 10" beträgt. Der amerikanische Astronom Edward Emerson Barnard (1857–1923) entdeckte diesen roten Zwergstern im Jahre 1916 im Sternbild Schlangenträger. Kleine Unregelmäßigkeiten in der Bewegung von Barnards Pfeilstern werden als Hinweis auf zwei unsichtbare Planeten mit 0,7 und 1,15 Jupitermassen interpretiert, die mit Perioden von 12 und 26 Jahren in einer Entfernung von 3 und 5 Astronomischen Einheiten um diesen Stern kreisen.

Zwischenstufen verwendet, so dass zum Beispiel unsere Sonne als G2-Stern bezeichnet wird.

Die **Masse** eines Sterns kann nur durch indirekte Methoden ermittelt werden, etwa bei Doppelsternen, die sich gegenseitig umkreisen. Bei anderen Sternen behilft man sich mit der sogenannten Masse-Leuchtkraft-Beziehung, d. h. aus der Leuchtkraft eines Sterns kann dessen Masse abgeleitet werden. Sternmassen gibt man gewöhnlich in Einheiten der Sonnenmasse an, das Spektrum reicht dabei von sehr leichten (massearmen) Sternen mit nur 1/50 der Sonnenmasse bis hin zu Sternen, die über 100-mal so massereich wie die Sonne sind.

Der **Durchmesser** eines Sterns kann ebenfalls nur indirekt ermittelt werden, denn auch im größten Fernrohr erscheinen die Sterne aufgrund ihrer großen Entfernung nur als Pünktchen. Auch hier ist die Bandbreite groß, es gibt Sterne, die nur ein Hundertstel des Sonnendurchmesser aufweisen, die Riesen hingegen erreichen die tausendfache Größe der Sonne.

Die **chemische Zusammensetzung** eines Sterns kann durch Analyse seines Spektrums ermittelt werden. Zumindest mit gewissen Einschränkungen, denn in den Stern hineinschauen kann man nicht, die Untersuchung beschränkt sich auf die leuchtende Oberfläche des Sterns. Alle Sterne bestehen zum überwiegenden Teil aus Wasserstoff, dem einfachsten chemischen Element. In der Regel findet man auch einen deutlichen Anteil Helium. Schwerere Elemente wie Sauerstoff, Kalzium oder Eisen kommen dagegen meistens nur in Spuren vor.

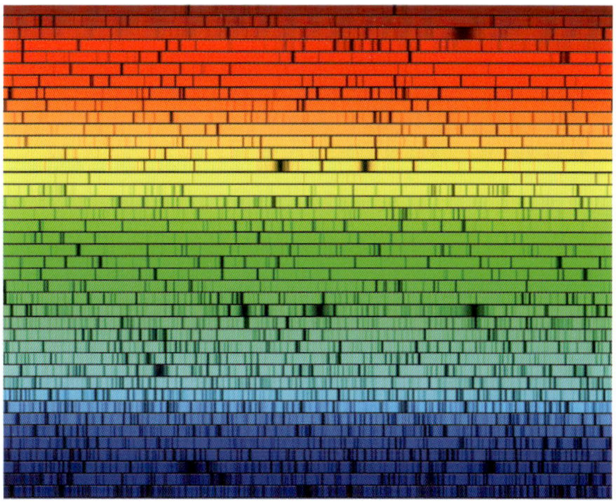

Das Spektrum von Arktur, einem Stern des Spektraltyps „K“

Sternfamilien

Aufgrund der oben beschriebenen Eigenschaften der Sterne könnte man den Eindruck gewinnen, es gäbe Sterne jeglicher Natur. Als die Astronomen Ejnar Hertzsprung und Henry Norris Russell Anfang des 20. Jahrhunderts unabhängig voneinander eine Vielzahl von Sternen nach Farbe (bzw. Temperatur oder Spektralklasse) und absoluter Helligkeit (bzw. Leuchtkraft) sortierten, ergab sich zu ihrer Überraschung, dass es Sterne nur in bestimmten Kombinationen dieser Parameter gibt.

Russell kam dabei auf den bahnbrechenden Gedanken, die Sterne unter diesen Aspekten in ein Diagramm einzutragen, das seitdem Hertzsprung-Russell-Diagramm genannt wird (meist als „HRD“ abgekürzt, siehe Abb. rechts). Im HRD bilden die Sterne auffällige Gruppen, sie kommen also keineswegs in jeder möglichen Form vor. Auffällig ist die „Hauptreihe“ genannte Linie, auf der sich die meisten Sterne zu befinden scheinen (auch die Sonne). Rote Sterne (rechts im HRD) sind demnach entweder sehr hell oder sehr lichtschwach, dazwischen gibt es nichts. Heiße, blaue Sterne kommen dagegen im Normalfall nur als besonders leuchtkräftige Exemplare vor. Gewöhnliche Sterne können nicht gleichzeitig heiß und lichtschwach sein. Eine Ausnahme stellt die Gruppe der Weißen Zwerge dar, den kleinen, heißen Kernen „gestorbener“ Sterne (siehe auch Seite 82).

Eigenschaften und Lebenswege der Sterne werden sehr anschaulich im Hertzsprung-Russell-Diagramm dargestellt.

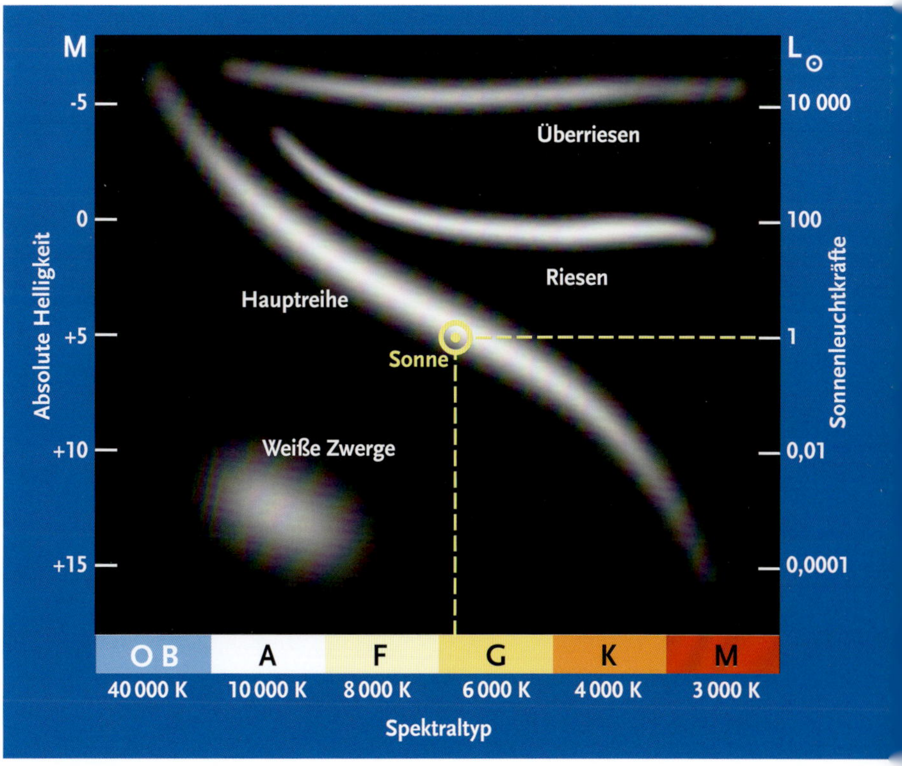

Woraus Sterne ihre Energie beziehen

Bisher ist noch kein Tag vergangen, an dem die Sonne nicht mit immer gleicher Kraft vom Himmel scheint (von irdischen Einflüssen wie Wolken einmal abgesehen). Sie tut dies seit Menschengedenken, und so wird es auch in Zukunft sein. Die Sonne – und mit ihr alle anderen Sterne – müssen daher eine nahezu unerschöpfliche Energiequelle besitzen, die sie Millionen oder Milliarden Jahre lang leuchten lässt. Die Lösung dieses Rätsels ließ besonders lange auf sich warten, denn es war kein Stoff bekannt, der dies zu leisten im Stande ist. Selbst Gedanken an eine Sonne aus Steinkohle mussten schnell verworfen werden, denn dies hätte ihr nur eine Lebensdauer von einigen tausend Jahren gewährleistet.

Erst die Fortschritte in der Atom- und Quantenphysik zu Beginn des 20. Jahrhunderts ließen die Forscher auf eine geradezu unglaubliche Idee kommen: In den Sternen „verschmelzen" kleine Atome zu größeren, wobei riesige Energiemengen entstehen. Bei den meisten Sternen ist es Wasserstoff, der sich auf diese Weise zum nächst schwereren Element Helium umwandelt: Aus vier Protonen („Wasserstoffkernen") entsteht über mehrere Zwischenschritte ein aus zwei Protonen und zwei Neutronen bestehender Heliumkern. Dabei wird ca. ein Prozent der Teilchenmasse direkt in Energie umgewandelt, wie es Albert Einstein mit seiner berühmten Formel $E = mc^2$ (Energie ist gleich dem Produkt aus Masse und dem Quadrat der Lichtgeschwindigkeit) beschreibt.

Die Sonne verbraucht in jeder Sekunde rund 5 Millionen Tonnen Materie, die in Energie ungewandelt wird. Bei noch massereicheren Sternen sind Druck und Temperatur in ihrem Inneren so hoch, dass sogar Heliumkerne miteinander verschmelzen, wodurch Kohlenstoff entsteht. Auch wenn die Massevorräte der Sterne im Vergleich zu ihrem Verbrauch unendlich scheinen – irgendwann wird die Energieproduktion enden, und der Stern beginnt sich zu verändern. Für unsere Sonne ist dieser Tag aber noch fern, sie wird uns noch mehrere Milliarden Jahre zuverlässig mit Licht und Wärme versorgen.

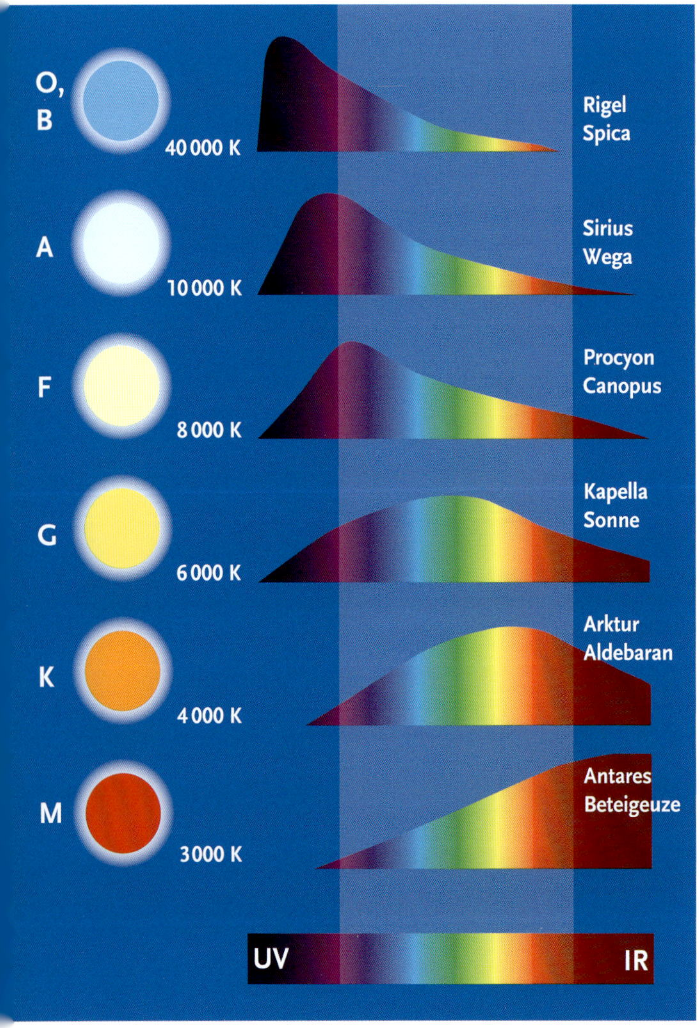

Sterne werden je nach ihrer Farbe und Oberflächentemperatur in Spektralklassen eingeteilt, von heißen blauen Sternen bis zu kühlen roten Exemplaren.

Veränderliche Sterne

Nicht alle Sterne am Himmel leuchten mit gleichmäßiger Konstanz, manche von ihnen verändern in mehr oder weniger regelmäßigen Abständen ihre Helligkeit. Bei einigen prominenten Exemplaren lässt sich dieses Schauspiel bereits mit bloßem Auge verfolgen, zum Beispiel beim weiter oben erwähnten Stern Algol im Sternbild Perseus, oder beim Stern δ (delta) im Sternbild Kepheus. Wann man solche Ereignisse beobachten kann, ist in astronomischen Jahrbüchern wie dem *Kosmos Himmelsjahr* angegeben.

Bei den veränderlichen Sternen unterscheidet man jene, die ihre Helligkeit nur scheinbar variieren von solchen, die tatsächlich heller oder schwächer leuchten.

Die scheinbar veränderlichen Sterne werden als **Bedeckungsveränderliche** bezeichnet; Algol im Perseus zählt zu ihnen. Hierbei handelt es sich um Doppelsterne, dessen zwei Komponenten sich umkreisen und in regelmäßigen Abständen gegenseitig bedecken. Wir blicken fast exakt auf die Bahnebene des Sternpaars, so dass sie wechselseitig aneinander vorbeiziehen und somit kleine Sternfinsternisse zu beobachten sind. Bedeckt der schwächere (kleinere) der beiden den (größeren) hellen Stern, wird dessen Helligkeit deutlich reduziert. Zieht dagegen der größere vor dem kleineren vorbei, so bedeckt er diesen zwar vollständig, aber die Helligkeit des Gesamtsystems nimmt nur wenig ab, da der kleinere Partner sowieso nicht viel zur Gesamthelligkeit beiträgt. Man spricht vom Haupt- und Nebenminimum des veränderlichen Sterns.

Die zweite Klasse der veränderlichen Sterne ist sehr viel facettenreicher, es gibt zahlreiche Gründe, weswegen

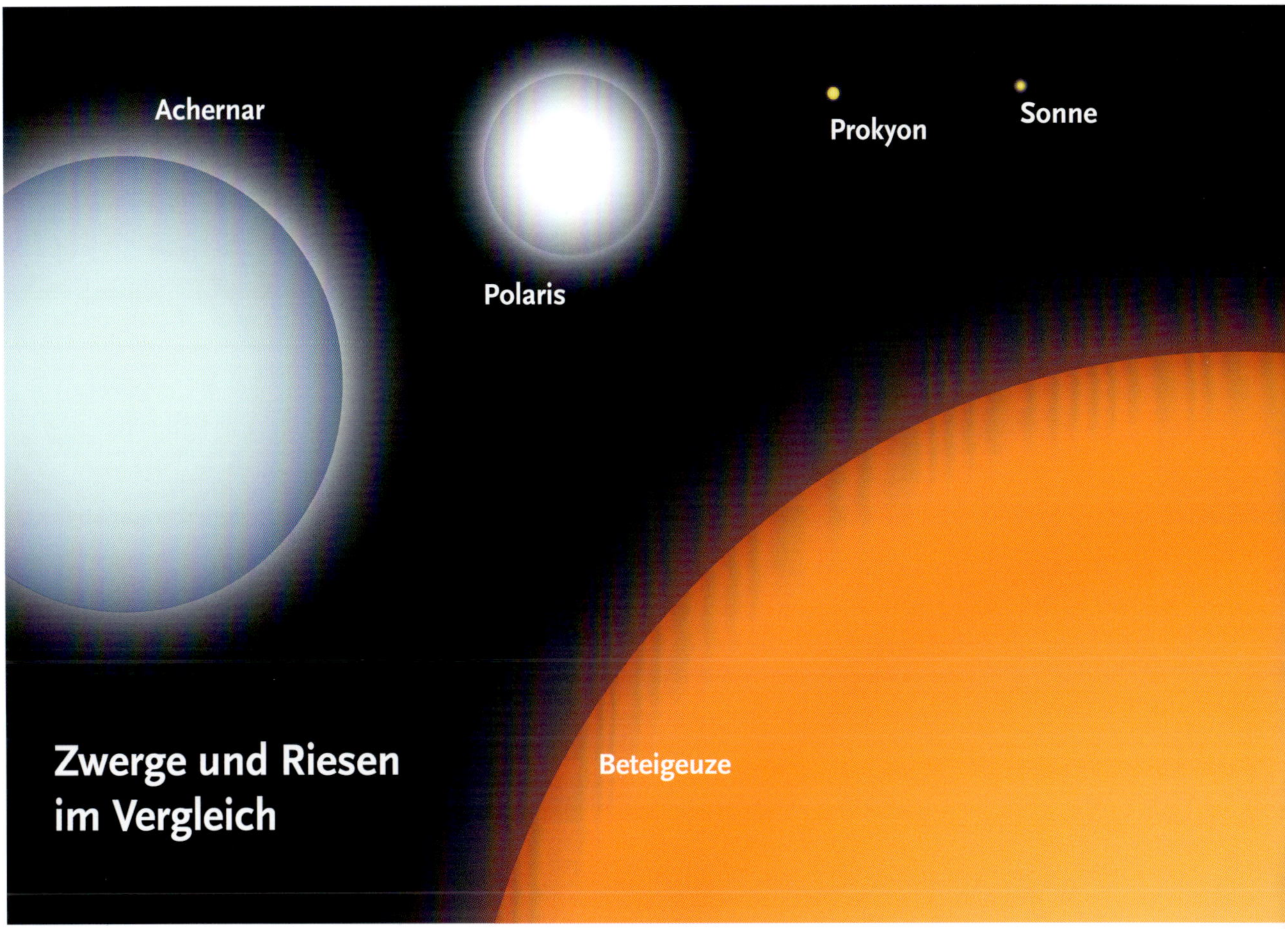

ein einzelner Stern seine Helligkeit tatsächlich ändern kann. Diese **physikalisch veränderlichen** Sterne sind für Astrophysiker ein gefundenes Fressen, können sie doch viel über die Natur des Objekts lernen. Zwei Paradebeispiele seien hier genannt: der Stern δ (delta) im Kepheus und der Stern Mira im Walfisch. Bei δ im Kepheus nimmt die Helligkeit etwa alle fünf Tage deutlich ab. Hier bedecken sich aber nicht zwei Sterne gegenseitig, sondern der Stern ändert seinen Durchmesser und damit seine Oberfläche und Helligkeit – er pulsiert, bläht sich also auf und zieht sich wieder zusammen. Ein praktischer Nebeneffekt dieses Sterntyps ist der Zusammenhang zwischen Pulsationsdauer und absoluter Helligkeit: Durch die Messung des Lichtwechsels kann man so auf die Entfernung des Sterns schließen (seine scheinbare Helligkeit ist ja bekannt). Da es sich bei diesen Cepheiden um sehr leuchtkräftige Sterne handelt, kann man sie auch in anderen Galaxien beobachten und so die Entfernung der ganzen Galaxie bestimmen!

Ein zweiter Pulsationsveränderlicher ist der Stern Mira im Walfisch. Der Zeitraum seiner Helligkeitsschwankungen ist ungleich länger, Mira benötigt fast ein Jahr (331 Tage) für einen vollständigen Lichtwechsel. Außerdem sinkt die Helligkeit von Mira so stark ab, dass man ihn mit freiem Auge lange Zeit nicht sehen kann. Mira ist ein roter Riesenstern, etwa 500-mal so groß wie die Sonne.

Der Lebensweg der Sterne

Die einzelnen Stadien der Sternentwicklung werden in den nachfolgenden Kapiteln beschrieben. Kurz zusammengefasst entstehen Sterne aus riesigen interstellaren Gas- und Staubwolken, die sich unter ihrem eigenen Gewicht zusammenziehen, bis Temperatur und Druck im Zentrum so hoch sind, dass die Kernfusion zündet und ein neuer Stern zu leuchten beginnt.

Der weitere Lebensweg eines Sterns hängt hauptsächlich von seiner Masse ab: massereiche Sterne finden sehr viel schneller ein Ende als mittelschwere oder massearme Sterne. Die Masse entscheidet auch über das Ende des Sterns: Kleine Sterne wie unsere Sonne stoßen irgendwann ihre äußeren Gashüllen ab, und um den kleinen kümmerlichen Sternkern bildet sich ein schalenförmiger Nebel, den man Planetarischer Nebel nennt. Massereiche Sterne hingegen beenden ihr Leben mit einem großen Feuerwerk, der sogenannten Supernova-Explosion. Dabei zerfetzt es den Stern bis auf einen kleinen Rest mit enorm hoher Dichte, je nach Masse des Sternrests spricht man von einem Neutronenstern oder einem Schwarzen Loch.

Geburt der Sterne aus Gas und Staub

Am Anfang war – sehr viel Wasserstoffgas. Aus Wasserstoff entstehen neue Sterne. In der Milchstraße befinden sich auch heute noch große Mengen dieses Gases, vermischt mit anderen Elementen, die in längst vergangenen Sternen entstanden sind. An vielen Stellen des Himmels kann man leuchtende Gasnebel beobachten.

Bereits ohne Fernrohr kann man am Himmel einige Nebelfleckchen entdecken. Diese waren auch unseren Vorfahren bekannt, die allerdings nichts über deren Natur wussten. Um sie nicht mit neu auftauchenden Kometen zu verwechseln, stellte der französische Astronom Charles Messier in der zweiten Hälfte des 18. Jahrhunderts eine Liste von rund 100 Nebelobjekten auf (diese „Messier-Objekte" sind heute noch bei Hobby-Astronomen sehr beliebt). Weiter ging Friedrich Wilhelm Herschel: Der aus Deutschland stammende englische Astronom katalogisierte mit seinem riesigen Spiegelteleskop über 2500 Nebel (der Herschel-Katalog spielt dagegen heute keine Rolle mehr, da er vom umfangreicheren „New General Catalogue" (NGC) abgelöst wurde).

Die Beschreibung der Objekte im Herschelkatalog geschah Anfang des 19. Jahrhunderts unter rein morphologischen Gesichtspunkten, man klassifizierte die Nebel nach deren Größe, Form und äußerem Erscheinungsbild.

Der Orion-Nebel

Das bekannteste Sternentstehungsgebiet am Himmel ist der Orion-Nebel M 42. Man findet ihn unterhalb der drei Gürtelsterne des gleichnamigen Sternbilds im „Schwertgehänge" des Himmelsjägers (siehe auch Seite 120).
Der Orion-Nebel ist 1500 LJ von uns entfernt, in seinem Inneren (das hellste Gebiet auf dem Bild links) befinden sich vier Sterne (das „Trapez" genannt), die hauptverantwortlich für das Leuchten der Gaswolken sind. Schrumpft man das Alter unserer Sonne von 4 Milliarden auf handlichere 40 Jahre, so sind die Sterne im Orion-Nebel gerade mal einige Monate alt, es handelt sich also tatsächlich um eine interstellare Kinderkrippe, in der manche der jungen Sterne sogar Anzeichen für Planetensysteme zeigen.

Zwar entpuppten sich einige der Nebel beim Blick durchs Fernrohr als Ansammlungen vieler Sterne, die meisten jedoch blieben in jeder Hinsicht nebulös.

Rätselhafte Nebellinien

Mit dem Einzug der Spektroskopie wurden Mitte des 19. Jahrhunderts auch die Nebel spektroskopisch untersucht. Ganz im Gegensatz zu Sternspektren – diese sehen aus wie ein Regenbogen, der von den dunklen Fraunhofer-Linien durchbrochen ist – erschienen bei den Nebelspektren nur einige, nun helle Linien auf ansonsten dunklem Grund. Solche Linien kannte man bereits aus dem Chemielabor: Sie werden von leuchtenden Gasen erzeugt. Später wurden auch in den Spektren von Sternen dunkle Linien entdeckt, die nicht zum Stern selbst gehören konnten, darunter die Linien der Elemente Kalzium und Natrium. Offenbar bestehen manche der Nebelflecken am Himmel aus leuchtendem Gas, und selbst im eigentlich „leeren" Weltraum kommen Elemente vor, die das Licht dahinter liegender Sterne etwas abschwächen und ihnen ihren „Fingerabdruck" mitgeben.

Andere Nebel wiederum zeigten keine hellen Spektrallinien, und endgültige Klarheit brachte erst die Entdeckung von Edwin Hubble Anfang des 20. Jahrhunderts, dass einige „Nebel" weit entfernte Galaxien sind, die aus unzähligen Sternen bestehen. Die Nebelflecken am Himmel zerfielen somit in drei Klassen: Sternhaufen, die nur bei zu geringer Vergrößerung neblig erscheinen, Galaxien, die sich erst durch den Einsatz der Fotografie an Riesenteleskopen zu erkennen gaben – und echte Nebel, die die charakteristischen, hellen Nebellinien aufweisen.

Überall ist Wasserstoff

Die auffälligste Linie in den Nebelspektren befindet sich im roten Bereich des Regenbogenlichts bei einer Wellenlänge von 656 Nanometern. Diese Linie kannte man schon von den dunklen Fraunhofer-Linien der Sterne: Sie gehört zum Element Wasserstoff, das anscheinend überall in der Milchstraße vorkommt. Leider ist das menschliche Auge für dieses sehr rote Licht nicht besonders empfindlich, sonst könnte man am Himmel die teils riesigen Wasserstoffwolken auf den ersten Blick erkennen. Was unser Auge wahrnimmt, ist das schwächere grüne Licht des Wasserstoffs, die so genannte Hβ-Linie (H steht dabei für Wasserstoff, das rote Licht wird als Hα-Linie bezeichnet).

Leuchtendes Gas kann nur dann beobachtet werden, wenn sich in der Nähe der Gaswolken besonders heiße Sterne befinden, die den Wasserstoff ionisieren, d. h. seiner Elektronen berauben. Hin und wieder wird aber doch ein Elektron vom Wasserstoffkern eingefangen, purzelt auf die inneren „Schalen" des Atoms und gibt dabei Energie in Form eines Lichtteilchens von ganz bestimmter Farbe ab. Dadurch kommen die scharfen Spektrallinien

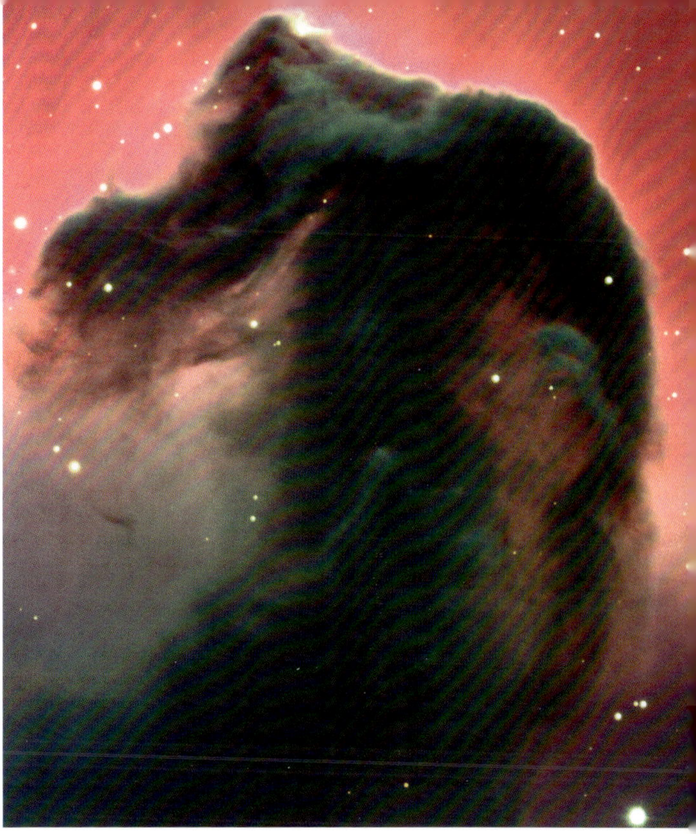

Der Pferdekopfnebel im Sternbild Orion (unterhalb des linken Gürtelsterns) ist eine prominente Kombination aus rot leuchtendem Wasserstoffgas und einer kalten Dunkelwolke, die das Licht des dahinter liegenden Nebels verdeckt.

zustande, aus deren Wellenlänge man exakt auf das chemische Element schließen kann.

Im Radiobereich beobachtet man ein ähnliches Verhalten, wenn die Elektronen noch sehr weit vom Atomkern entfernt sind. Daneben geben die Gasnebel auch kontinuierliche Strahlung ab (mit „kontinuierlich" ist hier nicht die Zeitdauer, sondern die gleichmäßige Emission über alle Farben hinweg gemeint), woraus man auf die Temperatur des Gases schließen kann.

Manche Nebel leuchten allerdings weder rot noch grün und zeigen auch keine scharfen Spektrallinien. Hier ist zwar Gas und Staub vorhanden, aber die nahen Sterne sind nicht in der Lage, den Nebel zum Leuchten anzuregen. Die nur wenige zehntausendstel Millimeter kleinen Partikel reflektieren dagegen das Licht der Sterne, meist sehen diese Reflexionsnebel daher blau aus, es gibt aber auch orangefarbene, eben je nach Farbe und Temperatur der die Nebel anleuchtenden Sterne.

Dunkle Löcher vor den Sternen

Vor einigen der hell leuchtenden Wasserstoffwolken sind dunkle Gebiete zu sehen, die oft nach ihrer charakteristischen Form benannt werden (z. B. der Pferdekopfnebel oben). Auch entlang der Milchstraße kann man bereits mit bloßem Auge (besonders im Sommer zwischen den Sternbildern Schwan und Adler) scheinbar sternärmere Regionen erkennen. Sind hier etwa weniger Sterne vor-

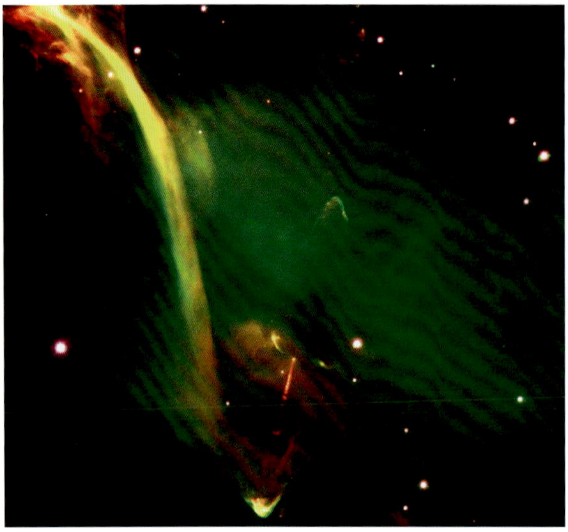

Ein junger Stern stößt diesen roten Teilchenstrahl aus, der das interstellare Medium aufschiebt.

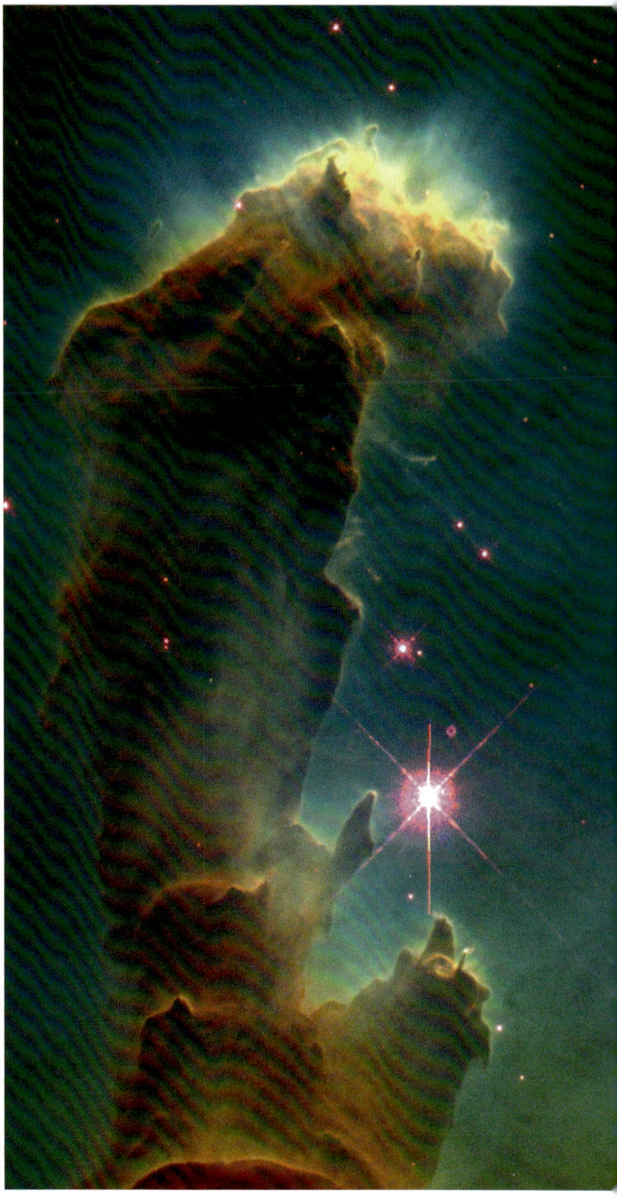

Die „Säulen der Schöpfung" – diese Hubble-Aufnahme des Adlernebels wurde perfekt in Szene gesetzt.

handen, besitzen die Nebel dort „Löcher"? Was auf den modernen Himmelsaufnahmen klar als „Dunkelnebel" erkennbar ist, stellte die Forscher früher wieder einmal vor ein Rätsel. Dem deutschen Astronomen Max Wolf und seinem amerikanischen Kollegen Edward Barnard ist es zu verdanken, dass diese Dunkelgebiete als dichte interstellare Materie enthüllt wurden.

Großen Anteil an der Erforschung der Dunkelnebel hatte die Radioastronomie. Atome und Moleküle können schwingen und dabei Radiostrahlung emittieren. So wurden in den Dunkelnebeln ganz unvermutete Stoffe gefunden, etwa Kohlenwasserstoff, Kohlenmonoxid, und auch komplexere Verbindungen wie Ameisensäure. Offenbar sind diese mehr als „eiskalten", um –265 °C kühlen Gebiete hervorragend dazu geeignet, die Grundbausteine des Lebens zu bilden.

Auch der kalte, also nicht leuchtende Wasserstoff kann im Radiobereich beobachtet werden. Stoßen zwei Wasserstoffatome zusammen, so klappt dabei die Eigenrotation des Elektrons um, und wenn es wieder in seinen Normalzustand zurückkehrt, sendet es dabei Strahlung von 21 cm Wellenlänge aus. Durch die Kartierung dieser Strahlung schloss man auf die Spiralstruktur unserer Milchstraße.

Geboren aus kaltem Gas und Staub

Sowohl interstellare Gaswolken als auch Sterne bestehen überwiegend aus Wasserstoff. Genau genommen handelt es sich bei Sternen um hoch verdichtete Gaswolken, in deren Innern die Kernfusion gezündet hat. Doch der Weg von einer Wolke aus Wasserstoffgas zum leuchtenden Stern ist weit. Zwei Kräfte kämpfen gegeneinander an: die Schwerkraft und der Gasdruck der Gasmoleküle. Nur in sehr großen Wolken mit ca. 3000 Sonnenmassen Materie kann die Schwerkraft einen Kontraktionsprozess in Gang setzen, bei dem sich die Wolke langsam zusammenzuziehen beginnt. Pro Kubikzentimeter sind gerade mal 100 Wasserstoffatome vorhanden, das Gas ist also sehr dünn. Durch die Kontraktion beginnt die Temperatur der Wolke zu steigen. Zu Anfang wird die Wärme nach außen abgestrahlt, aber mit zunehmender Dichte gelingt dies nicht mehr, die Temperatur im Inneren steigt weiter an, die Moleküle zerfallen bei 2000 Grad Kelvin in Atome, bei 10 000 K verlieren sie ihre Elektronen. Die Gravitation gewinnt zunehmend die Oberhand, da der Gasdruck durch diese Prozesse abnimmt. Im Inneren der Wolke entsteht ein Protostern, der weiterhin Materie aus der umgebenden Wolke an sich zieht und diese durch seine Strahlung aufheizt, so dass sie im Infrarot-

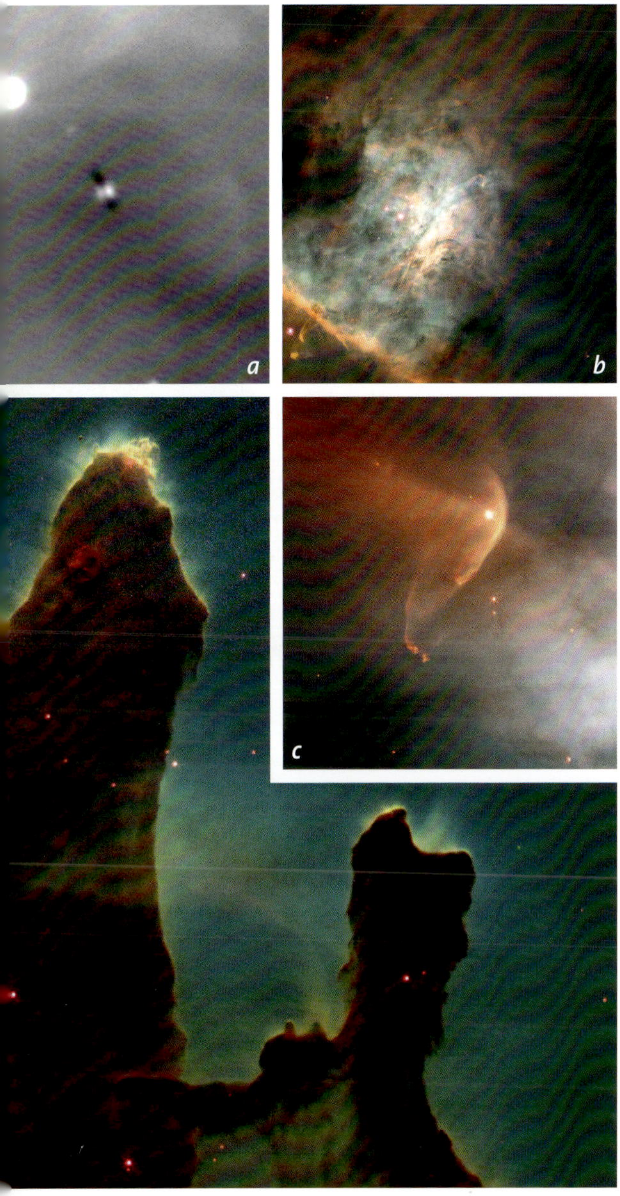

Beispiele für Sternentstehungsgebiete:

a) Eine protoplanetare Scheibe im Orion-Nebel, hier werden später Planeten entstehen.

b) Das „Trapez" – der zentrale Teil des Orion-Nebels; diese vier Sterne regen den Nebel zum Leuchten an.

c) Eine Stoßfront im interstellaren Medium, durch den „Wind" eines jungen Sterns verursacht.

licht zu leuchten beginnt. Erst wenn die Materie um den Protostern dünner geworden ist, dringt sichtbares Licht hindurch. Schließlich erreichen Druck und Temperatur im Kernbereich des Protosterns so hohe Werte, dass die Kernfusion einzusetzen beginnt. Ab dann spricht man von einem echten Stern, bei dem sich der Druck aus dem Inneren und die Schwerkraft für lange Zeit die Waage halten.

Dieses simple Modell wird in der Realität durch einige Prozesse komplizierter, als es auf den ersten Blick den Anschein hat. So steigt während des Kontraktionsvorgangs die Rotationsgeschwindigkeit der Wolke stark an, da der anfänglich vorhandene Drehimpuls der einzelnen Gasteilchen nun eine gemeinsame Richtung einschlägt und wie die Pirouette einer Eiskunstläuferin die Wolke immer schneller zu rotieren beginnt. Diese zunehmende Drehung müsste den Protostern eigentlich irgendwann zerreißen, und warum dies trotzdem nicht geschieht, ist immer noch Gegenstand astronomischer Forschung. Man geht davon aus, dass Magnetfelder hierbei eine wichtige Rolle spielen, die sich in der nun flachen Scheibe um der Protostern verwirbeln und so die Rotation des Systems abbremsen. In der Nähe von jungen Sternen hat man zudem kerzengerade Materiestrahlen gefunden, die mit dem interstellaren Medium wechselwirken und dort leuchtende Gebilde erzeugen, die nach ihren Entdeckern „Herbig-Haro-Objekte" genannt werden. Diese Jets führen wahrscheinlich ebenfalls Drehimpuls vom jungen Stern ab, so dass dessen Rotation mit der Zeit abnimmt.

Ein zweiter Aspekt wurde bisher verschwiegen: Die 3000 Sonnenmassen „schwere" Gaswolke wird nicht nur einen Stern bilden, sie zerfällt in einzelne, kleinere Gebiete, aus denen jeweils ein Stern entsteht. Dadurch kommt es zu ganzen Haufen junger Sterne, die alle – das ist für die Astronomie besonders wichtig – etwa gleich weit von der Erde entfernt sind. Oft sind diese Sternentstehungsgebiete noch von Gas- und Staubmassen umgeben, die von den jungen, heißen Sternen ionisiert und damit zum Leuchten angeregt werden. Das bekannteste Beispiel für ein solches Sternentstehungsnest ist der Orion-Nebel im gleichnamigen Sternbild, den man im Winter bereits mit dem Fernglas beobachten kann.

Eine „Bok-Globule": Hier werden neue Sterne entstehen.

Offene Sternhaufen

„Offene Sternhaufen“ bilden eigentlich eine geschlossene Gesellschaft. Hier sind hunderte Sterne versammelt, manche der Sternhaufen kann man bereits mit bloßem Auge sehen. Für Astrophysiker besonders interessant: Die Sterne des Haufens sind etwa gleich alt und alle gleich weit von der Erde entfernt.

Die meisten Sterne entstehen in Gruppen, sogenannten Offenen Sternhaufen. Im englischen Sprachraum ist wird die Bezeichnung galaktischer Sternhaufen verwendet, was auf den Ort der Objekte hinweist: Sie sind Teil der Milchstraße.

Auf halbem Weg zwischen den Herbststernbildern Kassiopeia und Perseus findet man den berühmten Doppelsternhaufen h + chi Persei. Die Sternhaufen sind etwa 5 Millionen Jahre alt und knapp 8000 Lichtjahre von uns entfernt.

Offene Sternhaufen sind beliebte Beobachtungsobjekte für Hobby-Astronomen. Ob mit bloßem Auge, Fernglas oder Teleskop mit geringer Vergrößerung, bereits mit einfachen Mitteln findet man am Himmel viele dieser nett anzusehenden Objekte. Der bekannteste von Ihnen ist M 45, die Plejaden im Sternbild Stier (Bild Seite 168). Man nennt sie auch das Siebengestirn, aber mit bloßem Auge sind entweder sechs oder neun Sterne zu sehen

Das Alter von Sternhaufen

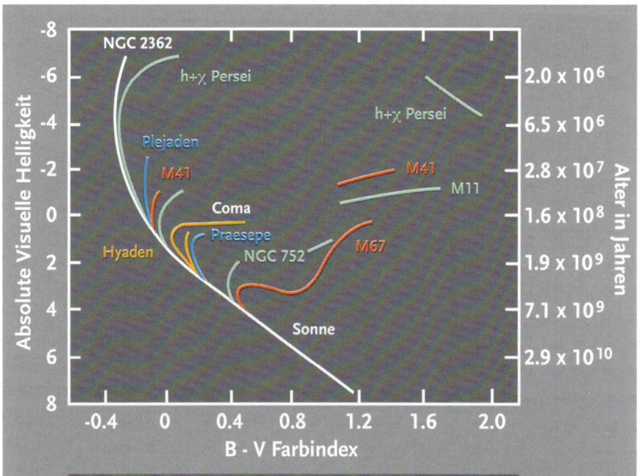

Farben-Helligkeits-Diagramm Offener Sternhaufen

Trägt man die Sterne eines Offenen Sternhaufens in das Farben-Helligkeits-Diagramm ein (links), so lässt sich daraus das Alter des Sternhaufens bestimmen. Da die Sterne eines Haufens alle vor etwa gleicher Zeit entstanden sind, muss man herausfinden, Sterne welcher Masse gerade die „Hauptreihe" genannte Linie verlassen und sich auf den Weg ins Greisenalter zu den Roten Riesen machen. Die Masse eines Sterns steht im Verhältnis zu dessen absoluter Helligkeit, so dass der Abknickpunkt des Haufenmusters auf das Alter des Haufens schließen lässt: Je tiefer er liegt, desto älter ist der Sternhaufen, denn dann haben sich auch mittelschwere Sterne schon so weit entwickelt, dass sie im rötlichen Licht leuchten.

(siehe auch Seite 142). Auf Fotografien der Plejaden sind blaue Nebel zu sehen. Einst ging man davon aus, es handele sich hierbei um die Reste der ursprünglichen Gaswolke, aus der der Sternhaufen entstanden ist, aber mittlerweile weiß man, dass die Sterne irgendwann in dieses Gebiet hineingewandert sind; die Nebel haben nichts mit der Entstehung des Sternhaufens zu tun.

Sterne entstehen in Gruppen

Neue Sterne bilden sich aus riesigen Wasserstoffwolken, die genügen Masse für einige Dutzend oder gar Hunderte von Sternen besitzen. Die meisten Sterne entstehen daher in Sternhaufen, die sich dann im Laufe von ca. 100 Millionen Jahren verlieren. Auch unsere Sonne ist Mitglied eines Sternhaufens, der aber weit über den Himmel (in Richtung des Sternbildes Großer Wagen) verstreut ist und daher nicht als kompakter Haufen wahrgenommen werden kann.

Was für Hobby-Astronomen hübsch anzuschauen ist, stellt für die Astrophysiker ein geniales Labor dar, um die Eigenschaften unterschiedlicher Sterne zu untersuchen. Die Sterne eines Sternhaufen sind nämlich einerseits gleich weit von uns entfernt und andererseits etwa alle zur gleichen Zeit entstanden. Aus der „Einheitsentfernung" kann man (so die Entfernung des Sternhaufens an sich bekannt ist) auf die wahren Helligkeiten der Einzelsterne schließen.

Da die Sterne eines Haufens zu gleicher Zeit und aus dem gleichen Material entstanden sind, könnte man erwarten, sie sähen alle gleich aus und wären in ihrer Entwicklung ähnlich weit fortgeschritten. Tatsächlich beobachtet man aber auch in Sternhaufen unterschiedlich alte Sterne. Manche von ihnen befinden sich noch in den „besten Jahren" wie unsere Sonne, andere haben sich bereits aufgebläht und leuchten rötlich.

Die Entwicklungswege der Sterne werden von ihrer Masse bestimmt: Je massereicher ein Stern ist, desto heißer wird es in seinem Kern, und desto schneller verbrennt er seinen Wasserstoffvorrat. Sterne wie unsere Sonne leuchten einige Milliarden Jahre lang, bei besonders massereichen Exemplaren ist der Spuk bereits nach wenigen Millionen von Jahren vorüber.

Im Sternbild Zwillinge steht M 35, ein mit dem Fernglas sichtbarer Sternhaufen. Mit dem Teleskop ist auch NGC 2158 zu sehen (rechts im Bild).

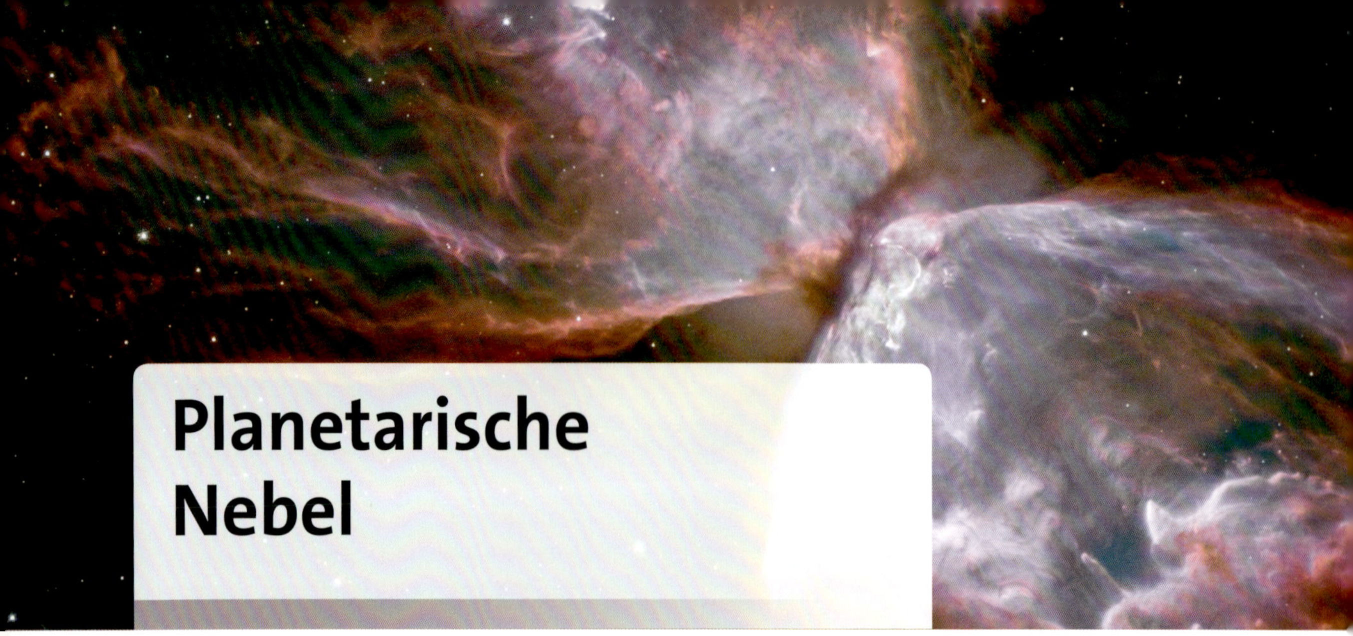

Planetarische Nebel

Neben den großen und meist rot leuchtenden Gasnebeln findet man im Universum auch viele kleine, oft kreisrund erscheinende Nebelfleckchen. Sie stellen das Ende eines durchschnittlichen Sterns dar, der in späten Jahren seine äußeren Gashüllen abgestoßen hat.

Die Bezeichnung „Planetarischer Nebel" ist irreführend, denn mit Planeten haben diese Nebel überhaupt nichts zu tun. Der Name stammt vom Erscheinungsbild der helleren Exemplare im Teleskop, denn dort ähneln sie in Größe, Form und Farbe den äußeren Planeten. Das bekannteste Beispiel für einen Planetarischen Nebel ist M 57, der Ringnebel in der Leier (siehe auch Seite 134).

Die Spektren der oft nur wenige Dutzend Bogensekunden kleinen Nebelchen sind, ähnlich denen der rot leuchtenden Gasnebel, von hellen Emissionslinien geprägt. Am auffälligsten ist hier aber nicht die rote Wasserstofflinie, sondern die grüne Linie des zweifach ionisierten Sauerstoffs (daher erscheinen die Nebel im Teleskop meist grünlich). Diese OIII genannte Linie konnte zuerst nicht zugeordnet werden, denn nach irdischen Laborverhältnissen ist sie „verboten" und kann nur in dem extrem dünnen Gas der kosmischen Nebel entstehen. Neben Sauerstoff finden sich aber auch andere Elemente wie einfach ionisierter Stickstoff und Wasserstoff.

Meistens steht exakt in der Mitte des Nebels ein kleiner, schwach leuchtender Stern, den man als Zentralstern bezeichnet. Diese Zentralsterne sind extrem heiß, die Span-

Planetarische Nebel treten in vielen Formen und Farben auf: Links der 1000 LJ entfernte Hantelnebel im Sternbild Füchschen, in der Mitte der 3000 LJ entfernte Nebel NGC 6543 im Drachen und rechts der Ringnebel in der Leier (Entfernung: 1800 LJ).

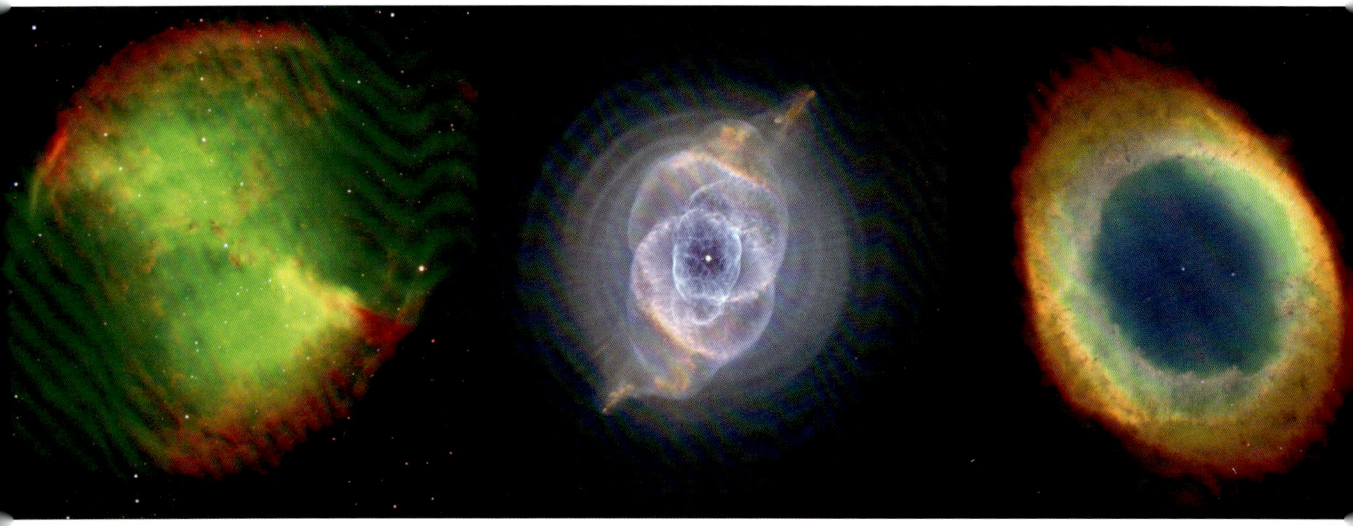

ne reicht von 30 000 bis 300 000 Grad (zum Vergleich: unsere Sonne ist „nur" knapp 6000 °C heiß). Sie strahlen energiereiches, ultraviolettes Licht aus, das den sie umgebenden Nebel zum Leuchten anregt.

Wie langfristige Untersuchungen ergeben haben, dehnen sich die Nebel langsam aus, sie werden größer. Mit 20 – 50 km/s driftet der Nebel von seinem Zentralstern weg, dem entspricht pro Jahr die Entfernung Sonne – Saturn. Die Strahlung des Sterns kann den Nebel nur bis in eine begrenzte Entfernung zum Leuchten anregen, daher sind Planetarische Nebel nur 1 – 2 Lichtjahre groß, auf lang belichteten Aufnahmen wurden aber auch noch weiter entfernte Gebiete entdeckt.

Die Lebensdauer eines Planetarischen Nebels ist ebenfalls begrenzt, nach nur einigen 10 000 Jahren hat sich das Gas so weit vom Zentralstern entfernt, dass es nicht mehr leuchten kann, da es zu wenig Strahlung erhält. Planetarische Nebel sind daher nach astronomischen Maßstäben sehr junge Objekte.

Das zarte Verblassen eines alten Sterns

Bisher wurden rund 1000 dieser Nebel entdeckt, und man schätzt, dass es ca. 50 000 von ihnen in der Milchstraße gibt. Im Gegensatz zu den rot leuchtenden Gasnebeln werden bei Planetarischen Nebeln aber keine neuen Sterne geboren. Das Gegenteil ist der Fall, diese kurzlebigen Objekte stellen die Reste alter Sterne dar, die ihren Lebensabend erreicht haben. Auch unsere Sonne wird in einigen Milliarden Jahren einen Planetarischen Nebel erzeugen.

Durchschnittliche Sterne mit nicht mehr als 1,4 Sonnenmassen sind die braven Arbeitstiere des Weltalls. Sie haushalten mit ihrem Wasserstoffvorrat und leuchten über Milliarden Jahre mit gleichbleibender Kraft. Ist der Wasserstoff im Kern des Sterns dann doch einmal verbraucht, beginnt die Zone des Wasserstoffbrennens in einem schalenförmigen Bereich nach außen zu wandern. Dabei bläht sich der Stern auf und wird zum Roten Riesen, die Sonne wird sich in diesem Stadium über die Erdbahn hinaus ausdehnen.

In diesen unruhigen Zeiten des Sternlebens verliert der Stern seine äußeren Gashüllen, er macht gleichsam eine Diät im Alter. Gleichzeitig komprimiert sich der übrig gebliebene Sternkern immer weiter, wird heißer und entwickelt sich hin zu einem Weißer Zwerg genannten Objekt, dessen Materie so dicht gepackt ist, dass ein Teelöffel davon auf der Erde mehrere Tonnen wiegen würde. Die expandierenden Gashüllen werden durch die nun intensive UV-Strahlung des Sternrests ionisiert und wie eine Leuchtstoffröhre zum Leuchten angeregt: Ein Planetarischer Nebel ist entstanden. Nicht ganz zu dieser eigentlich einleuchtenden Theorie scheint der Formen- und Farbenreichtum der Planetarischen Nebel zu passen. Sie sind nicht immer kreisrund, manche sogar richtig langgestreckt und mit vielen Unregelmäßigkeiten ausgestattet. Die Gründe dafür sind noch nicht vollständig verstanden, aber oft entstehen diese Nebel in einem Doppelsternsystem, so dass der zweite Stern die kugelsymmetrische Form der abgestoßenen Gashüllen beeinflusst. Auch Staubscheiben oder gar Planeten um den Stern können die gleichmäßige Ausbreitung der Gase nach allen Richtungen einschränken.

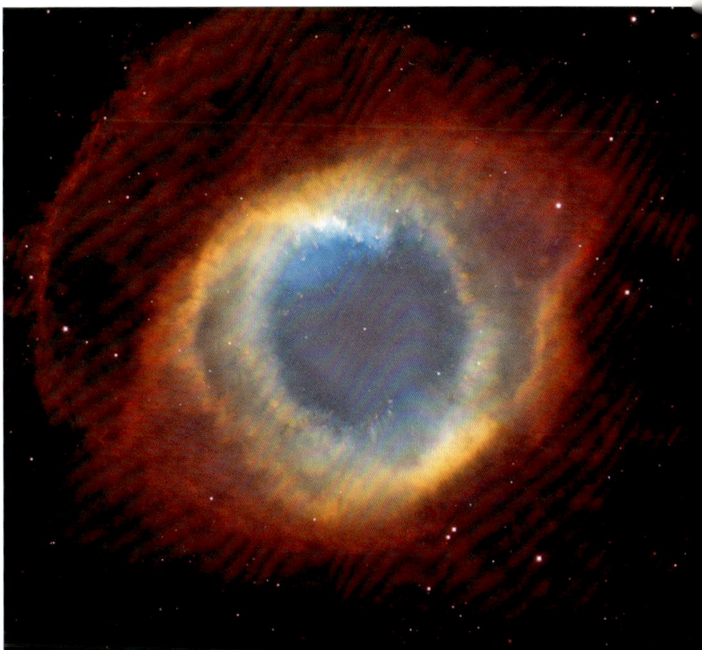

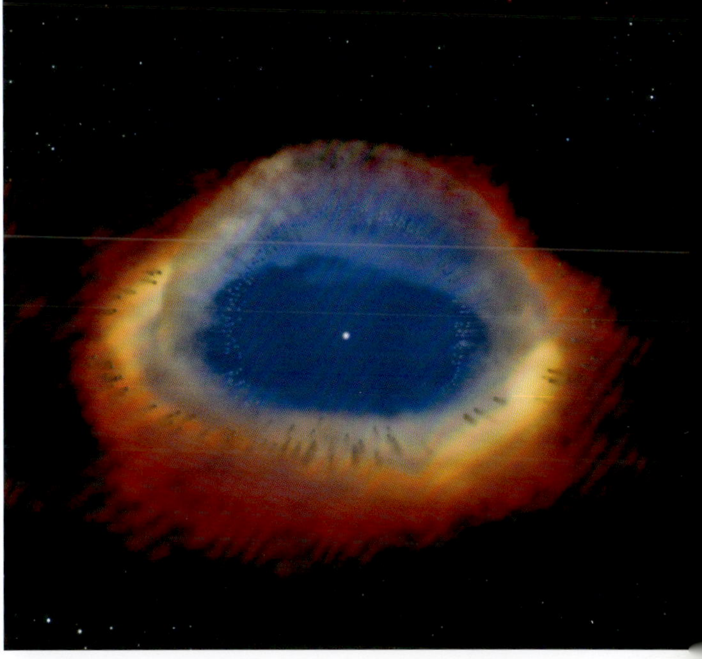

Praxis und Theorie: Oben die Aufnahme des 500 LJ entfernten Helixnebels im Sternbild Wassermann, gewonnen mit dem Hubble-Weltraumteleskop. Unten ein Modell dieses Nebels in Seitenansicht, wie es Forscher aus den Hubble-Aufnahmen entwickelt haben. Wo man auf dem Bild ein „Loch" sieht, wölbt sich im Modell eine große Gasblase.

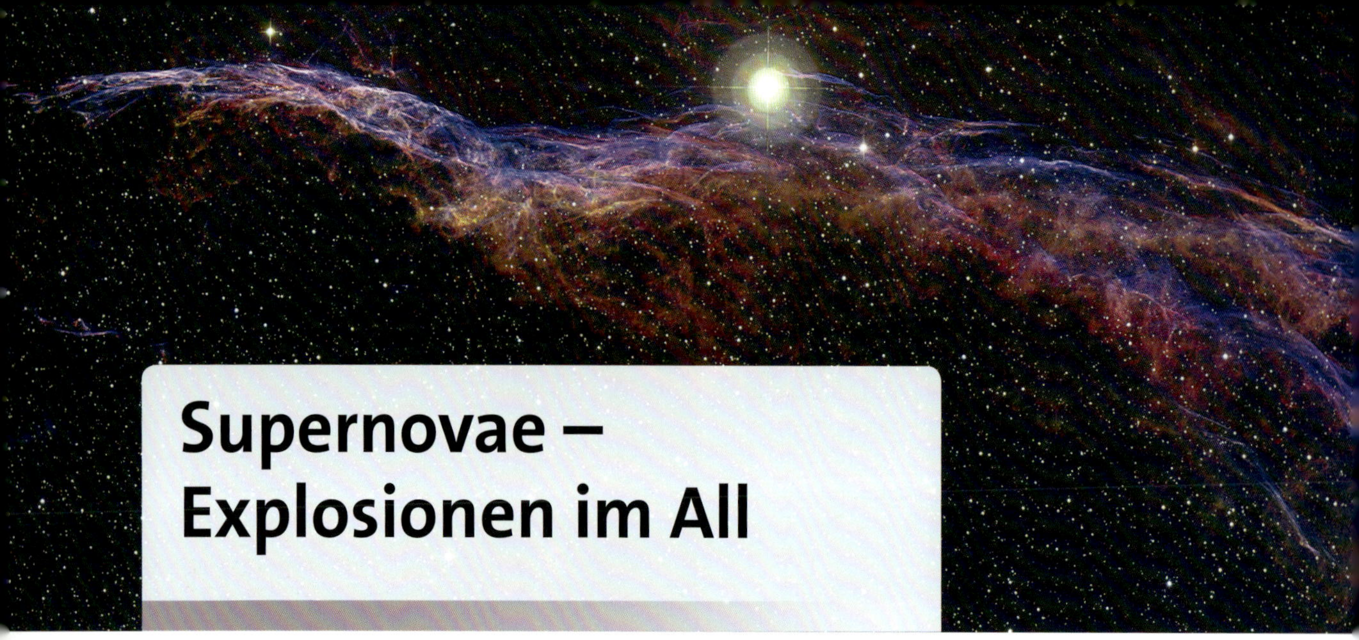

Supernovae – Explosionen im All

Sterne leben nicht ewig – und die besonders massereichen Exemplare treten mit einem großen „Knall" von der Bühne ab. An vielen Orten in der Milchstraße finden sich Reste solcher Sternexplosionen, und bei manchen kann noch der Rest des Sterns als blinkender Pulsar nachgewiesen werden.

Als Charles Messier Mitte des 18. Jahrhunderts seinen Katalog nebliger Himmelsobjekte veröffentlichte, ahnte er nicht, welch besonderes Objekt sich hinter seinem ersten Eintrag „M 1" verbirgt. Erst im 20. Jahrhundert konnte durch die Analyse von Aufnahmen des Nebels, die im Abstand mehrerer Jahre gemacht wurden, die Expansion der stark zerfaserten Nebelstrukturen nachgewiesen werden (Bild unten). Demnach muss dieser Nebel ungefähr im 11. Jahrhundert entstanden sein und dehnt sich heute noch mit rund 1000 km/s aus. Dazu passend findet sich in Aufzeichnungen chinesischer Astronomen die Beobachtung eines „Gaststerns", der im Jahr 1054 plötzlich am Himmel aufleuchtete, für mehrere Wochen sogar am Taghimmel zu sehen war und erst nach Monaten wieder zu verblassen begann. Auch Tycho Brahe (bekannt für seine exakten Positionsbestimmungen von Planeten, aufgrund derer Johannes Kepler seine drei Gesetze ableitete) beobachtete im Jahr 1572 im Sternbild Kassiopeia einen neuen Stern, ebenso Johannes Kepler 1604 einen anderen im Sternbild Schlangenträger. Die große Helligkeit dieser Objekte brachte ihnen den Namen „Supernova" ein, was übersetzt eigentlich so viel wie „besonders neuer Stern" bedeutet. Um neugeborenene Sterne handelt es sich allerdings nicht, vielmehr stellt eine Supernova-Explosion das dramatische Ende eines alten Sterns dar.

Schwere Jungs mit kurzem Leben

Für den Lebensweg der Sterne gilt „die Masse macht's" – je massereicher („schwerer") ein Stern ist, desto schneller verbraucht er seinen Brennstoff und desto intensiver laufen die Kernfusionsprozesse in seinem Inneren ab. Unsere Sonne hat mit 10 Milliarden Jahren ein langes Leben, bereits Sterne mit der dreifachen Sonnenmasse

Der Krabbennebel M 1 ist der heute noch sichtbare Rest einer Supernova, die im Jahr 1054 von chinesischen Astronomen beobachtet wurde. In seinem Inneren befindet sich ein Neutronenstern, der regelmäßig alle 0,033 Sekunden aufblitzt.

streben nach nur 200 Millionen Jahren ihrem Ende entgegen, und bei solchen ab zehn Sonnenmassen ist schon nach 20 Millionen Jahren der Ofen aus.

In massereichen Sternen wird alles Material zu schwereren Elementen fusioniert, so lange bei diesem Prozess noch Energie zu gewinnen ist. Es entstehen erst Helium, Kohlenstoff, Sauerstoff, Neon, Silizium und schließlich Eisen. Wie Zwiebelschalen legen sich die Brennzonen um den Eisenkern, bis dieser – recht plötzlich – seine Energieproduktion einstellt, denn um schwerere Elemente als Eisen zu erzeugen, müsste nun Energie zugeführt werden. Die Energieproduktion hat gestoppt, die Schwerkraft übernimmt die Kontrolle und lässt die äußeren Schalen auf den Eisenkern stürzen: Das überlebt der Stern nicht, mit einem einzigartigen Schauspiel explodiert er und schleudert dabei seine verbrauchten Gasreste in den Weltraum. Das Feuerwerk wird als Supernova sichtbar, die heller strahlt als alle Sterne der Milchstraße zusammen! Übrigens können nur bei Supernovaexplosionen Elemente schwerer als Eisen entstehen, zum Beispiel Silber oder Gold.

Der kleine Rest der großen Show

Durch Zufall entdeckte im Jahr 1967 Jocelyn Bell einen periodischen Radiopuls im Weltraum. Zuerst dachte man tatsächlich, bei dem alle 1,33 Sekunden aufblitzenden Signal handele es sich um eine Botschaft Außerirdischer. Doch es wurden weitere „Funkfeuer" dieser Art aufgespürt, so auch 1968 im Supernova-Überrest M 1 im Sternbild Stier. Bald war klar, dass es sich nicht um die geheimen Botschaften ferner Zivilisationen handelte, sondern man einem schon 1938 theoretisch vorhergesagten Phänomen auf der Spur war: den Neutronensternen.

Beim Einsturz der äußeren Gasschalen auf den kompakten Eisenkern während einer Supernova quetscht die Gravitation die Kernteilchen so stark zusammen, dass Elektronen und Protonen sich zu Neutronen vereinigen. Es entsteht ein „Brei" aus Neutronen, der so dicht gepackt ist wie ein Atomkern, und von dem eine reiskorngroße Menge auf der Erde Millionen Tonnen wiegen würde. Dieser Neutronenstern ist der kleine, extrem kompakte Rest des ehemaligen Sterns. Die zweifache Sonnenmasse wäre hier in einer Kugel von ca. 30 km Durchmesser komprimiert.

Neutronensterne nehmen die ursprüngliche Rotation des Sterns mit, man sagt, der Drehimpuls bleibt erhalten. Aufgrund ihrer winzigen Größe drehen sie sich dann aber sehr schnell, manche schaffen mehrere Umdrehungen pro Sekunde. Extrem starke Magnetfelder lassen Strahlung nur in zwei scharfen Bündeln entweichen, die wie ein Leuchtturm aufblitzen. Man nennt diese Objekte daher auch Pulsare, sie können hauptsächlich im Radiobereich beobachtet werden; inzwischen sind rund 1000 Pulsare bekannt.

In Doppelsternsystemen können Supernovae entstehen, wenn ein Weißer Zwerg seinem großen Begleiter Materie entreißt.

Die Supernova von 1987

Zum Leidwesen der Forscher ist seit 1604 keine Supernova in unserer eigenen Milchstraße aufgetaucht. In weit entfernten Galaxien dagegen werden jedes Jahr einige Supernovae entdeckt, die für eingehende Untersuchungen aber zu lichtschwach sind.
Umso größer war die Sensation, als im Februar 1987 in unserer Nachbargalaxie, der Großen Magellanschen Wolke, plötzlich ein helles Objekt auftauchte: eine Supernova! Sie war trotz ihrer Entfernung so hell, dass man sie für einige Wochen mit bloßem Auge sehen konnte. Jahre nach dem Ereignis konnte das Hubble-Teleskop bereits schalenförmige Strukturen um den Rest der Supernova nachweisen, die im Laufe der Zeit immer größer werden (Aufnahme von 2011).

Kugelsternhaufen

Um die Milchstraßenebene kreisen wie Planeten um eine Sonne sehr kompakte Sternhaufen, die nach ihrem optischen Erscheinungsbild Kugelsternhaufen genannt werden. Sie enthalten zehntausende Sterne und gehören zu den ältesten Objekten im Universum.

Eine Million Sterne lassen Omega Centauri so hell leuchten, dass man ihn mit bloßem Auge sehen kann.

In Bereich unserer Milchstraße sind rund 150 Kugelsternhaufen bekannt. Das hellste Exemplar am Nordhimmel ist M 13, der Kugelsternhaufen im Sternbild Herkules (Bild ganz oben). An Glanz übertroffen wird M 13 aber von den Objekten am Südhimmel, vor allem von Omega Centauri, dem hellsten Kugelsternhaufen am Himmel. Sein Name weist schon darauf hin, dass man ihn früher für einen Stern hielt und daher mit einem griechischen Buchstaben katalogisierte.

Harlow Shapley fiel Anfang des 20. Jahrhunderts auf, dass die Kugelsternhaufen nicht gleichmäßig am Himmel verteilt sind. Er zog daraus den richtigen Schluss: Unsere Sonne befindet sich nicht im Zentrum der Milchstraße, sondern weit abgelegen

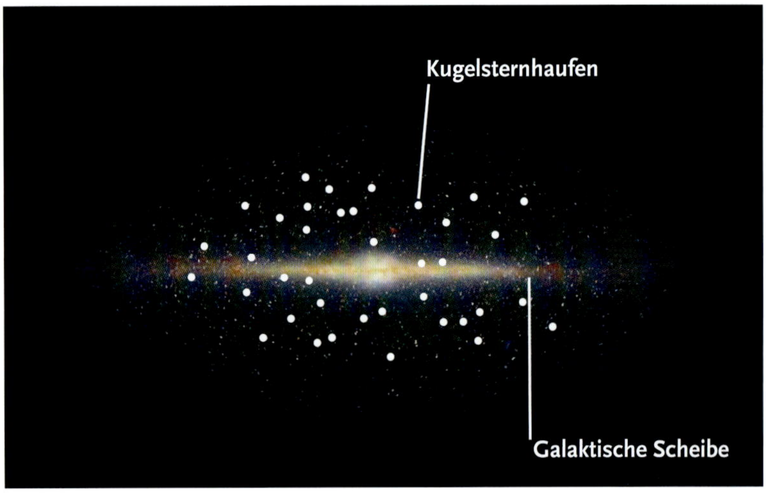

Kugelsternhaufen sind die ältesten Objekte im Universum. Sie umkreisen den Galaxienkern außerhalb der galaktischen Scheibe.

in einem äußeren Spiralarm. Auch bei anderen Galaxien wurden Kugelsternhaufen entdeckt, so bei unserer Nachbargalaxie, dem Andromeda-Nebel, über 200 Exemplare.

Was Kugelsternhaufen wirklich sind

Die kompakten Objekte haben Durchmesser von ca. 100 Lichtjahren und enthalten im Schnitt 100 000 einzelne Sterne. Der Abstand der Sterne untereinander ist viel geringer als in der Milchstraße, die Sterndichte gut 1000-mal so groß wie in der Sonnenumgebung. Auf weiten, elliptischen Bahnen umrunden die Kugelsternhaufen das Milchstraßenzentrum, von dem sie sich bis zu 300 000 Lichtjahre weit entfernen können. Kugelsternhaufen sind damit die entferntesten Objekte unserer Milchstraße, die man beobachten kann. Der Sternhaufen im Herkules (M 13) ist beispielsweise 23 000 Lichtjahre weit von uns entfernt. Der kugelförmige Raum, in dem die Kugelsternhaufen ihre Bahnen ziehen, wird Halo der Milchstraße genannt.

Zur Entfernungsbestimmung von Kugelsternhaufen benutzt man sogenannte RR-Lyrae-Sterne (also Sterne nach dem Vorbild des Sterns RR im Sternbild Lyra, der Leier). Ähnlich den Cepheiden (siehe Seite 18) besteht bei diesen Sternen ein direkter Zusammenhang zwischen ihrer Lichtwechselperiode und ihrer wahren Helligkeit. So kann man durch Vergleich der Lichtkurve mit der scheinbaren Helligkeit auf die Entfernung des Sterns und damit des ganzen Kugelsternhaufens schließen.

Die ältesten Objekte im Universum

Genauere Untersuchungen einzelner Sterne der Kugelhaufen zeigen eine deutliche Metallarmut. Als „Metalle" bezeichnen Astrophysiker alle Elemente schwerer als Helium, die nicht in Sternen der ersten Generation vorkommen können, da im jungen Universum nur Wasserstoff und Helium vorhanden waren. Alle anderen Elemente entstanden erst in den Fusionsöfen der Sterne, die das Material nach ihrem Tod wieder an das interstellare Medium abgegeben haben, aus dem später neue Sterne entstanden sind.

Die Sterne der Kugelsternhaufen sind daher sehr alt, man geht von 10 bis 15 Milliarden Jahren aus – was im Extremfall dem Alter des ganzen Universums entspricht. Die kurzlebigen, massereichen Sterne sind in den Kugelhaufen schon lange verschwunden, heute bestehen sie nur noch aus masseärmeren Sternen, die eine entsprechend längere Lebensdauer haben. Neue Sterne entstehen dort schon lange nicht mehr.

Ihre kompakte Gestalt verdanken die Kugelhaufen der Gravitation, die einzelnen Sterne ziehen sich gegenseitig an und halten den Haufen so zusammen. Aufgrund der hohen Sterndichte kommt es aber immer wieder zu engen Begegnungen, bei denen Sterne so stark beschleunigt werden, dass sie aus dem Haufen herausfliegen – der Kugelhaufen löst sich langsam auf. Gleichzeitig wird dem Gesamtsystem dabei aber Energie entzogen, woraus eine stärkere Zusammenballung des Haufens resultiert, er heizt sich gewissermaßen auf, d. h. die Geschwindigkeit der einzelnen Sterne nimmt zu.

Warum die Kugelsternhaufen sich auch nach Milliarden Jahren nicht entweder vollständig aufgelöst oder aber gänzlich zusammengezogen haben, ist den Forschern immer noch ein Rätsel, offenbar laufen die Prozesse so langsam ab, dass sie den Kugelsternhaufen als Gesamtsystem nicht wesentlich beeinflussen.

Im Zentrum eines Kugelsternhaufens stehen die Sterne 1000-mal dichter zusammen als in der Nachbarschaft der Sonne. Diese Aufnahme des Hubble-Weltraumteleskops zeigt die Zentralregion von M 22 (im Schützen) mit mehr als 83 000 Sternen. Der Durchmesser des Haufens beträgt ca. 60 Lichtjahre.

Im Zentrum des Kugelsternhaufens Omega Centauri hat das Hubble-Weltraumteleskop Sterne unterschiedlicher Farbe und damit unterschiedlicher Entwicklungsstufen entdeckt.

Die Magellanschen Wolken

Am südlichen Sternenhimmel sind mit bloßem Auge zwei große neblige Objekte zu sehen, die nach ihrem Entdecker „Magellansche Wolken" genannt werden. Dabei handelt es sich um zwei kleine Begleitgalaxien unserer Milchstraße, die allerdings keine Spiralstruktur aufweisen.

Bei seinen Reisen in südliche Gefilde fielen dem portugiesischen Weltumsegler Fernao de Magellan zwei Wölkchen am Himmel auf, die ihren Ort zu den Sternen nicht veränderten und in jeder klaren Nacht zu sehen waren. Er beschrieb sie Anfang des 16. Jahrhunderts detailliert in seinen Reiseberichten, so dass sie später den Namen „Magellansche Wolken" erhielten, obwohl sie mit irdischen Wolken nichts zu tun haben.

Die Große Magellansche Wolke (oft als „LMC" für Large Magellanic Cloud abgekürzt) steht nur 20° vom südlichen

Die beiden Magellanschen Wolken sind Begleiter der Milchstraße und auf der Südhalbkugel mit bloßem Auge zu sehen.

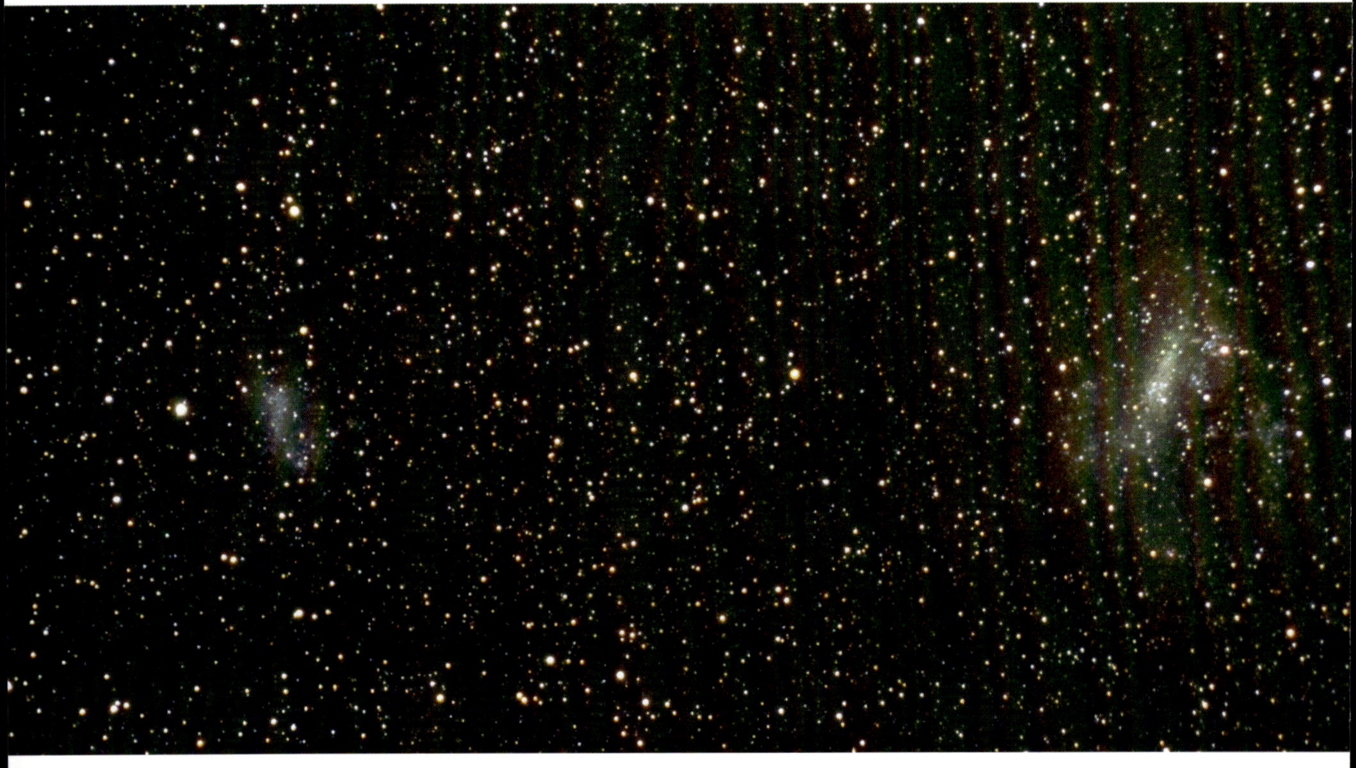

Himmelspol entfernt im Sternbild Doradus. Die Kleine Magellansche Wolke („SMC" für Small Magellanic Cloud) befindet sich im Sternbild Tukan mit ähnlichem Abstand zum Südpol des Himmels. Man kann sie bereits von äquatornahen Breiten aus sehen (dann im November/Dezember knapp über dem südlichen Horizont), besser aber von südlicheren Ländern aus.

Die Entfernungen der Magellanschen Wolken sind noch nicht mit absoluter Sicherheit bekannt, man geht heute von 170 000 Lichtjahren für die LMC und für die SMC von 200 000 LJ aus. Sicher ist aber, dass es sich bei den beiden „Wolken" um kleine Galaxien handelt, die sich in unmittelbarer Nähe zu unserer eigenen Galaxis, der Milchstraße, befinden und mit dieser durch feine Wasserstoffbrücken verbunden sind.

Die Große Magellansche Wolke

Die LMC ist sowohl am Himmel als auch in Wirklichkeit das größere Objekt. Ihr Durchmesser beträgt etwas über 20 000 Lichtjahre, und sie besteht aus ca. zehn Milliarden Sonnenmassen.

Auffällig sind große, rot leuchtende Sternentstehungsgebiete, allein im Tarantelnebel (Bild unten) werden über 100 000 junge Sterne vermutet. Die LMC ist einige Milliarden Jahre alt und von ihrer Morphologie her ein irreguläres System mit den Anzeichen einer Balkenspiralgalaxie. Zusammen mit der Kleinen Magellanschen Wolke zieht die LMC in einer weiten Ellipsenbahn um unsere Milchstraße und wird von dieser durch Gezeitenkräfte zunehmend zerrieben.

Ab dem 23. Februar 1987 stand die LMC für mehrere Monate im Rampenlicht: Damals flammte dort eine Supernova auf, die als erste ihrer Art mit den Techniken moderner Astrophysik „aus der Nähe" untersucht werden konnte.

Die Kleine Magellansche Wolke

Die SMC ist mit rund 10 000 LJ Durchmesser nur halb so groß wie ihre große Schwester. Deutlich geringer ist auch die Sternanzahl in der SMC, man spricht von zwei Milliarden Sonnenmassen. Sie ist eine eindeutig irreguläre Galaxie, die keinerlei Anzeichen einer Spiralstruktur erkennen lässt.

In der Kleinen Magellanschen Wolke wurden 1912 von der amerikanischen Astronomin Henrietta Swan Leavitt erstmals in einem extragalaktischen System die Cepheiden-Veränderlichen nachgewiesen. Aus dem Zusammenhang zwischen Lichtwechsel und absoluter Helligkeit dieser Sterne kann man auf ihre Entfernung schließen (siehe auch Seite 18).

Der Magellansche Strom

Mit Radioteleskopen kann am Himmel ein gut 90° langes Band beobachtet werden, das aus neutralem Wasserstoff besteht. Das eine Ende dieses als „Magellanscher Strom" bezeichneten Gebildes ist mit den Magellanschen Wolken verknüpft. Wahrscheinlich sind Gezeitenkräfte unserer Milchstraße auf die Magellanschen Wolken für die Entstehung dieses Wasserstoffbandes verantwortlich. Möglicherweise werden LMC und SMC in den kommenden Jahrmillionen vollständig von unserer Galaxis zerrieben.

In der großen Magellanschen Wolke sind viele rot leuchtende Sternentstehungsgebiete zu sehen, vor allem der Tarantelnebel (links der Mitte).

Galaxien und der Urknall

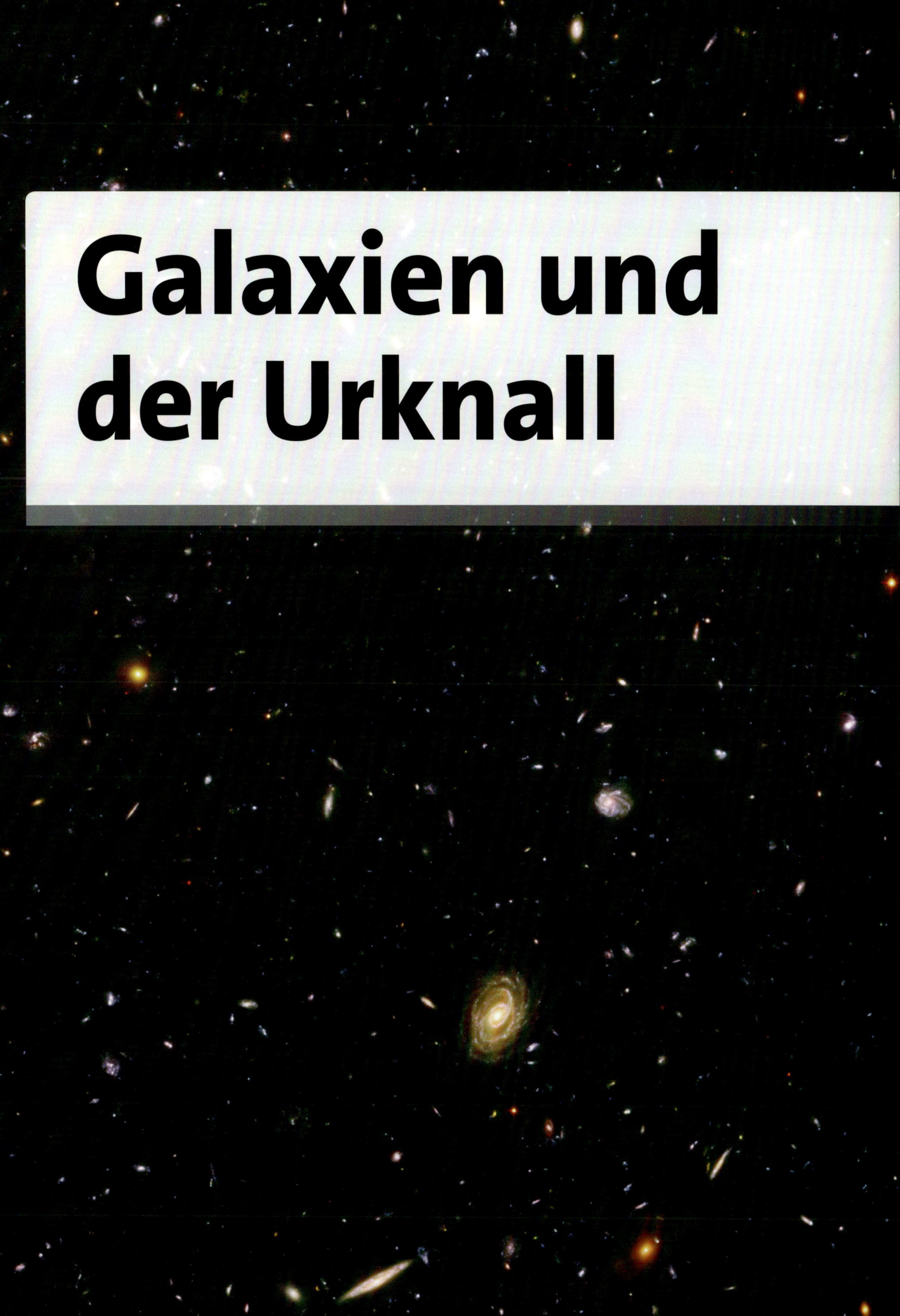

Galaxien – die Welteninseln

Neben unserer eigenen Galaxis, der Milchstraße, gibt es unzählige andere Sternsysteme im Universum – die Galaxien. Sie sind Millionen Lichtjahre von uns entfernt, und jede besteht aus Milliarden einzelner Sterne. Eine von ihnen kann man schon mit bloßem Auge sehen: den Andromeda-Nebel.

Über die Existenz anderer Milchstraßen (das Wort „Galaxie“ stammt aus dem Griechischen und bedeutet übersetzt „Milchstraße“) wurde lange Zeit nur spekuliert. Zwar sprachen bereits Kant untd Humboldt Ende des 18. Jahrhunderts von fernen Welteninseln im All, aber erst durch den Einsatz des 2,5-m-Spiegelteleskops auf dem Mt. Wilson in den 1920er Jahren gelang es Edwin Hubble, einen der Nebel in Einzelsterne aufzulösen. Er richtete das Teleskop auf den Andromeda-Nebel, den man mit bloßem Auge oder Fernglas als milchigen Fleck am Herbsthimmel beobachten kann.

Hubble fand dort auch einige der Cepheiden-Veränderliche und bestimmte mit ihnen die Entfernung des Nebels: 800 000 Lichtjahre. Dieser Wert war zwar nicht richtig (heute weiß man, dass diese Galaxie rund drei Millionen Lichtjahre weit entfernt liegt), aber eindeutig so groß, dass der Andromeda-Nebel kein Objekt unserer eigenen Milchstraße sein kann.

In den Jahren danach wurde rasch klar, dass es sich bei vielen der bis dahin nur als Nebel bekannten Objekte um Galaxien handeln muss. Die meisten von ihnen weisen eine Spiralstruktur auf, aber es wurden auch Exemplare

Typische Spiralgalaxien aus unterschiedlichen Blickwinkeln: Unten die Sombrero-Galaxie in Kantenansicht mit ihrem auffälligen Staubband, rechts die unserer Milchstraße ähnliche Andromeda-Galaxie, auf die wir schräg von der Seite schauen.

mit elliptischer oder unregelmäßiger Form gefunden. Hubble entwarf ein Übersichtsdiagramm, das die Galaxien nach deren Erscheinungsbild ordnet (Abb. rechts). Das Hubble-Klassifikationsschema wird noch verwendet, auch wenn man mittlerweile weiß, dass sich Hubbles Theorie einer Galaxienentwicklung nicht dahinter verbirgt. Trotzdem eignet es sich gut zur Übersicht, denn auf den drei Ästen des „Stimmgabeldiagramms" sind die wesentlichen Galaxientypen klassifiziert. Grundsätzlich unterscheidet es elliptische und spiralförmige Galaxien.

Hubbles Klassifikation der Galaxien

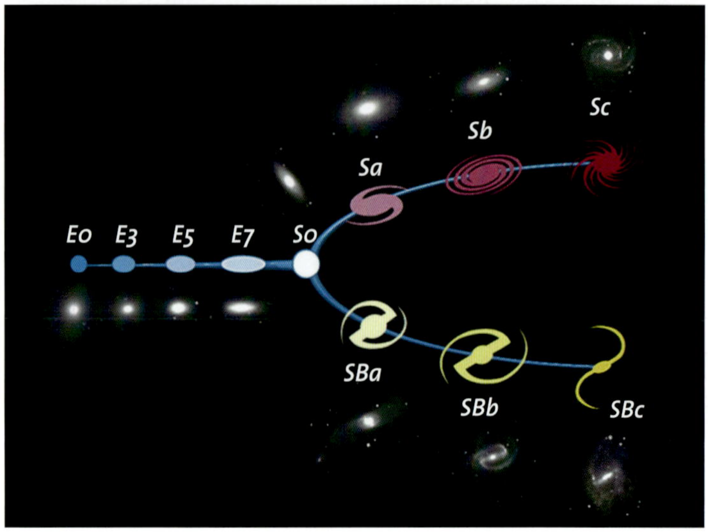

Unterschiedliche Galaxientypen

Am häufigsten werden Spiralgalaxien beobachtet, die je nach Blickwinkel (von oben oder schräg von der Seite) ein anderes Bild abgeben. Auffällig sind hier immer ein dunkles Staubband in der Ebene des Scheibengebildes, viele rot leuchtende Sternentstehungsgebiete und ausgeprägte Spiralarme, die sich um den Kern winden. Eine Untergruppe der Spiralgalaxien sind die Balkenspiralen (zu ihnen gehört auch unsere Milchstraße), die einen ausgeprägten Balken zeigen, an dessen Enden die Spiralarme ansetzen. Je nach Öffnung der Spiralarme unterscheidet man Galaxien der Typen Sa bis Sc (bzw. SBa bis SBc bei den Balkenspiralen).

Keine Spiralstruktur findet sich bei den elliptischen Galaxien, die mit zunehmender Abplattung als E0 bis E7 bezeichnet werden. Sie machen nur rund 15 % der beobachteten Galaxien aus, ihr wahrer Anteil dürfte aber über 50 % betragen. Elliptische Galaxien sind oft sehr massereich und alt. Man vermutet, dass eine große elliptische Galaxie durch die Verschmelzung von Spiralgalaxien entstanden ist. Durch die gegenseitige Durchmischung sind deren Spiralstrukturen dabei völlig verloren gegangen.

Eine Untergruppe bilden die irregulären Systeme, die keine Spiral- oder Ellipsenform aufweisen. Sie sind meist lichtschwach und machen nur 5 % der beobachteten Galaxien aus.

Gefangen in ihrer gegenseitigen Anziehungskraft: Die beiden Galaxien (NGC 4676, auch „Mäusegalaxien" genannt) haben sich durchdrungen und werden sich irgendwann vereinigen.

Ihr tatsächlicher Anteil dürfte bei 25 % liegen. Je tiefer man in den Weltraum blickt, desto mehr Galaxien werden sichtbar. Um ihre Entfernung zu bestimmen, behilft man sich mit indirekten Methoden, zu deren Eichung das Hubble-Teleskop in den Weltraum geschickt wurde. Auch die Massenbestimmung der Galaxien ist schwierig, denn der leuchtende Anteil ist viel geringer als die Gesamtmasse einer Galaxie. Aus was diese „dunkle Materie" besteht, ist nach wie vor ein Rätsel.

Vier typische Galaxien: Links oben die elliptische Galaxie Centaurus A im Sternbild Zentaurus. Von ihr wird auch starke Radiostrahlung empfangen.
Rechts oben NGC 1365, das Musterbeispiel einer Balkenspiralgalaxie. Sie ist 80 Mio. LJ entfernt und befindet sich im Sternbild Chemischer Ofen.
Links unten ist der Kernbereich von M 87 zu sehen, einer riesigen elliptischen Galaxie in der Jungfrau. Aus ihrem Zentrum schießt ein Jet, evtl. ist ein Schwarzes Loch die Ursache dafür.
Rechts unten die kleine, irreguläre Galaxie Sextans A, die nur 10 Mio. LJ entfernt ist. In ihr wird aktive Sternentstehung beobachtet.

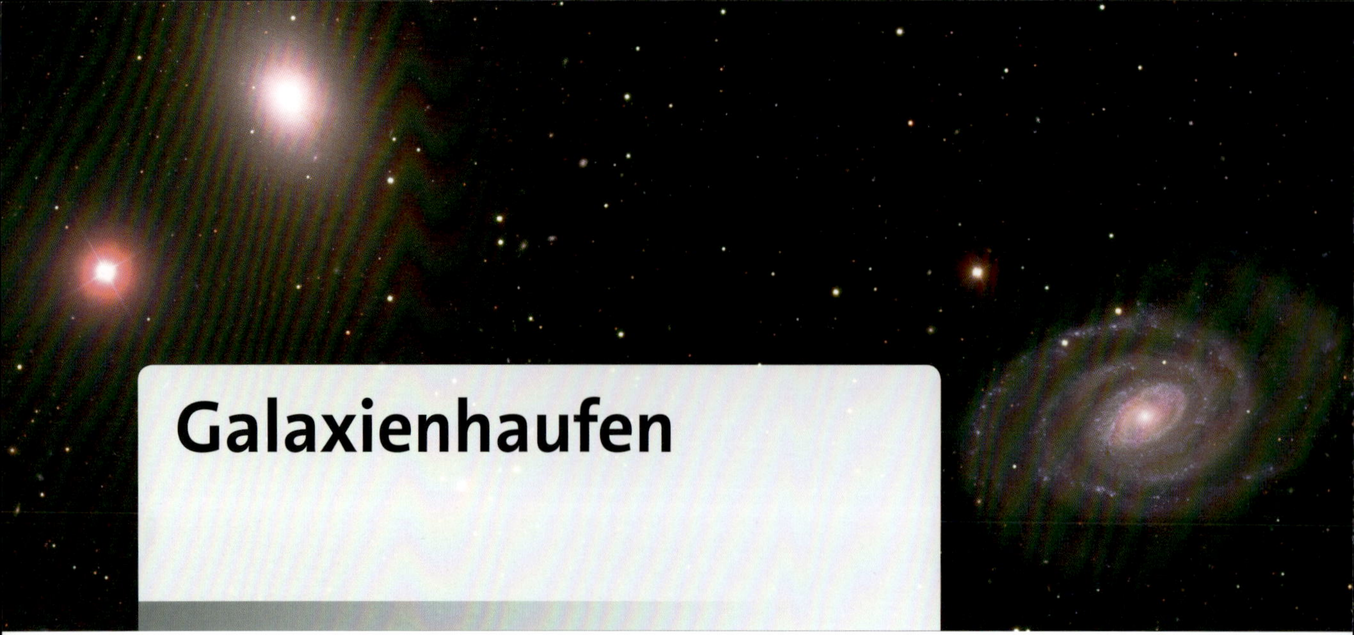

Galaxienhaufen

Galaxien sind keine Einzelgänger – sie ballen sich zusammen in Galaxienhaufen, die sich wiederum zu Superhaufen gruppieren, bis hin zur „Seifenblasen-Struktur" des Universums. Auch unsere Milchstraße gehört zu einem Galaxienhaufen, der Lokalen Gruppe, die Teil des Virgo-Superhaufens ist.

Unsere Milchstraße gehört – zusammen mit der Andromeda-Galaxie M 31 und der Triangulum-Galaxie M 33 zur sogenannten Lokalen Gruppe. Diese Ansammlung von Galaxien hat etwa 30 Mitglieder, die sich in einem Raumbereich von rund vier Millionen Lichtjahren versammeln.

In Richtung des Sternbildes Jungfrau (lat.: Virgo), an der Grenze zum Löwen, können Dutzende Galaxien auf engem Raum beobachtet werden. Sie gehören zum Virgo-Haufen, der viel größer ist als die Lokale Gruppe und etwa 2000 einzelne Galaxien zählt. Zusammen mit anderen Galaxienhaufen bilden Lokale Gruppe und Virgo-Haufen den Virgo-Superhaufen, dessen Zentrum in einer Entfernung von 36 Mio. LJ vermutet wird.

Auch an anderen Stellen des Himmels wurden Galaxienhaufen gefunden, die zum Teil deutlich weiter ent-

Der Virgo-Galaxienhaufen (Virgo = Sternbild Jungfrau) ist zusammen mit der Lokalen Gruppe Teil des Virgo-Superhaufens. Die meisten Galaxien des Virgo-Haufens sind um die 60 Mio. Lichtjahre von uns entfernt.

Theorie und Praxis – unten eine Computersimulation zur Struktur des Universums und rechts das Ergebnis des 2dF-Surveys, auf dem deutlich die netzartigen Strukturen der Galaxien im Weltall zu erkennen sind.

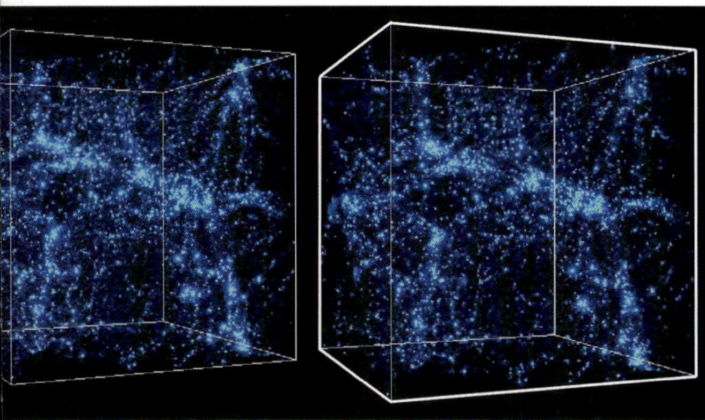

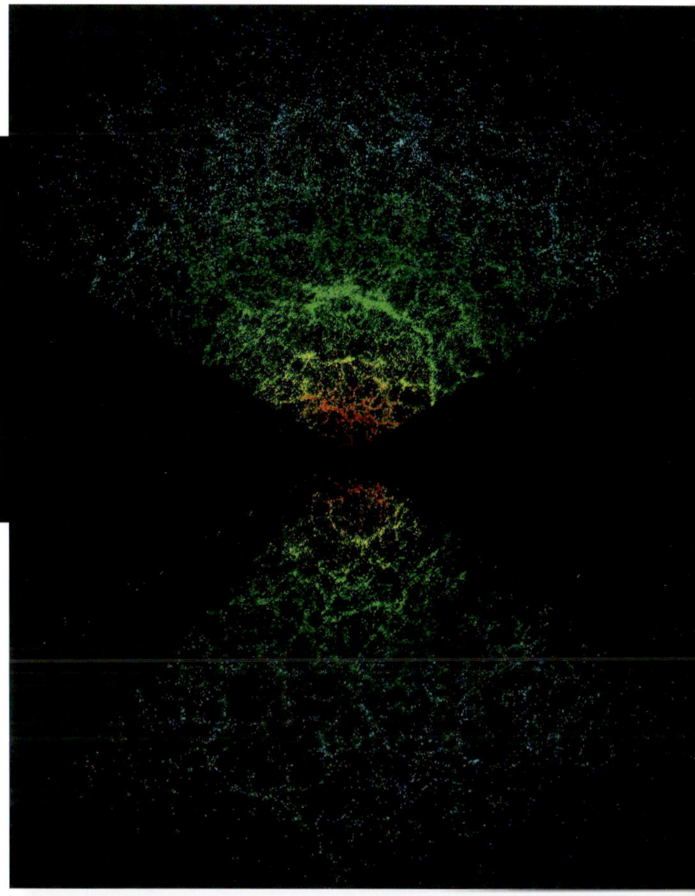

fernt sind. Offenbar gibt es keine Galaxie, die unabhängig von anderen durchs Weltall schwirrt. Alle Galaxien werden durch die Kraft der Gravitation zusammengehalten und bilden Gruppen, Haufen und Superhaufen.

Das Seifenblasen-Universum

Je umfangreicher die Datenkataloge der Galaxien wurden, desto mehr drängte sich ein völlig unerwartetes Bild der großräumigen Galaxienstruktur auf. Bereits Mitte der 1980er Jahre konnte durch die dreidimensionale Anordnung von rund 20 000 Galaxien eine feine, faserartige Struktur der Galaxienhaufen festgestellt werden. Im Jahr 2002 wurde das Mammutprojekt des 2dF-Surveys fertiggestellt, bei dem rund 250 000 Galaxien vermessen wurden.

Sie bilden netzartige Muster im Universum, Galaxien und Haufen kommen nur an den Wänden und Fasern vor, die durch schier endlose Leerräume (sogenannte „Voids") voneinander getrennt sind (Bild rechts oben). Auch Computersimulationen kommen zu einem ähnlichen Ergebnis, wonach sich Galaxien an membranartigen Wänden zusammenballen (Bild oben). Man hat den Eindruck, das Universums sieht wie Seifenschaum aus, dessen dünne Seifenblasenwände durch Anhäufungen von Galaxien gebildet werden.

Auch in Zukunft wird diese Verklumpung im Weltall anhalten. Man geht davon aus, dass die Galaxien im jungen Universum sehr viel gleichmäßiger verteilt waren und sich im Laufe der Jahrmilliarden aufgrund ihrer gegenseitigen Anziehungskraft mehr und mehr Strukturen ausbildeten. Als wirkende Kraft ist die mysteriöse Dunkle Materie in der Diskussion, deren Einfluss auf Galaxien indirekt nachgewiesen werden konnte.

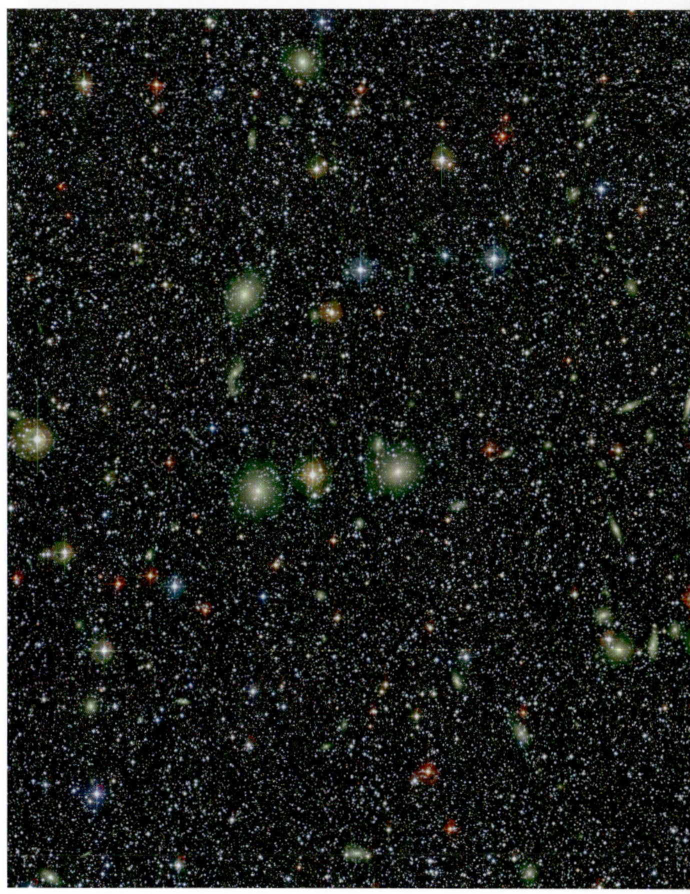

Im südlichen Sternbild Norma befindet sich ein 250 Mio. LJ entfernter Galaxienhaufen. In die Richtung dieses „Großen Attraktors" bewegt sich auch unsere Milchstraße.

Quasare – Energiemonster im Weltall

Sie leuchten am Himmel recht schwach – und sind doch die hellsten Objekte des Universums: Quasare senden unglaubliche Energiemengen aus. Wahrscheinlich handelt es sich bei ihnen um junge Galaxien, in deren Zentrum sich ein Schwarzes Loch befindet.

Der Name „Quasar" ist die Abkürzung für „Quasistellare Radioquelle". Anfang der 1960er Jahre wurden mit Radioteleskopen punktförmige Radioquellen entdeckt, die man später mit lichtschwachen Sternen auf optischen Aufnahmen identifizierte. Einer der erstentdeckten Quasare war 3C 273 (das Objekt Nr. 273 im 3. Cambridger Katalog der Radioquellen), ein Objekt 13. Größe im Sternbild Jungfrau. Die Spektren der Quasare gaben zuerst Rätsel auf, ihr Linienmuster ließ sich nicht mit den bis dahin bekannten Spektrallinien zur Deckung bringen.

Dem niederländischen Astronom Maarten Schmidt gelang es 1963, die Spektren richtig zu deuten: Man sieht dort Linien des ultravioletten Lichts, das Spektrum ist insgesamt stark in Richtung des roten Spektralbereichs verschoben. Je größer die Rotverschiebung eines Objekts, desto weiter ist es von uns entfernt. Für den Quasar 3C 273 ergab sich somit ein Wert von 2,5 Milliarden Lichtjahren – dieses Objekt war also weiter entfernt als die bisher Galaxien und musste in Wirklichkeit extrem hell leuchten, um bei uns am Himmel überhaupt noch sichtbar zu sein.

Blick an den Rand des Universums

Mittlerweile wurden rund 2000 Quasare entdeckt. Die größten gemessenen Rotverschiebungen deuten auf Fluchtgeschwindigkeiten von 90 % der Lichtgeschwindigkeit hin. Ein Quasar leuchtet im Schnitt so hell wie 100 Galaxien zusammen, einige verändern ihre Helligkeit im Zeitraum von Wochen oder Monaten – woraus sich ableiten lässt, dass Quasare sehr kompakte Objekte

Der Quasar 3C273

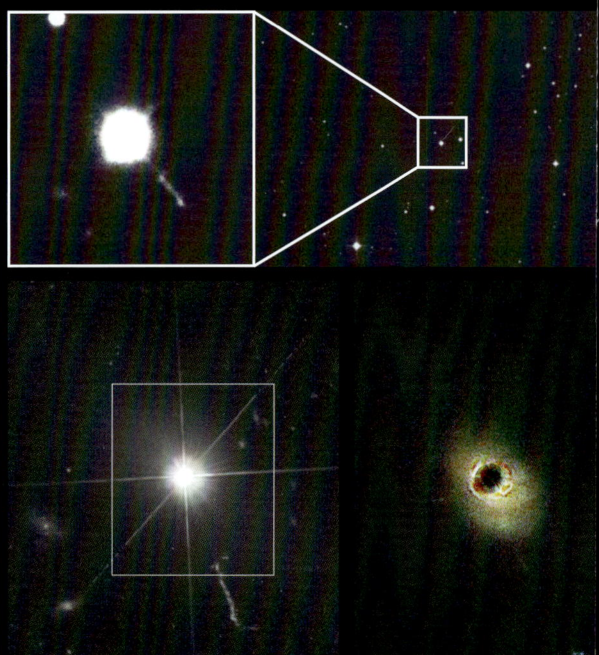

Die Radioquelle 3C 273 ist der am hellsten leuchtende Quasar am irdischen Himmel. Er entfernt sich mit 48 000 km/s von uns. Im Teleskop erscheint er nur als schwacher Stern (oben rechts), Detailaufnahmen zeigen einen Jet, den der Quasar ausstößt. Das Hubble-Teleskop wies seine Galaxie nach (unten rechts).

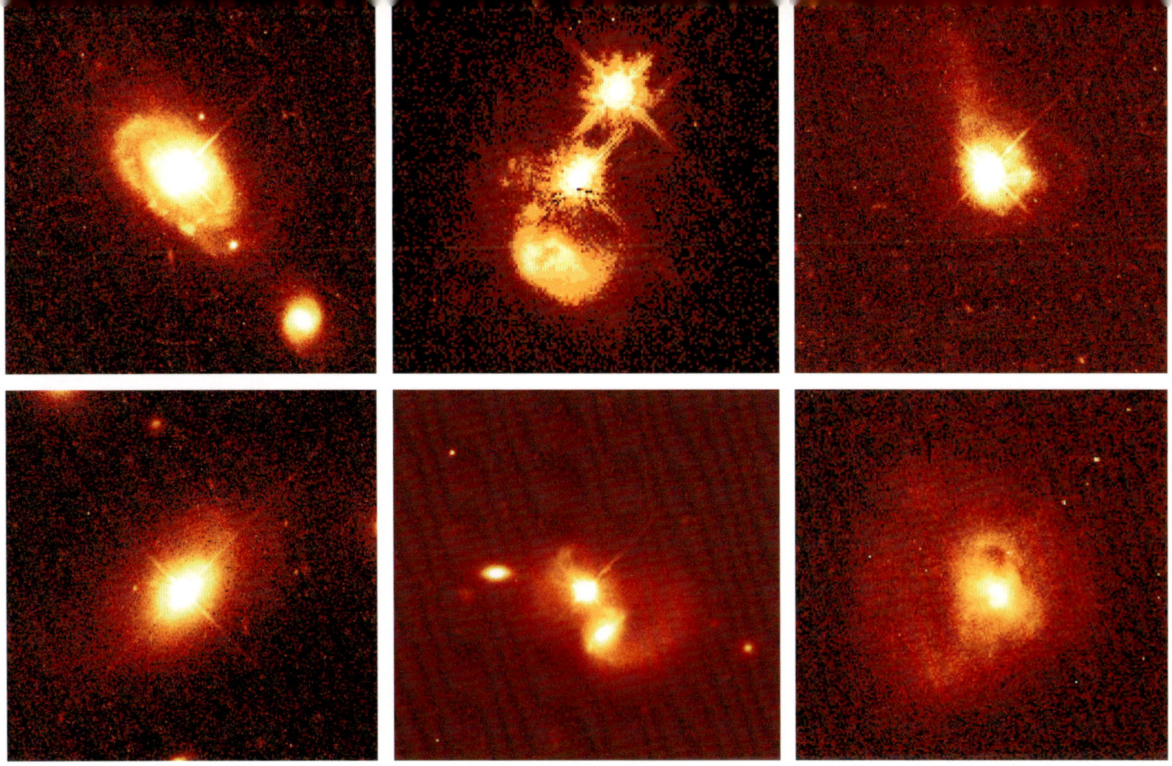

Das Hubble-Weltraumteleskop wies die schwachen „Host-Galaxien" um Quasare nach, in deren Zentren sich punktförmige Energiequellen befinden.

sein müssen. Wäre ein Quasar nur einige Dutzend Lichtjahre von uns entfernt, so würde er am Himmel so hell wie unsere Sonne leuchten!

Die entferntesten Quasare bilden gleichzeitig den Rand des für uns sichtbaren Universums. Sie stehen 14 Milliarden Lichtjahre oder weiter von uns entfernt, ihr Licht erreicht uns daher aus einer Zeit, als der Kosmos noch sehr jung war.

Mit dem Hubble-Weltraumteleskop konnten schwache Galaxienstrukturen um einige Quasare nachgewiesen werden (Abbildungen oben), die die mittlerweile allgemein akzeptierte Theorie zur Erklärung der Quasare unterstützen.

Junge Galaxien mit Schwarzem Loch

Im Zentrum eines Quasars muss sich ein supermassereiches Objekt befinden, das ständig Materie aus seiner Umgebung aufsaugt. Beim Sturz der Materie werden bis zu 10 % nach der Einsteinformel $E = mc^2$ direkt in Energie verwandelt. Theoretisch kann es sich bei der Zentralmasse auch um einen riesigen Stern handeln, aber Modellrechnungen legen nahe, dass nur ein Schwarzes Loch zur Erzeugung dieser riesigen Energiemengen in Frage kommt.

Um das Schwarze Loch rotiert eine flache, gigantisch große Akkretionsscheibe (bis zu 10 000 LJ im Durchmesser), die das Schwarze Loch füttert. Magnetfelder zwingen die beim Sturz aufs Schwarze Loch freigewordene Energie in zwei Bündel (sogenannte Jets), die senkrecht zur Scheibe ins Weltall schießen. Wahrscheinlich hat jede Galaxie in ihrem Leben einmal das Quasarstadium durchgemacht. Wenn das zentrale Schwarze Loch die Materie in seiner Umgebung leergesaugt hat, erlischt es. Es sind auch sogenannte aktive Galaxien bekannt, die vermutlich das Übergangsstadium vom Quasar zur normalen Galaxie darstellen.

Auch im Zentrum der Milchstraße wird ein Schwarzes Loch vermutet, dem schon vor langer Zeit der Materienachschub ausging und das seitdem schweigt.

So stellen sich Astronomen einen Quasar im Detail vor: In der Mitte einer Materiescheibe sitzt ein Schwarzes Loch, das nach beiden Seiten energiereiche Strahlenbündel ausstößt.

Die Rätsel des Universums

Weit draußen im Weltall trifft man auf seltsame Dinge. Die Materie um Schwarze Löcher stößt Schreie aus, bevor sie aufgesaugt wird. Galaxienhaufen krümmen den Weltraum und wirken als Gravitationslinsen. Ist das Universum wirklich unendlich? Wann ist es entstanden und wie wird es enden?

Zu den merkwürdigsten Erscheinungen im Universum gehören die Schwarzen Löcher. Sie erhielten ihren Namen, da ihnen nicht einmal Licht oder andere elektromagnetische Strahlung entkommen kann, Schwarze Löcher sind daher unsichtbar. Ihre Existenz basiert in erster Linie auf theoretischen Vorhersagen, nach denen besonders massereiche Sterne zwar als Supernova explodieren, der verbleibende Sternrest aber so schwer ist, dass er unter seiner eigenen Schwerkraft vollständig in sich zusammenbricht. Sterne mit Resten leichter als drei Sonnenmassen bilden dagegen einen Neutronenstern aus, der als Pulsar am Himmel beobachtet werden kann.

Oberhalb von drei Sonnenmassen kann auch der kompakte Neutronenbrei den Sternrest nicht mehr stabil halten, er stürzt in sich zusammen, seine Anziehungskraft ist so groß, dass die Fluchtgeschwindigkeit die Lichtge-

Tief im Inneren dieses Strudels befindet sich ein unsichtbares Schwarzes Loch, das die es umgebende Materie aufsaugt.

schwindigkeit übersteigt. Nicht einmal Licht kann dem ultrakompakten Objekt entkommen, ein Schwarzes Loch ist daher unsichtbar.

Trotzdem können im Weltraum Objekte beobachtet werden, die die Existenz eines Schwarzen Lochs nahelegen. Ist das Schwarze Loch in einem Doppelsternsystem entstanden, so entreißt es seinem Partnerstern Materie, die auf spiralförmigen Bahnen in das Schwarze Loch stürzt. Die es umgebende Akkretionsscheibe heizt sich dabei so stark auf, dass die Materie beim Sturz ins Schwarze Loch energiereiche Röntgenstrahlung aussendet. Das Schwarze Loch flackert im Röntgenlicht, wie es zum Beispiel beim Objekt Cygnus X1 (der erstentdeckten Röntgenquelle im Sternbild Cygnus, dem Schwan) beob achtet wird.

Der gekrümmte Raum

Nach Albert Einstein ist Gravitation (Schwerkraft) nichts anderes als die Auswirkung des gekrümmten Raumes. Je stärker die Krümmung, desto stärker die Anziehungskraft. Bereits 1919 konnte bei einer totalen Sonnenfinsternis durch Beobachtung eines nah bei der Sonne stehenden Sterns die Raumkrümmung der Sonne nachgewiesen und damit Einsteins Theorie bestätigt werden.

Auf Schwarze Löcher bezogen hat die Theorie der Raumkrümmung zur Folge, dass Schwarze Löcher den Raum extrem krümmen, ähnlich einer schweren Metallkugel, die man auf ein Gummituch legt (aber in den drei Raumdimensionen, was man sich leider schlecht vorstellen kann). Ob Schwarze Löcher dabei eine „Singularität" erzeugen und gleichsam ein Loch in den Raum reißen, ist aber mittlerweile umstritten.

Auf extragalaktischem Maßstab kann die Raumkrümmung beobachtet werden. Ihr von Einstein vorhergesagter Nachweis gelang 1979 in Form sogenannter Gravitationslinsen. Darunter versteht man Doppel- und Mehrfachbilder weit entfernter Galaxien oder Quasare, die durch eine große Masse (eine andere Galaxie) im Vordergrund erzeugt werden. Auf seinem Weg zu uns durchquert das Licht des weiter entfernten Objekts den durch die Galaxie gekrümmten Raum, wird dabei wie in einem Fernrohr gebündelt und gleichzeitig in mehrere Bilder desselben Objekts zerlegt. Ein prägnantes Beispiel dafür ist das „Einstein-Kreuz" (Bild unten links).

Das „Einstein-Kreuz": Ein Quasar, dessen Licht von der Galaxie in der Mitte vervierfacht wird.

Gravitationslinse: Ein massereicher Galaxienhaufen verbiegt den Lichtstrahl einer hinter ihm liegenden Galaxie zu zarten Bögen. Die kleine Abb. oben rechts illustriert den Verlauf der Lichtstrahlen.

Auch ganze Galaxienhaufen können als Gravitationslinse dienen (Bild oben), ihre Gesamtmasse verformt das Licht einer hinter dem Haufen liegenden Galaxie zu ausgedehnten, dünnen Bögen. Dadurch kann auf die Gesamtmasse des Galaxienhaufens geschlossen werden.

Die Urknalltheorie

Mit dem neuen 2,5-m-Teleskop auf dem Mt. Wilson (USA) nahm Edwin Hubble auch Spektren von Galaxien auf. Aus der Verschiebung der Spektrallinien schloss Hubble 1929, dass diese Rotverschiebung umso größer wird, je weiter die Galaxie von uns entfernt ist: Mit zunehmender Entfernung rasen die Galaxien immer schneller von uns weg, das Weltall dehnt sich aus.

Der einfache lineare Zusammenhang zwischen Rotverschiebung und Entfernung (doppelte Fluchtgeschwindigkeit bedeutet doppelte Entfernung) wird heute noch zur Distanzbestimmung entfernter Galaxien und Quasare benutzt. Doch Hubble zog nicht den Umkehrschluss, dass sich nämlich das Universum vor langer Zeit in einem einzigen Punkt vereinigt haben muss und seitdem ausdehnt. Diese „Urknalltheorie" wurde erst durch den belgischen Astronom Georges Lemaitre eingeführt – und es dauerte bis zum Jahr 1965, ehe man Beweise dafür beobachten konnte.

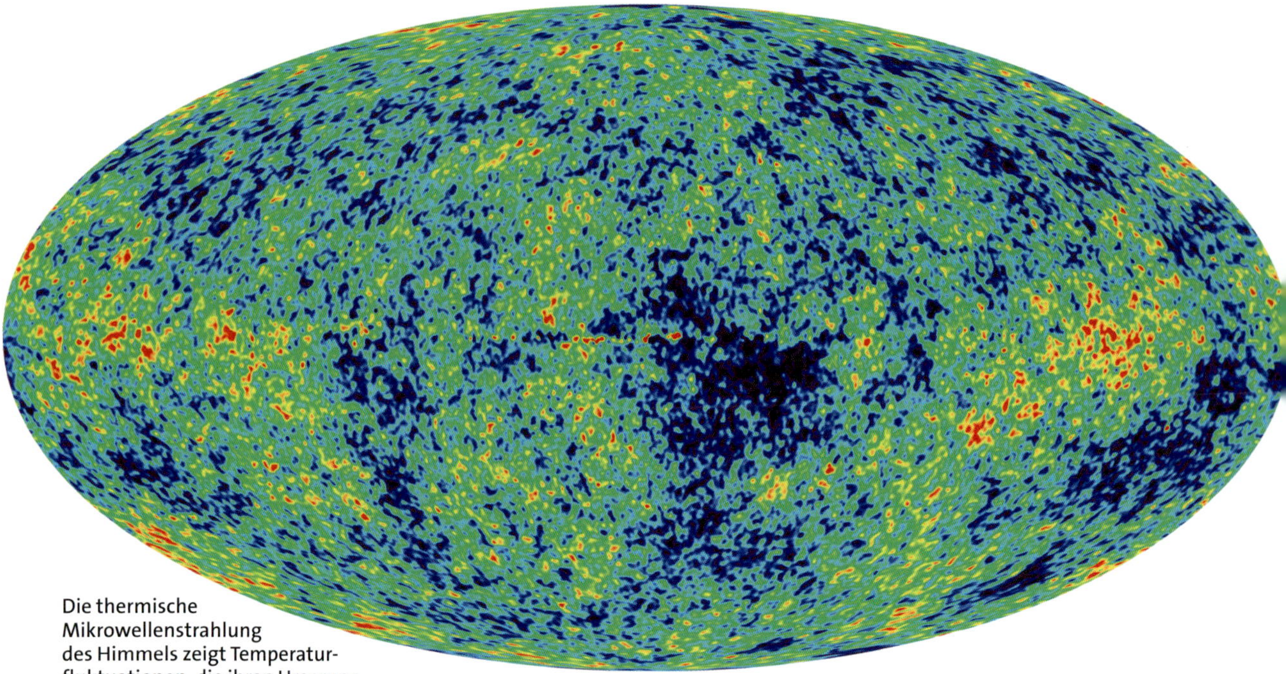

Die thermische Mikrowellenstrahlung des Himmels zeigt Temperaturfluktuationen, die ihren Ursprung vor 13 Milliarden Jahren haben.

Das Echo des Urknalls

Bereits in den 1940er Jahren wies George Gamov auf die Existenz eines „Echos" des Urknalls hin, das man auch heute noch nachweisen könne. Doch blieb es der Zufallsentdeckung der Radiotechniker Arno Penzias und Robert Wilson vorbehalten, 1965 das zarte Flüstern des Urknalls tatsächlich aufzuspüren.

Zunächst vermuteten Penzias und Wilson eine Störung der Antenne, da das scheinbare Störsignal aus allen Richtungen gleichmäßig empfangen wurde. Das Rauschen wurde bei einer Wellenlänge von einem Millimeter nachgewiesen, was einer Temperatur von knapp drei Grad über dem absoluten Nullpunkt entspricht („3K-Hintergrundstrahlung").

Detaillierte Untersuchungen dieser Hintergrundstrahlung durch die Satelliten COBE („Cosmic Background Explorer") und WMAP („Wilkinson Microwave Anisotropy Probe") wiesen nach, dass das Echo des Urknalls nicht völlig gleichmäßig verteilt ist. Auf denen durch die Satellitenmessungen erzeugten Karten des Universums (Bild oben) zeigen sich kleine Schwankungen, die als lokale Dichtefluktuationen rund 400 000 Jahre nach dem Urknall interpretiert werden. Aus ihnen sind die großräumigen Strukturen des Weltalls und später die Galaxien entstanden. Im Jahre 1978 erhielten Penzias und Wilson für ihre Entdeckung den Nobelpreis.

Die beobachtete Hintergrundstrahlung (man hat den Wert inzwischen von drei auf 2,7 K korrigiert) stimmt sehr gut mit der Theorie überein, nach der das Universum vor ca. 14 Milliarden Jahren in einem allgemein als „Urknall" beschriebenen Szenario entstanden ist. Den oft gehörten Begriff „Big Bang" prägte übrigens 1950 der Astronom Fred Hoyle, um die Urknalltheorie zu verunglimpfen, was gründlich misslang.

Geburt und Zukunft des Weltalls

Die Modellrechnungen der Astronomen reichen bis auf Sekundenbruchteile an das Urknallereignis heran. Man darf sich unter dem Urknall aber keine Explosion im be-

Röntgenaufnahmen des Satellitenteleskopes „Chandra" (linkes Bild) zeigen, dass die elliptische Galaxie (rechtes Bild) in einer heißen Gaswolke eingebettet ist, die fast doppelt so groß ist wie sie selbst. Um das Gas an die Galaxie zu binden, ist aber die Gravitationskraft der Sterne allein zu gering. Daher wird dort eine große Menge der mysteriösen dunklen Materie vermutet.

kannten Sinne vorstellen, vielmehr entstanden dadurch auch Raum und Zeit. Seitdem dehnt sich das Universum aus – aber nicht in einen bereits vorhandenen Raum, sondern der Raum selbst vergrößert sich. Was hinter diesem Vorgang verborgen ist, entzieht sich unserem Vorstellungsvermögen.

Auf die superkompakte Verdichtung reiner Energie folgte in Sekundenbruchteilen eine rasende Ausdehnung. Die heute herrschenden Naturkräfte (Gravitation, Kernkraft, elektromagnetische Kraft und schwache Wechselwirkung) entkoppelten sich. Aufgrund einer winzigen Asymmetrie zwischen Quarks und Antiquarks (die uns bekannten Elementarteilchen Proton, Neutron und Elektron sind wiederum aus Quarks aufgebaut) blieb ein kleiner Rest „normaler" Quarks übrig, der in den folgenden drei Minuten zur Bildung der Elementarteilchen führte, aus denen schließlich Wasserstoffkerne (zu 77 %) und Heliumkerne (zu 23 %) entstanden. Andere Elemente waren nach dem Urknall nicht vorhanden, alle schwereren Stoffe sind erst Milliarden Jahre später in den Fusionsöfen der Sterne entstanden.

Mehrere hunderttausend Jahre später kühlte das Universum auf nur einige tausend Grad ab, die freien Elektronen verbanden sich mit den Atomkernen – und das Weltall wurde durchsichtig, die Photonen (Lichtteilchen) hatten jetzt freie Bahn. Aus dieser Zeit stammt auch das heute als kosmische Hintergrundstrahlung empfangene Echo des Urknalls. Bis zur Bildung der ersten Sterne und Galaxien verging rund eine Milliarde Jahre, seitdem sieht das Universum (immerhin schon gut 13 Milliarden Jahre lang) so aus, wie wir es heute kennen.

Wie sich das Weltall in Zukunft entwickeln wird, hängt stark von seiner Gesamtmasse ab, man spricht von der kritischen Dichte. Die derzeit stattfindende Expansion wird durch die darin vorhandenen Sterne und Galaxien abgebremst. Kommt die Ausdehnung irgendwann zum Stillstand? Wird sich das Universum sogar eines Tages wieder zusammenziehen und in einem umgekehrten Urknall, dem „Big Crunch" enden?

Neben der bekannten Materie wurden deutliche Anzeichen für eine bislang nicht direkt nachweisbare „dunkle Materie" gefunden, die die Gesamtmasse des Universums entscheidend mitbestimmt. Dazu kommt noch eine als „Dunkle Energie" bezeichnete Kraft, die das Weltall offenbar immer schneller auseinander treibt.

Die drei jahrelang diskutierten Szenarien – das Weltall stürzt irgendwann wieder in sich zusammen, es dehnt sich bis in alle Ewigkeit mit gleichbleibender Geschwindigkeit aus oder die Beschleunigung nimmt sogar stetig zu – haben in jüngster Zeit das Modell des beschleunigten Universums favorisiert. Demnach können wir davon ausgehen, dass die Fluchtgeschwindigkeit der Galaxien in Zukunft zunehmen wird, ein „Big Crunch" somit weitgehend ausgeschlossen ist.

Das Hubble-Deep-Field

Wo ist das Ende des Universums? Um dieser Frage auf den Grund zu gehen, richteten Forscher das Hubble-Teleskop tagelang auf einen kleinen Fleck im Sternbild Großer Bär. Dort sind kaum störende Sterne unserer eigenen Milchstraße vorhanden, die den Blick in den tiefen Weltraum trüben könnten. Das Ergebnis begeisterte die Astronomen: Überall sind auch in riesiger Entfernung Galaxien „ohne Ende" zu sehen. Je weiter sie weg sind, desto rötlicher erscheinen sie auf der Aufnahme. Hubbles Blick in die Frühzeit des Universums reicht fast 13 Milliarden Jahre weit zurück. Zwischenzeitlich wurde das Experiment an einer anderen Stelle des Himmels wiederholt – mit dem gleichen überzeugenden Ergebnis (siehe auch Seite 90–91).

Supernovae als kosmische Meilensteine

Auf die Spur des beschleunigten Universums kam man durch Beobachtung weit entfernter Sternexplosionen, den Supernovae vom Typ Ia. Sie dienen den Astronomen als „Standardkerzen", man geht davon aus, dass ihre wahre Helligkeit immer gleich ist. So kann durch Messung der scheinbaren Helligkeit die Entfernung der Supernova bestimmt werden, die man auch noch in sehr weit entfernten Galaxien beobachten kann. Im Jahre 1998 veröffentlichten gleich zwei Forscherteams umfangreiche Untersuchungen dieser Supernovae. Demnach ist das von Hubble gefundene Verhältnis zwischen Rotverschiebung und Fluchtgeschwindigkeit nicht für alle Zeiten konstant. Mit zunehmender Entfernung nimmt die Fluchtgeschwindigkeit überproportional zu, das Weltall dehnt sich dort zunehmend schneller aus.

Schon Albert Einstein hatte in seine Gleichungen einen Term eingebaut, den er aber später als seine „größte Eselei" bezeichnete und wieder aus den Gleichungen strich. Doch wie es jetzt ausschaut, hatte Einstein doch recht, und heute wird der Wert dieses Lambda-Terms heiß diskutiert, entscheidet er doch darüber, was in ferner Zukunft mit unserem Universum geschehen wird.

Himmels-
beobachtung

Ein Blick zum Nachthimmel

Am Himmel gibt es viel zu entdecken – den Mond und die Sterne, helle Planeten und den bekannte Himmelswagen. Als künstliche Erdmonde ziehen Satelliten ihre Bahn, und wer Glück hat, sieht sogar eine Sternschnuppe. Nach Sonnenuntergang startet das beste Fernsehprogramm!

Wenn sich nach einem Tag mit strahlend blauem Himmel die Sonne abends dem Horizont zuneigt, können wir einen wunderschönen Sonnenuntergang bestaunen. Der Himmel über unseren Köpfen leuchtet immer noch blau, aber in Richtung Sonne sind nun viele Farbtöne über grün, gelb, orange und rot zu sehen. Die Sonne selbst leuchtet glutrot, denn ihr Licht durchdringt jetzt die dicken Luftschichten der Erde. Hat man freie Sicht auf den Horizont, dann kann man den Sonnenuntergang in voller Länge genießen. Dabei ist die Sonne einige Minuten vorher eigentlich schon untergegangen, ihr Licht aber wird von der Erdatmosphäre noch über den Horizont gehoben.

Wenn es Nacht wird

Auf den Sonnenuntergang folgt die Dämmerung, es wird zunehmend dunkler, bis schließlich die Nacht hereinbricht. Die Dämmerung wird in drei Phasen eingeteilt, je nachdem, wie weit die Sonne schon unter den Horizont gesunken ist.

Als erstes macht sich der Mond bemerkbar. Er sieht besonders nett aus, wenn seine Sichel noch schmal und die eigentlich dunkle Seite sogar leicht aufgehellt ist. Diese Erscheinung nennt man das „aschgraue Mondlicht" – denn für den Mond ist jetzt fast „Vollerde", und wir sehen die vom Erdlicht angestrahlte Nachtseite des Mondes.

Manchmal ist für einige Wochen auch der Abendstern zu sehen. Beim hellsten aller Planeten handelt es sich um Venus, die strahlender als alle Sterne leuchtet und daher bereits in der Abenddämmerung zu finden ist. Den Zeitraum, bis auch die ersten Sterne am Himmel aufleuchten, nennt man bürgerliche Dämmerung.

Einige Zeit später, in der nautischen Dämmerungsphase, tauchen die Sterne auf und die ersten Sternbilder werden sichtbar. Besonders in Sommernächten sieht man nun recht schnell vorüberziehende Lichtpunkte – es

Der zunehmende Mond neben dem hellen Planeten Venus am Abendhimmel. Durch die lange Belichtungszeit zeigt der Mond auch sein aschfahles Licht.

Der Große Wagen ist das bekannteste Sternbild und in jeder klaren Nacht am Himmel zu finden.

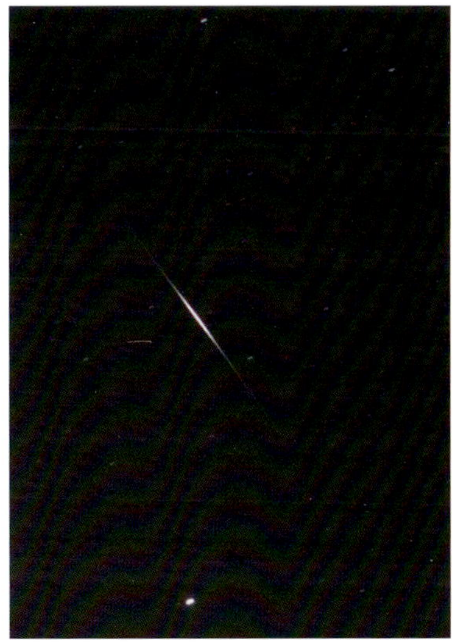

Manche Satelliten blitzen für wenige Sekunden besonders hell auf.

sind Satelliten, die in großer Höhe noch von der Sonne angestrahlt werden, während es auf der Erde bereits Nacht ist.

Bis es vollständig dunkel wird, muss die Sonne mindestens 18 Grad unter den Horizont gesunken sein; an die nautische schließt sich die astronomische Dämmerung an. Dann ist es Nacht, und der Himmel von funkelnden Sternen übersät.

Sterne und Sternbilder

Preisfrage im Kosmosquiz: Wie viele Sterne kann man nachts sehen: 3000, 30 000 oder 300 000? Wer schon einmal versucht hat, sich am Nachthimmel zu orientieren, wird schnell den größten Wert annehmen. Und doch sind es nur rund 3000 Sterne, die man mit bloßem Auge am Himmel zählen kann. Wer fix ist, schafft das in weniger als einer Stunde.

Sieben Sterne sind bestens bekannt, sie bilden das Sternbild Großer Wagen, das man in jeder klaren Nacht am Himmel sehen kann. Andere Sternbilder sind dagegen immer nur zu einer bestimmten Jahreszeit sichtbar, der Orion etwa ist ein typisches Wintersternbild, der Schwan ein Sommersternbild. Auch in einer Nacht verändert sich der Anblick des Sternenhimmels mit der Zeit. Abends sind andere Sternbilder zu sehen als um Mitternacht oder morgens vor Sonnenaufgang. Zur gleichen Uhrzeit beobachtet, rückt der Sternenhimmel jeden Monat um zwei Stunden vor, bis er nach einem Jahr (zwölf Monaten) wieder genau gleich aussieht. Um hier nicht den Überblick zu verlieren, braucht man eine für den jeweiligen Monat passende Sternkarte.

Wie die Sternkarten benutzt werden

Auf den Seiten 121–143 sind zwölf Sternkarten für jeden Monat des Jahres abgebildet. Sie gelten für den Abendhimmel um 23 Uhr (bei Sommerzeit um 24 Uhr) und zeigen die Sternbilder in Südrichtung. Wer früher oder später beobachten möchte, kann einfach die Sternkarte eines anderen Monats benutzen – zur schnellen Übersicht ist die richtige Kombination aus Datum und Uhrzeit (bei Sommerzeit immer eine Stunde zur Kartenzeit addieren!) neben jeder Sternkarte angegeben.

Eine kleine Karte zeigt zusätzlich den aktuellen Himmelsanblick nach Norden. Dort ist der Große Wagen zu sehen, mit dessen Hilfe man den Polarstern findet und damit die Nordrichtung erkennt. Eine halbe Umdrehung um die eigene Achse, schon blickt man nach Süden und kann die Sternbilder beobachten.

Alles dreht sich am Sternenhimmel

Die Himmelsbeobachtung ist sehr abwechslungsreich, jeden Abend sieht der Nachthimmel etwas anders aus. Wer nur gelegentlich die Sterne beobachtet, hat immer viel Neues zu entdecken – andere Sternbilder sind aufgetaucht, vielleicht auch ein Planet. Das Himmelskarussell dreht sich beständig – Astronomie wird niemals langweilig!

Als Himmelsbeobachter hat man den gleichen Eindruck von Erde und Firmament wie unsere Vorfahren. Die Erde um uns herum sieht wie eine flache Scheibe aus, über der sich das Himmelsgewölbe befindet. Von einer runden Erdkugel oder den Tiefen des Weltraums ist nichts zu erkennen.

Es ist nicht weiter verblüffend, dass sich dieses Modell der Welt so lange gehalten hat, denn der Lauf von Sonne, Mond, Planeten und Sternen ist mehreren Einflüssen unterworfen, die zusammen ein etwas verwickeltes Bild der himmlischen Drehungen ergeben.

Die Drehung des Himmels

Wer sich abends zum Beispiel die Position des Sternbildes Orion relativ zu einem Haus oder Baum anschaut, wird einige Stunden später feststellen, dass der Orion ein gutes Stück nach rechts gewandert ist. Was man hier beobachtet, ist die Rotation der Erde, die sich in knapp 24 Stunden einmal um ihre Achse dreht (siehe auch Kasten rechts).

Deutlich sichtbar wird die Erddrehung auf lange belichteten Fotoaufnahmen des Himmelspols (das kann jeder mit seiner eigenen Kamera ausprobieren): Alle Sterne ziehen in Kreisen um einen Punkt, in dessen Nähe sich der Polarstern befindet (auch er macht einen kleinen Kreis). Je weiter die Sterne vom Pol entfernt sind, desto länger werden ihre Strichspuren.

Wiederholt man das gleiche Experiment mit Blick zum Südhorizont (Bild links), so sind dort zwar Sternstriche, aber keine Kreise mehr zu erkennen: Die Sterne ziehen hier in langen Bögen über den Himmel, sie gehen im

In der Nähe des Himmelsäquators (Sternbild Orion) beschreiben die Sterne aufgrund der Erddrehung fast gerade Linien.

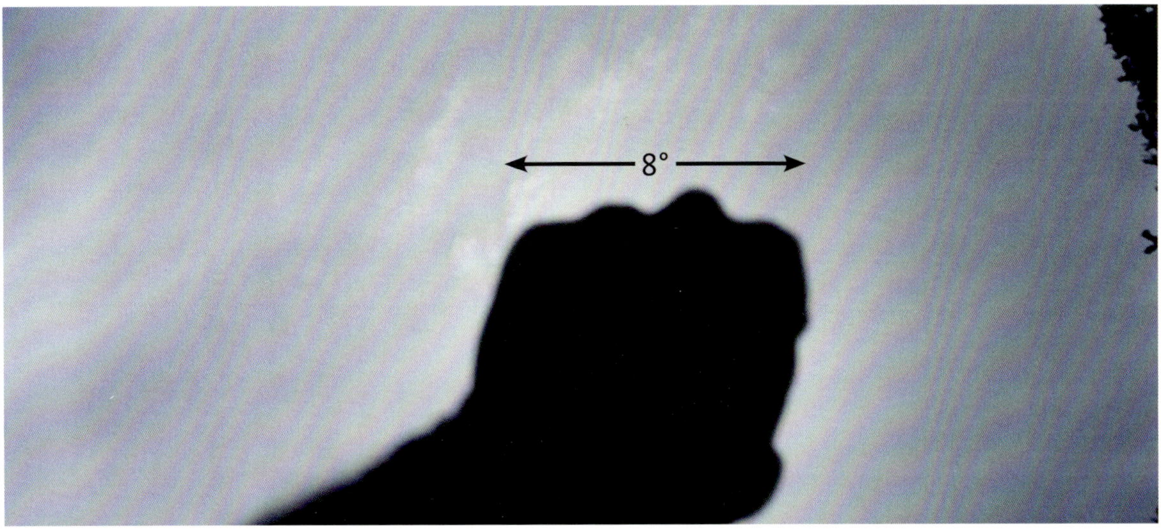

Mit der ausgestreckten Faust (oder einzelnen Fingern) kann man Winkelabstände am Himmel „über den Daumen peilen".

Osten auf, erreichen im Südpunkt (dem Meridian) ihren höchsten Stand am Himmel und gehen im Westen wieder unter.

Winkelmessung am Himmel

Die Strecke von einem Stern zum anderen, seine Höhe über dem Horizont oder der Abstand eines Planeten vom Mond – die (scheinbaren) Entfernungen am Himmel werden in Winkelgrad angegeben. So liest man in astronomischen Jahrbüchern, in Zeitschriften oder im Internet oft Angaben wie „Der Komet steht 10° westlich des Sterns Rigel im Orion", oder „Mond und Venus begegnen sich um 18 Uhr in nur 2° Abstand". Um diese Abstände am Himmel erkennen zu können, braucht man kein kompliziertes Messinstrument – die eigene Hand genügt.

Peilt man mit ausgestrecktem Arm über seine Hand, dann deckt schon ein Finger rund zwei Grad am Himmel ab. Versuchen Sie es beim Mond, er ist nur ein halbes Grad groß, man kann ihn bequem mit einem Finger abdecken! Die zusammengeballte Faust misst am Himmel bereits gut acht Grad, so ausgedehnt ist zum Beispiel der Kasten des Sternbildes Großer Wagen. Mit gespreizten Fingern erreicht man sogar 20 Grad am Himmel, so viel wie das Sternbild Orion hoch ist.

Eine ganze Himmelsumdrehung (ein Vollkreis) misst 360°, für Abstände kleiner als ein Grad (z. B. für Doppelsterne, Galaxien oder kleine Nebel) verwendet man Bogenminuten und Bogensekunden: Einem Grad entsprechen 60 Bogenminuten (60'), einer Bogenminute 60 Bogensekunden (60"). Das Auflösungsvermögen des Auges beträgt etwas mehr als eine Bogenminute, kleinere Objekte nimmt man nurmehr als Punkt am Himmel wahr. Teleskope können noch Objekte trennen, die nur wenige Bogensekunden voneinander entfernt sind. Eine sehr exakte Entfernungsangabe würde man als 3°15'24" schreiben.

Sonnenzeit und Sternzeit

Für eine Drehung um ihre eigene Achse benötigt die Erde 23^h56^m – für uns dauert ein Tag aber 24^h. Diese Differenz von vier Minuten entsteht durch die gleichzeitige Reise der Erde um die Sonne. Nach einem Tag steht ein Fixstern vier Minuten früher an der gleichen Position des Himmels wie die Sonne. In der Astronomie wird daher die sogenannte Sternzeit verwendet, die sich einzig auf die Rotation der Erde bezieht und die Stellung der Sternbilder relativ zum Beobachter angibt. Unsere Armbanduhr zeigt dagegen Sonnenzeit an. Zu Herbstanfang (um den 21. September) sind Sonnen- und Sternzeit fast identisch, ansonsten liegen ihre Werte weit auseinander.

Positionen und Koordinatensysteme

Wenn man am Nachthimmel ein unbekanntes Objekt gesehen hat (besonders der helle Planet Venus wird gerne für ein Ufo gehalten) und jemandem davon berichten möchte, dann muss man die Position dieses Objekts beschreiben.

Angaben wie „über dem Nachbarhaus" sind wenig hilfreich, wenn der andere dieses Haus gerade nicht zur Hand hat. Besser wäre zu sagen: „Der helle Stern stand drei Handbreit über dem Horizont ungefähr in Richtung des Sonnenuntergangs." Etwas wissenschaftlicher ausgedrückt, würde diese Angabe „25 Grad hoch in Richtung Südsüdwest" lauten. Die Kombination von Höhe und Himmelsrichtung wird „azimutales Koordinatensystem" genannt (besser wäre „altazimutales", denn das Azimut bezeichnet nur die Himmelsrichtung).

Koordinaten im **Azimutsystem** setzen sich aus zwei Werten zusammen, der Höhe des Objekts über dem Horizont und seiner Himmelsrichtung. Beide Werte werden in Winkelgrad angegeben, wobei man die Himmelsrichtung, das Azimut, von Norden (0°) über Osten (90°), Süden (180°) und Westen (270°) zählt. Nach einer ganzen Umdrehung von 360° ist man wieder im Norden angekommen. Da sich der Sternenhimmel aber dreht, muss man seine Beobachtung um die Angabe der Uhrzeit ergänzen, ebenso um die Angabe des Beobachtungsortes, denn zum Beispiel um 22 Uhr stehen über Frankfurt andere Sterne am Himmel als über Johannesburg oder der Kanareninsel Teneriffa.

Um Himmelspositionen unabhängig von Ort und Zeit des Beobachters angeben zu können, benutzt man in der Astronomie das **Äquatorsystem**. Man kann sich darunter die an den Himmel projizierten Erdkoordinaten Länge und Breite vorstellen, die in der Astronomie Rektaszension und Deklination genannt werden.

Mit der Deklination gibt man die Entfernung des Objekts vom Himmelsäquator (0° Deklination) an, nach Norden positiv, nach Süden negativ gezählt. Der Große Wagen steht ungefähr bei +55°, der Stern Rigel im Orion bei −10° Deklination.

Für die Rektaszension hat man als Nullpunkt (also das „himmlische Greenwich") den sogenannten Frühlingspunkt gewählt. An dieser Stelle des Himmels kreuzen sich die Bahnen von Sonne und Himmelsäquator im Frühjahr; steht die Sonne im Frühlingspunkt, dann beginnt offiziell der Frühling. Die Rektaszension wird in Stunden, Minuten und Sekunden angegeben und vom Frühlingspunkt aus nach Osten von 0^h bis 24^h gezählt. Der oben genannte Stern Rigel im Orion hat die Rektaszension 5^h15^m, der Große Wagen tummelt sich zwischen 10^h30^m und 14^h Rektaszension.

Eine vollständige Positionsangabe im äquatorialen Koordinatensystem, z. B. für den Planetarischen Nebel M 97 im Großen Wagen, lautet also $11^h14^m45^s$ / +55°02'10".

Aufgrund einer langsamen, aber dennoch messbaren Taumelbewegung der Erdachse verschiebt sich der Frühlingspunkt und damit der Nullpunkt der äquatorialen Koordinaten. Astronomische Koordinaten werden daher streng genommen für ein bestimmtes Jahr angegeben, die sogenannte Epoche. Himmelsbeobachter und Hobby-Astronomen merken dies aber nur daran, dass alle 50 Jahre die Sternkarten aktualisiert werden und können diesen als „Präzession" bezeichneten Effekt ansonsten vernachlässigen.

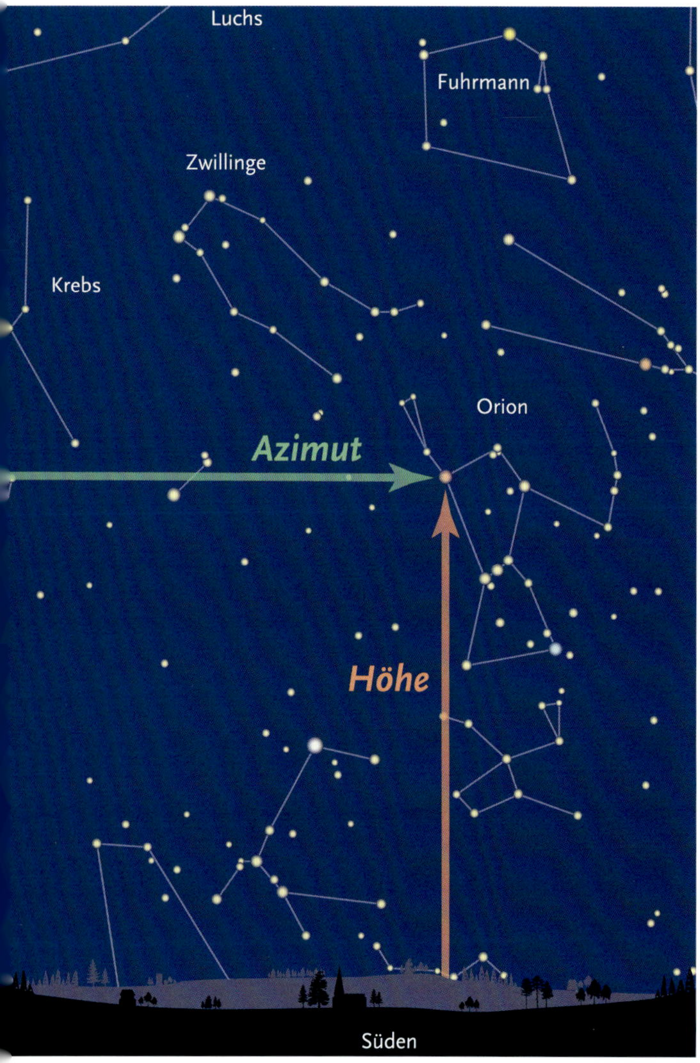

Positionsangaben im Azimutsystem werden durch die Koordinaten Azimut (Himmelsrichtung) und Höhe (über dem Horizont) ausgedrückt.

Die Wanderung der Sonne

Die Erde umrundet in einem Jahr die Sonne, das Zentralgestirn des Planetensystems. Genau genommen dauert ein Umlauf 365,25 Tage, daher muss im Schnitt alle vier Jahre ein Schalttag in unseren Kalender eingefügt werden.

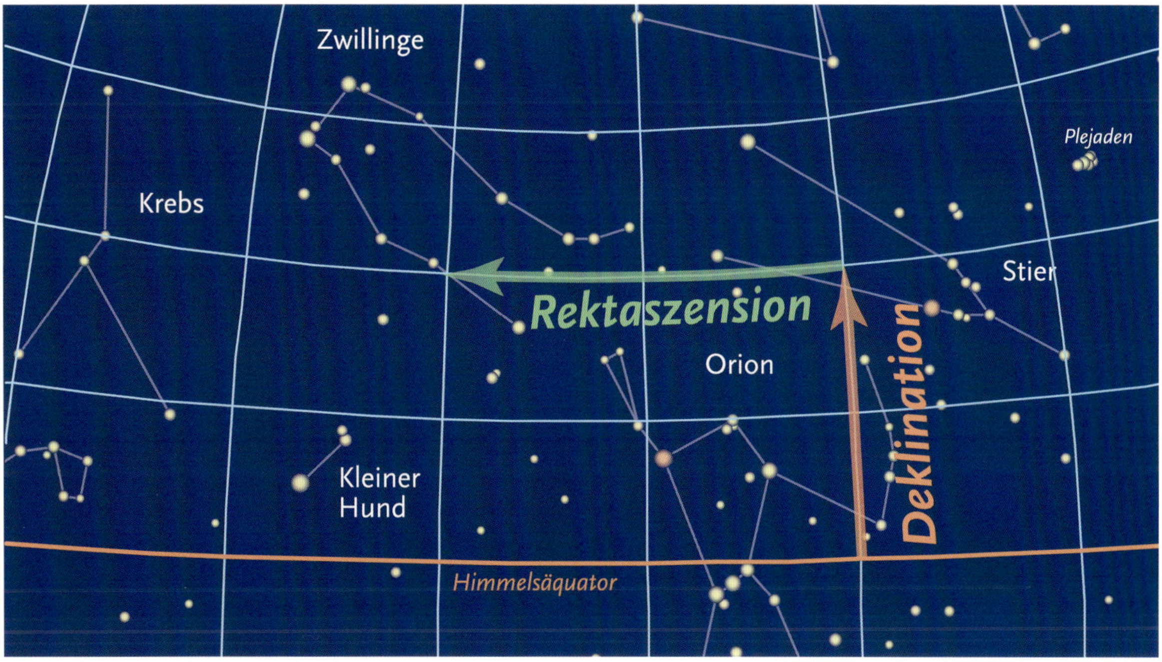

Im äquatorialen Koordinatensystem ist der Himmel mit einem Koordinatengitter überzogen. Die Deklination gibt den „Breitengrad" eines Himmelsobjekts an, die Rektaszension dessen „Längengrad".

Von der Erde aus betrachtet zieht die Sonne ihre Bahn vor den Sternen, die dann unsichtbar neben ihr am Taghimmel stehen. Die scheinbare Sonnenbahn wird „Ekliptik" genannt, in ihrer Nähe halten sich auch Mond und Planeten auf. Der Mond oder die Planeten können daher niemals weitab der Ekliptik, etwa im Sternbild Großer Bär, gesehen werden.

An der Ekliptik reihen sich die zwölf Tierkreissternbilder, deren Namen gleichlautend mit den Sternzeichen der Horoskope sind: Fische, Widder, Stier, Zwillinge, Krebs, Löwe, Jungfrau, Waage, Skorpion, Schütze, Steinbock und Wassermann. Um Mitternacht ist immer das der Sonne genau gegenüber stehende Tierkreissternbild zu sehen, im Februar etwa (die Sonne steht im Steinbock) der Löwe, im Mai (die Sonne befindet sich im Stier) zwischen Schütze und Skorpion (siehe Abb. rechts). Mit der Stellung der Sonne ändert sich auch der Anblick des Nachthimmels, je nach Jahreszeit sind andere Sterne und Sternbilder zu sehen.

Tierkreissternbilder und Tierkreiszeichen sind namens-, aber am Himmel nicht deckungsgleich. Steht die Sonne zum Beispiel im Tierkreissternbild Schütze, dann befindet sie sich gleichzeitig im Tierkreiszeichen Steinbock. Der Grund hierfür ist die oben beschriebene Taumelbewegung der Erdachse, die Präzession. Als vor einigen tausend Jahren die Tierkreiszeichen festgelegt wurden, waren sie noch identisch mit den am Himmel sichtbaren Sternbildern, heute sind sie gut ein Sternbild gegeneinander verschoben.

Ob und inwieweit dies die Genauigkeit von Horoskopen beeinflusst (Astrologen benutzen heute noch die ursprüngliche Stellung der Sternbilder), ist allerdings nicht bekannt.

Im Laufe eines Jahres durchwandert die Sonne die zwölf Sternbilder des Tierkreises.

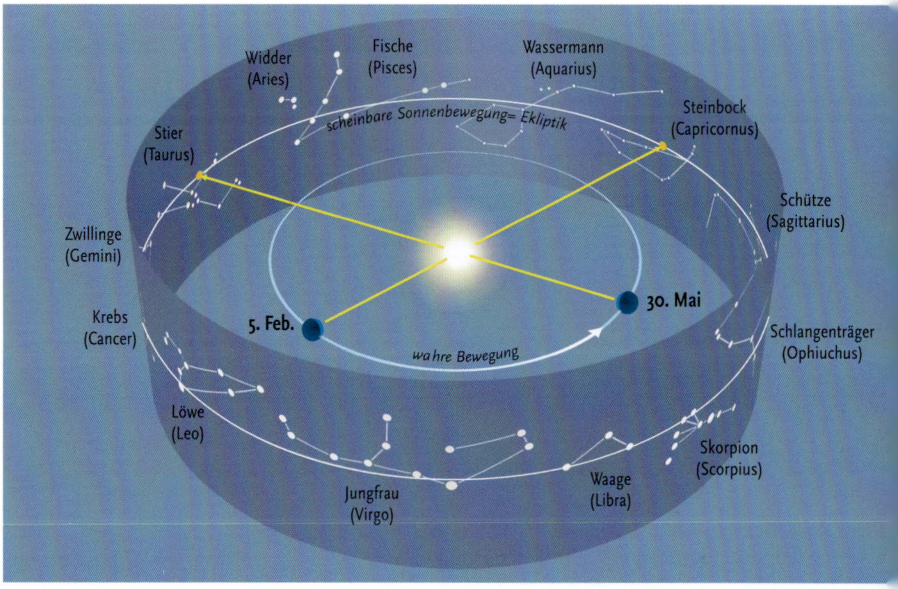

Die Wandelsterne Mond und Planeten

Vor dem Hintergrund der Fixsterne bewegen sich der Mond und die Planeten. Den Mond sieht man am besten, wenn Vollmond ist, und auch für die Sichtbarkeiten der Planeten gibt es gute und schlechte Zeiten. Besonders die inneren Planeten verstecken sich oft neben der Sonne.

Der Lauf des Mondes und seine Phasen

Etwa einmal im Monat ist Vollmond. Dann geht der Mond bei Sonnenuntergang auf, ist die ganze Nacht über als leuchtende Scheibe am Himmel zu sehen und geht bei Sonnenaufgang wieder unter. Er zeigt uns dabei immer das gleiche Gesicht, in dem man einen Hasen oder den „Mann im Mond" sehen kann. Die exakte Zeitspanne von Vollmond zu Vollmond beträgt 29,5 Tage, sein Termin verschiebt sich daher von Monat zu Monat um ein bis zwei Tage.

In den Tagen nach Vollmond geht der Mond abends immer später auf, seine Sichel wird schmaler, bis er nach ca. zwei Wochen als Neumond unsichtbar am Taghimmel steht. Einige Tage später taucht der Mond wieder in der Abenddämmerung auf, zuerst als schmale Sichel, die in den nächsten sieben Tagen den halben Mond umfasst, und nach einer weiteren Woche ist wieder Vollmond. Der zunehmende Mond ist immer von rechts beleuchtet, der abnehmende immer von links.

Für einen Umlauf um die Erde benötigt der Mond dagegen nur 27,3 Tage. Steht er heute im Sternbild Löwe, dann wird er dies nach 27,3 Tagen wieder tun. Die Zeitdifferenz zwischen Mondphase und Mondumlauf entsteht durch den gleichzeitigen Umlauf der Erde um die Sonne; sie rückt in den vier Wochen auch ein Stück weiter, so dass es etwas länger dauert, bis wieder die gleichen Beleuchtungsverhältnisse herrschen. Die Mondphasen entstehen übrigens nicht etwa dadurch, dass ein Teil des Mondes vom Schatten der Erde abgedunkelt wird (denn dann spräche man von einer Mondfinsternis, siehe Seite 116). Genau wie die Erde, so wird auch der Mond immer auf einer Seite von der Sonne angestrahlt, auf der anderen Mondhälfte ist Nacht. Je nach Blickwinkel kann man nur einen mehr oder weniger großen Teil

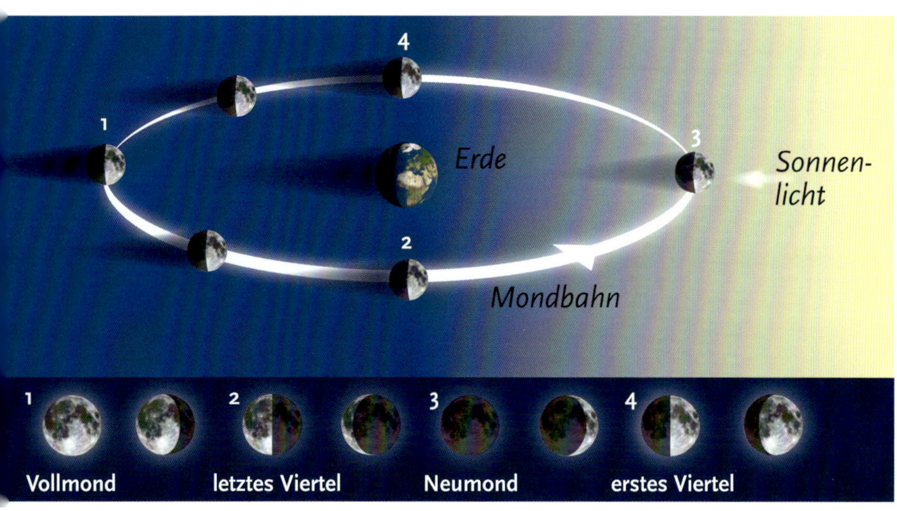

Alle 29,5 Tage ist Vollmond. Der Mond steht dann genau gegenüber der Sonne (1). Eine Woche später findet man den Halbmond am Morgenhimmel (2). Steht der Mond zwischen Sonne und Erde, ist Neumond (3). Danach taucht er wieder am Abendhimmel auf, und eine knappe Woche danach ist erstes Viertel (4).

der Mondtagseite sehen, so dass er uns als Sichel erscheint. Nur bei Vollmond, wenn Sonne, Erde und Mond hintereinander aufgereiht sind, schauen wir auf die ganze, von der Sonne beleuchtete Tagseite des Mondes. Für eine Drehung um seine eigene Achse benötigt der Mond exakt die gleiche Zeit wie für einen Umlauf um die Erde – er zeigt uns daher immer die gleiche Seite, man spricht von der „gebundenen Rotation", die durch die wechselseitigen Gezeitenkräfte von Erde und Mond entstanden ist.

Am Himmel folgt auch der Mond der scheinbaren Sonnenbahn, der Ekliptik, und durchwandert daher die Sternbilder des Tierkreises. Da die Mondbahn aber um ca. 5° gegen die Erdbahn geneigt ist, kann der Mond mal ober- und mal unterhalb der Ekliptik stehen. Aus diesem Grund kommt es auch nicht bei jedem Vollmond zu einer Mond- oder bei jedem Neumond zu einer Sonnenfinsternis.

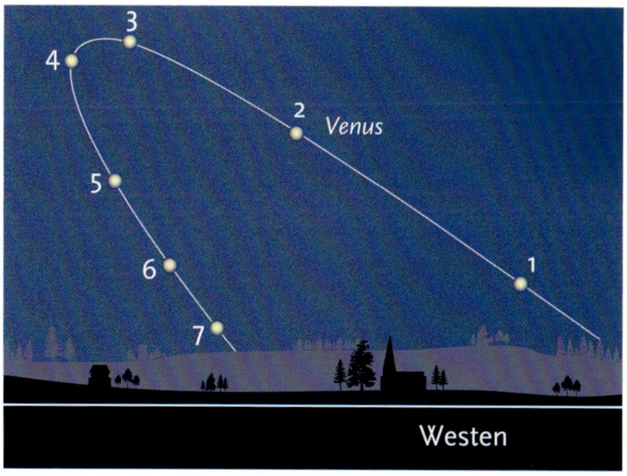

Eine Abendsichtbarkeit von Venus. Im Laufe von Wochen nimmt ihr Abstand zur Sonne zu, Venus erreicht die größte Elongation und läuft wieder auf die Sonne zu.

Merkur und Venus – die inneren Planeten

Die beiden sonnennahen Planeten Merkur und Venus sind immer nur in der Abend- oder Morgendämmerung zu sehen. Venus leuchtet dann als heller Abend- oder Morgenstern oft wochenlang am Himmel, Merkur hingegen ist eine echte Herausforderung.

Der kleine **Merkur** wird nicht umsonst der „flinke Planet" genannt, und man muss ihm am Himmel gewissermaßen hinterherjagen. Da er der Sonne recht nahe steht, kann sich Merkur am irdischen Himmel nur bis zu 28° (etwas mehr als eine ausgestreckte Hand mit gespreizten Fingern) von der Sonne entfernen. Theoretisch wäre es dann bereits stockfinstere Nacht, da aber die Bahnen von Sonne und Merkur schräg zum Horizont verlaufen, ist der Himmel noch von der Dämmerung aufgehellt. Man muss also genau wissen, wann und wo man mit Aussicht auf Erfolg auf „Merkurjagd" gehen kann. Ein zweiter Aspekt kommt hinzu: Die Merkurbahn weicht deutlich von der Kreisform ab, oft beträgt sein maximaler Winkelabstand von der Sonne nur knapp 20°. Für Mitteleuropa sind besonders die Abendsichtbarkeiten im Frühjahr und die Morgensichtbarkeiten im Herbst dazu geeignet, Merkur zu sehen. Beobachter weiter südlich oder in den Tropen haben es da besser, hier steht Merkur höher am Himmel, da seine Tagesbahn steiler zum Horizont verläuft. Den maximalen Winkelabstand zur Sonne bezeichnet man als größte östliche oder westliche Elongation, je nachdem, ob Merkur links oder rechts von der Sonne steht und damit am Abend- oder Morgenhimmel zu sehen ist.

Meist sind es nur einige Tage, an denen man Merkur gut sehen kann. Wenn dann das Wetter mitspielt, taucht in der Dämmerung ein heller Lichtpunkt auf, den man mit dem Fernglas oft besser findet, so lange der Himmel noch zu stark aufgehellt ist. Um Merkur zu beobachten, schlägt man am besten in einem astronomischen Jahrbuch wie dem *Kosmos Himmelsjahr* nach. Die besten Sichtbarkeiten der kommenden Jahre sind auch in der Tabelle unten angegeben.

Unser innerer Nachbarplanet **Venus** ist dagegen sehr einfach zu sehen. Venus ist der klassische Morgen- oder Abendstern, sie leuchtet dann heller als alle Sterne und ist nach Sonne und Mond das dritthellste Objekt am Himmel.

Gute Zeiten zur Planetenbeobachtung: Merkur und Venus

Merkur abends	Merkur morgens	Venus abends	Venus morgens
12. Juni 2013	18. November 2013	November 2013	–
25. Mai 2014	1. November 2014	–	März 2014
7. Mai 2015	16. Oktober 2015	Juni 2015	Oktober 2015
18. April 2016	28. September 2016	–	–
1. April 2017	12. September 2017	Januar 2017	Juni 2017
15. März 2018	6. November 2018	August 2018	–
27. Februar 2019	28. November 2019	–	Januar 2019
10. Februar 2020	10. November 2020	März 2020	August 2020

Abb. 1: Konjunktion eines inneren und eines äußeren Planeten mit dem Mond.

Abb. 2: (O) Opposition und (Q) Quadratur eines äußeren Planeten.

Abb. 3: (K1) obere und (K2) untere Konjunktion eines inneren Planeten, sowie (ÖE) östliche und (WE) westliche Elongation.

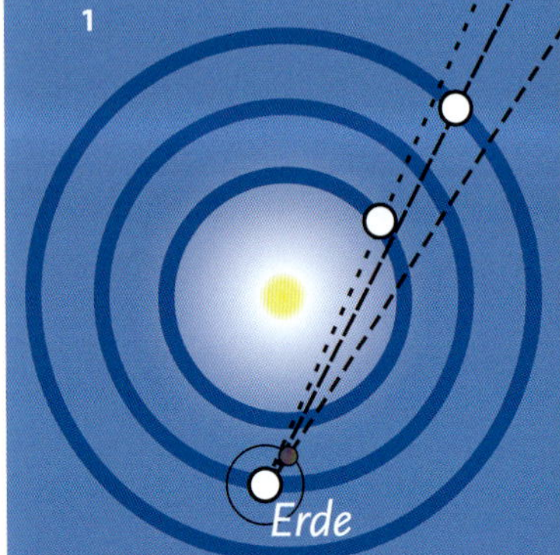

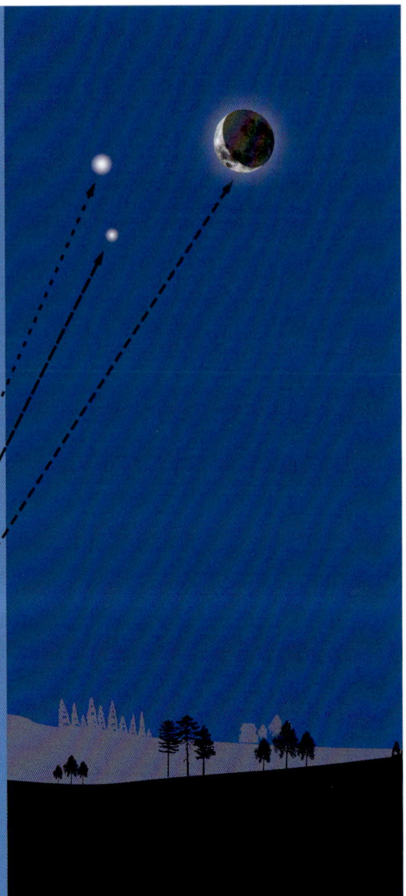

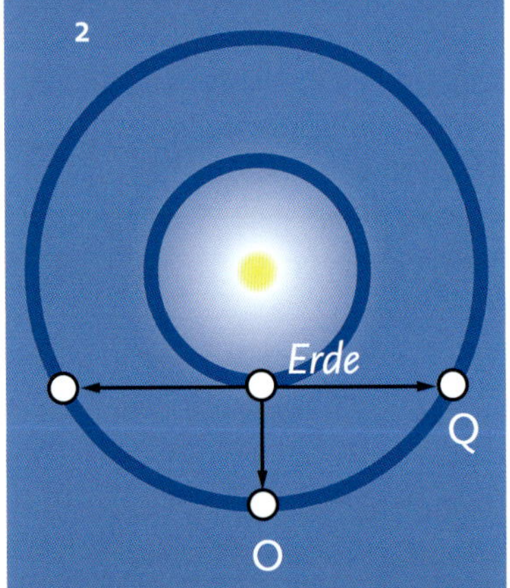

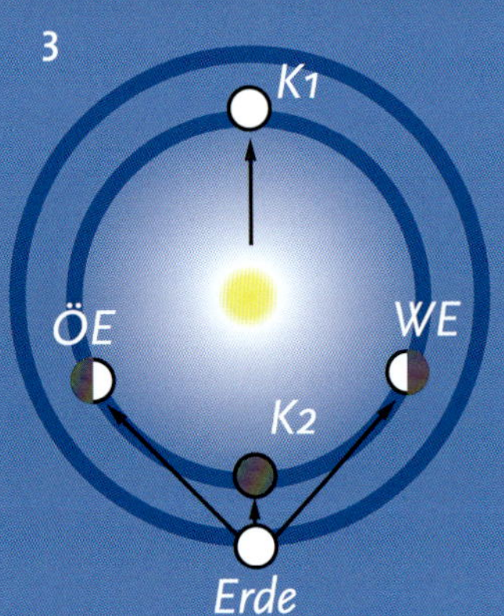

Venus ist weiter als Merkur von der Sonne entfernt, ihre Bahn um das Zentralgestirn entsprechend größer und damit auch ihr Abstand zur Sonne (ihre größte Elongation) am irdischen Himmel. Mit knapp 50° kann sie sich doppelt so weit von der Sonne entfernen wie Merkur und ist im Idealfall sogar stundenlang am Abend- oder Morgenhimmel zu sehen. Der helle Planet zeigt im Teleskop deutliche Phasen wie der Mond, um den Zeitpunkt der maximalen Elongation tritt die Phase „Halbvenus" ein, danach eilt der innere Planet wieder der Sonne entgegen. Bei einer östlichen Elongation (Venus am Abendhimmel) steuert Venus anschließend ihren Bahnpunkt zwischen Erde und Sonne an, die Phasen nehmen ab, die Venussichel wird dünner (und wegen der Nähe des Planeten immer größer), bis nach einigen Wochen „Neuvenus" eintritt, was man als „untere Konjunktion" bezeichnet.

Nach einer Morgensichtbarkeit (die Venus steht westlich der Sonne am Osthorizont) wird die Venuskugel dagegen immer voller und kleiner, da sich der Planet von der Erde entfernt und auf seine Phase „Vollvenus" zusteuert, was freilich unbeobachtbar am Taghimmel stattfindet. Venus ist bei maximaler Helligkeit so strahlend, dass man sie sogar mit bloßem Auge am Taghimmel sehen kann – vorausgesetzt, man hat einen blauen, wolkenfreien Himmel und weiß, wo man zu suchen hat.

Mars, Jupiter & Co. – die äußeren Planeten

Ab dem Mars sind alle Planeten weiter von der Sonne entfernt als die Erde. Wie der Vollmond können sie daher der Sonne am Himmel genau gegenüber stehen, diese Stellung nennt man „Opposition". Der Planet geht dann bei Sonnenuntergang im Osten auf, ist die ganze Nacht über zu sehen und geht bei Sonnenauf-

Planetenbeobachtung: Mars bis Saturn

Jahr	Mars	Jupiter	Saturn
2013	–	Dezember (Zwillinge)	April (Waage)
2014	April (Jungfrau)	Januar (Zwillinge)	Mai (Waage)
2015	–	Februar (Krebs)	Mai (Waage)
2016	Mai (Skorpion)	März (Löwe)	Mai (Schlangenträger)
2017	–	April (Jungfrau)	Juni (Schlangenträger)
2018	Juli (Steinbock)	Mai (Waage)	Juni (Schütze)
2019	–	Juni (Schlangenträger)	Juli (Schütze)
2020	Oktober (Fische)	Juli (Schütze)	Juli (Schütze)

gang im Westen wieder unter. Um Mitternacht erreicht er seine Höchststellung am Himmel, ist zur Oppositionszeit am hellsten und der Erde besonders nah, also im Teleskop am größten.

Der rote Planet **Mars** ist der äußere Nachbarplanet der Erde und tanzt etwas aus der Reihe. Alle Planeten jenseits von Mars erreichen jedes Jahr ihre Oppositionsstellung, Mars hingegen nur alle zwei Jahre. Grund für diese Verzögerung ist die Kombination der Umlaufzeiten von Mars und Erde: Während die Erde innerhalb eines Jahres die Sonne umrundet, braucht Mars knapp doppelt so lange. Steht Mars heute in Opposition, so hat die Erde nach einem Jahr wieder den gleichen Platz auf ihrer Bahn um die Sonne erreicht, Mars aber erst eine halbe Runde absolviert – der rote Planet steht mit der Sonne unsichtbar am Taghimmel. Nach einem weiteren Jahr hat auch Mars seine Runde beendet und ist wieder am Nachthimmel zu sehen. Leider ist nicht jede Marsopposition gleich gut zur Beobachtung des Planeten geeignet. Die Marsbahn weicht deutlich von der Kreisform ab, sein Abstand zur Erde während der Oppositionszeit (Sonne, Erde und Mars stehen in einer Linie) schwankt erheblich. Im Idealfall kann Mars der Erde bis auf 56 Mio. Kilometer nahe kommen, wenn Opposition und Sonnennähe des Planeten zusammenfallen. Diese Stellung trat im August 2003 ein, als Mars und Erde für mehrere tausend Jahre ihren geringsten Abstand erreichten. Dann wuchs der Oppositionsabstand zusehends, bis er im März 2012 seinen Maximalwert von etwas über 100 Mio. Kilometer erreichte. 2018 wird uns Mars wieder recht nahe stehen.

Je nach Entfernung erreicht Mars Helligkeiten von -1^m bis knapp -3^m, er ist daher immer sehr hell und leicht am Himmel als rötlicher, ruhig leuchtender Lichtpunkt zu sehen. Mit dem Fernglas kann man auf Mars keine Einzelheiten erkennen, aber mit einem (kleinen) Fernrohr.

Alle anderen Planeten, also Jupiter, Saturn, Uranus, Neptun und Pluto, bewegen sich so langsam um die Sonne, dass sie jedes Jahr von der Erde eingeholt werden und ihre Oppositionsstellung erreichen.

Der Riesenplanet **Jupiter** schreitet von Jahr zu Jahr ein Tierkreissternbild nach dem anderen ab. Steht er in einem Jahr im Löwen, so wird man ihn im nächsten Jahr in der Jungfrau und dann in der Waage finden. Somit verschiebt sich auch die Oppositionszeit jedes Jahr um ca. einen Monat nach vorne. Jupiter leuchtet immer sehr hell, nach Venus ist er der hellste Planet am Himmel (ausgenommen Mars befindet sich in Erdnähe, dann ist der rote Planet etwas heller). Schon mit dem Fernglas kann man um Jupiter die hellsten vier Monde sehen, ein Teleskop zeigt die Wolkenstreifen des Gasplaneten.

Der Ringplanet **Saturn** umläuft die Sonne noch langsamer als Jupiter, er legt daher von Jahr zu Jahr nur ein kleineres Stück am Himmel zurück. Wer ihn einmal gefunden hat, wird Saturn auch im nächsten Jahr wieder in

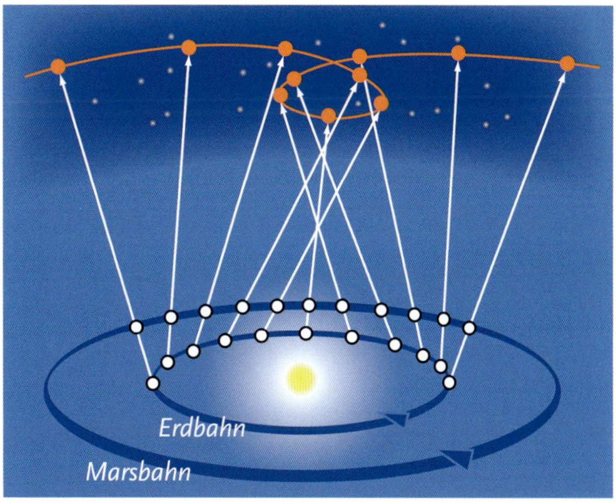

Die äußeren Planeten ziehen am irdischen Himmel während ihrer Opposition eine Schleife, da sie von der Erde auf der Innenbahn überholt werden.

der gleichen Himmelsgegend aufspüren können. Saturn ist lichtschwächer als Jupiter (aber immer noch so hell wie helle Sterne) und leuchtet mit goldenem Licht. Um seinen berühmten Ring zu sehen, braucht man zumindest ein kleines Teleskop mit 50-facher Vergrößerung.

Uranus und **Neptun** kriechen förmlich durch die Sternbilder, ihre Positionen ändern sich von Jahr zu Jahr nur wenig. Da sie aber deutlich lichtschwächer sind – ein Fernglas braucht man schon –, empfiehlt sich für diese Planeten eine Aufsuchkarte, wie man sie in einem Jahrbuch findet.

Pluto, der bekannteste Zwergplanet, ist so lichtschwach, dass man ein großes Teleskop (ab 30 cm Objektivdurchmesser) zu seiner Beobachtung benötigt.

Die Planetenschleifen

Wer den Lauf eines äußeren Planeten wie Mars, Jupiter oder Saturn relativ zu den Sternen über einige Wochen verfolgt, wird eine merkwürdige Beobachtung machen. Normalerweise bewegen sich die Planeten relativ zu den Sternen nach links, also in Richtung Osten. Einige Zeit vor der Opposition bremst der Planet aber seinen Lauf ab, tritt für mehrere Tage fast auf der Stelle und kehrt seine Richtung dann sogar um. Dieses Schauspiel wiederholt sich nach der Opposition, der Planet wird wieder langsamer, bleibt stehen und legt dann gleichsam wieder den Vorwärtsgang ein, um seinen normalen Lauf unter den Sternen fortzusetzen.

Am Himmel zeichnet der Planet dabei eine Schleife, die man „Oppositionsschleife" nennt. In Wirklichkeit hat der Planet seinen Lauf um die Sonne natürlich nicht geändert, was man hier beobachtet, ist ein kosmisches Überholmanöver. Die schnellere Erde zieht dabei auf der Innenbahn am (langsameren) äußeren Planeten vorbei und überholt ihn. In der Projektion malt der äußere Planet daher eine Schleife an den Nachthimmel.

Mond- und Sonnenfinsternisse

Finsternisse der Himmelskörper zählen zu den beeindruckendsten Schauspielen, die uns die Natur zu bieten hat. Besonders totale Sonnenfinsternisse haben die Menschen früher in Angst und Schrecken versetzt. Und auch heute nehmen manche Enthusiasten weite Reisen auf sich, um diesem seltenen Ereignis beiwohnen zu können.

Dabei sind Sonnenfinsternisse eigentlich recht häufige Ereignisse, in jedem Jahr sind meist mehrere zu beobachten. Leider wirft der Mond aber nur einen schmalen Schatten auf die Erde, so dass für einen speziellen Ort besonders die begehrten totalen Sonnenfinsternisse wahre Jahrhundertereignisse sind. Kein Wunder, dass sich am 11. August 1999 die Menschenmassen im süddeutschen Raum versammelten, denn hier war die erste totale Sonnenfinsternis seit dem 19. August 1887 zu bestaunen! Und bis zur nächsten auf deutschem Boden wird man bis zum 3. September 2081 warten müssen.

Der Mond tritt in den Erdschatten ein und verdunkelt sich. Die Erdatmosphäre streut das Sonnenlicht und sorgt so für eine rote Mondkugel.

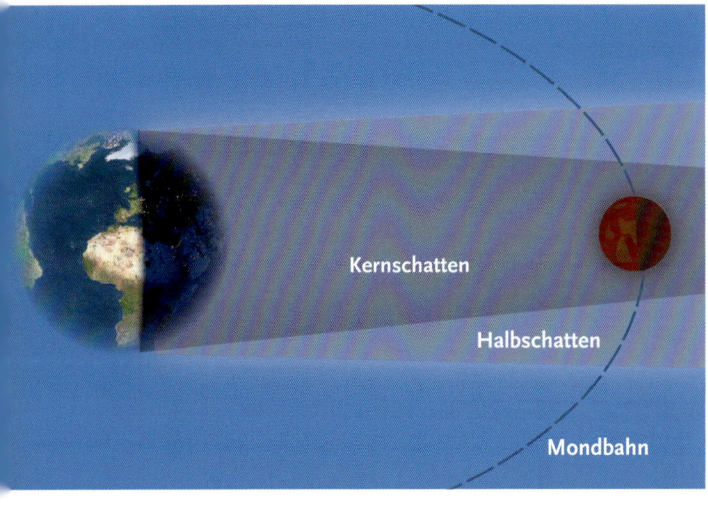

Mondfinsternisse sind streng genommen seltener. Da sie aber immer von der ganzen, dem Mond zugewandten Erdkugel aus zu sehen sind, treten sie in der Praxis sehr viel häufiger auf, manchmal sind sogar gleich zwei in einem Jahr zu beobachten.

Wie eine Mondfinsternis entsteht

Alle 29,5 Tage ist Vollmond, so berichtet es jeder gute Kalender. Bei Vollmond steht der Mond der Sonne genau gegenüber und ist die ganze Nacht über am Himmel zu sehen. Ganz exakt in einer Linie befinden sich Sonne, Erde und Mond aber nicht, denn sonst könnten wir bei jedem Vollmond eine Mondfinsternis beobachten. Da die Mondbahn um gut fünf Grad (drei Finger einer ausgestreckten Hand) gegen die Erdbahn geneigt ist, zieht der Mond in den meisten Fällen ober- oder unterhalb des Erdschattens vorbei.

Die Schnittpunkte zwischen den Bahnen von Sonne und Mond am Himmel bezeichnet man als Knoten; im aufsteigenden Knoten überquert der Mond die Ekliptik nach Norden, im absteigenden Knoten tritt er unter sie. Nur dann, wenn der Mond in der Nähe eines Knotens steht und gleichzeitig Vollmond ist, tritt eine Mondfinsternis ein. Je nach Abstand des Mondes zum Knoten ist die Finsternis total (die ganze Mondscheibe wandert durch den Kernschatten der Erde) oder partiell (der Mond tritt nur zum Teil in den Schatten der Erde ein).

Außerdem gibt es noch sogenannte Halbschattenfinsternisse, wenn der Mond knapp am Kernschatten vorbeischrammt und nur in den noch vom Sonnenlicht aufge-

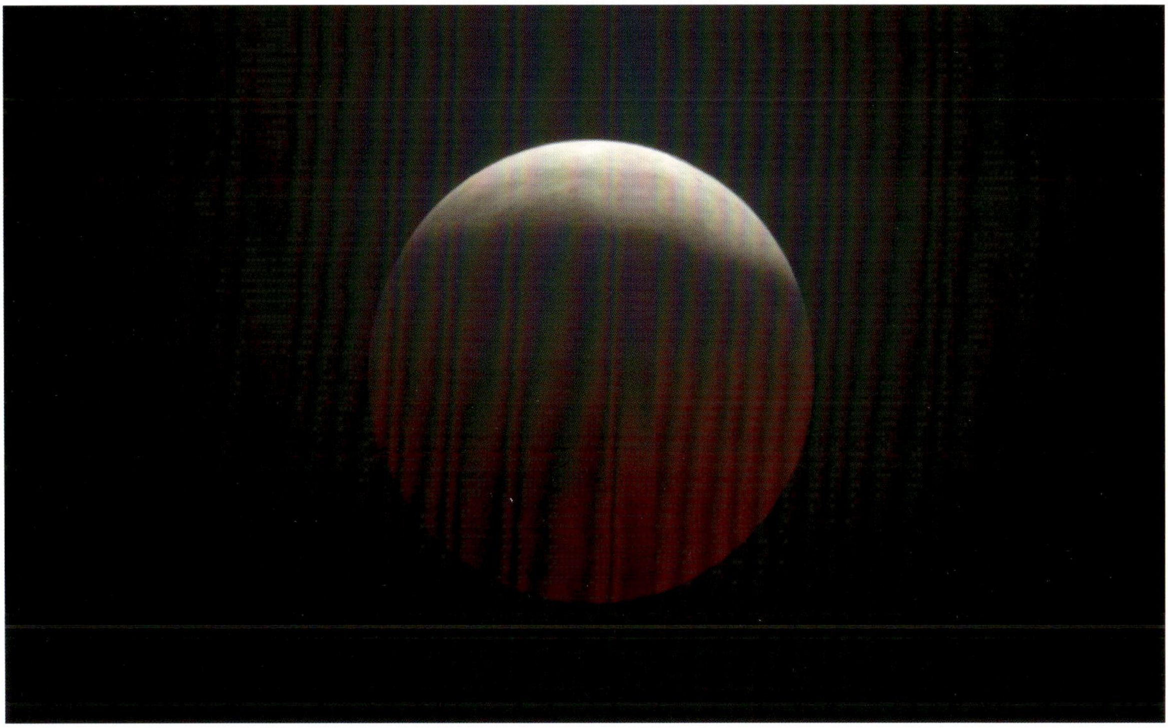

Bei einer totalen Mondfinsternis verfärbt sich der Mond rot.

hellten Teil des Erdschattens eindringt. Diese Finsternisse sind aber so unauffällig, dass man sie eigentlich nicht wahrnehmen kann.

Mondfinsternisse beobachten

Wann eine Mondfinsternis stattfindet, kann man in den schon mehrfach erwähnten astronomischen Jahrbüchern oder Zeitschriften nachschlagen. Eine Übersicht der nächsten Jahre fasst die Tabelle unten zusammen.

Im Gegensatz zu der nur einige Minuten dauernden totalen Sonnenfinsternis ist eine totale Mondfinsternis ein eher entspanntes Ereignis. Im Idealfall, wenn der Mond exakt durch die Mitte des Erdschattens läuft, kann die Totalität fast zwei Stunden dauern, und vom Eintritt des Mondes in den Erdschatten bis zu seinem Austritt vergehen über drei Stunden. Der Idealfall tritt selten ein, doch mit einer guten Stunde Totalität kann man bei fast jeder totalen Mondfinsternis rechnen.

Der Eintritt des Mondes in den Halbschatten der Erde ist so gut wie unsichtbar und nur von sehr erfahrenen Beobachtern überhaupt festzustellen. In der Praxis beginnt die Finsternis mit dem Eintritt des Mondes in den Kernschatten, dem „1. Kontakt". Wenn sich die Mondscheibe völlig in den Kernschatten geschoben hat, spricht man vom 2. Kontakt, beim Berühren des äußeren Schattenrandes vom 3. Kontakt und beim vollständigen Verlassen des Kernschattens vom 4. Kontakt.

Während der Totalität ist der Mond keinesfalls vollkommen unsichtbar, sonst wäre eine Mondfinsternis auch recht langweilig. Vielmehr leuchtet der Mond jetzt glutrot und hängt wie ein dunkelroter Lampion am Himmel. Das rote Licht stammt von der Sonne und wird von der Erdatmosphäre in den Kernschatten der Erde gelenkt. Aus dem gleichen Grund versinkt die Sonne bei Sonnenuntergang als roter Feuerball unter dem Horizont. Zum Rand des Kernschattens hin erscheint der Mond heller, was besonders bei der Beobachtung mit einem Fernglas oder Teleskop auffällt – ein unvergesslicher Anblick, wenn der Mond vor den Sternen schwebt.

Die Mondfinsternisse der nächsten Jahre

Datum	Art der Finsternis	Beginn (MEZ)	Mitte (MEZ)	Ende (MEZ)	Größe der Finsternis
25. Apr 2013	partiell	20:51	21:07	21:23	0,08
28. Sep 2015	total	02:06	03:47	05:27	1,28
27. Jul 2018	total	19:24	21:22	23:19	1,61
21. Jan 2019	total	04:33	06:12	07:51	1,20
16. Jul 2019	partiell	21:01	22:31	24:00	0,66
16. Mai 2022	total	03:28	05:11	06:55	1,41
28. Okt 2023	partiell	20:35	21:14	21:53	0,12

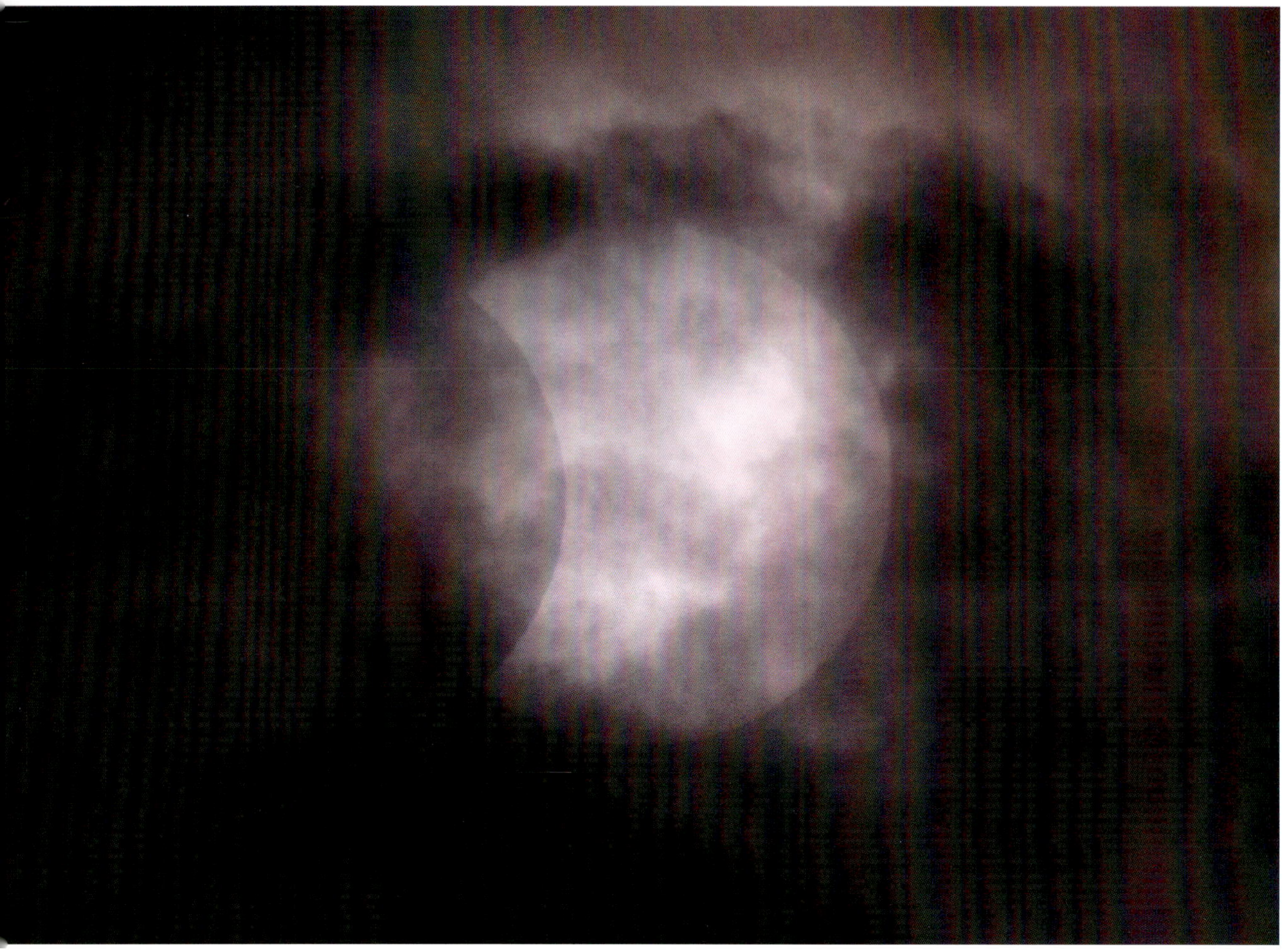

Bei der partiellen Sonnenfinsternis am 4. Januar 2011 trübten Wolken den Blick zum Tagesgestirn.

Wie eine Sonnenfinsternis entsteht

Bei einer Sonnenfinsternis wird die leuchtende Sonnenscheibe vom Mond verdunkelt. Dies kann nur bei Neumond geschehen, wenn sich der Mond außerdem am Ort einer seiner Knoten (den Schnittpunkten zwischen Ekliptik und Mondbahn) befindet.

Rein zufällig haben Mond und Sonne am irdischen Himmel fast exakt den gleichen Durchmesser (ein halbes Winkelgrad oder 30 Bogenminuten). Zieht der Mond genau zwischen Sonne und Erde vorbei, so wirft er einen kleinen Schatten auf die Erdkugel, der selbst im besten Fall nur 270 km breit ist. Da sich die Erde dreht und der Mond sich bewegt, wandert dieser Schatten in einem langen Streifen über die Erdkugel, der sogenannten Finsternislinie. Außerhalb der Finsternislinie kann der Mond die Sonne nicht mehr vollständig abdecken, Beobachter sehen eine partielle Sonnenfinsternis.

Bei einer totalen Sonnenfinsternis erscheint um die dunkle Scheibe des Neumonds die Sonnenkorona. Früher dachte man, es handele sich dabei um die Atmosphäre des Mondes, heute ist klar, dass die Korona zur Sonne gehört.

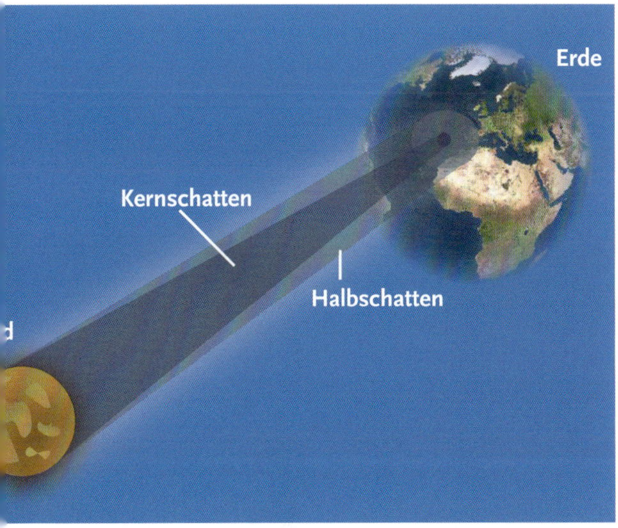

Nur im kleinen Gebiet des Kernschattens ist eine totale Sonnenfinsternis zu sehen, außerhalb davon erscheint sie partiell.

Der Kernschatten der Sonnenfinsternis überstreicht einen schmalen Pfad, hier bei der Finsternis vom 3. 10. 05.

Eine totale Sonnenfinsternis kann im besten Fall 7,5 Minuten dauern, aber dieser Maximalwert wird selten erreicht. Vor allem die elliptische Mondbahn verursacht, dass der Mond mal etwas größer und mal etwas kleiner am Himmel erscheint. Im ungünstigsten Fall kommt es sogar nur zu einer ringförmigen Sonnenfinsternis, wenn der Mond zwar exakt über die Sonnenscheibe hinwegzieht, aber zu weit von der Erde entfernt ist, um die Sonne auch vollständig abdecken zu können. Ein Ereignis dieser Art trat am 3. Oktober 2005 ein, als der Mondschatten quer über Spanien, das Mittelmeer und Nordafrika wanderte (Abb. oben.)

Sonnenfinsternisse beobachten

Wer eine totale Sonnenfinsternis beobachten möchte, muss eine weite Reise auf sich nehmen. Es gibt mittlerweile zahlreiche Reiseveranstalter, die sich auf Sonnenfinsternis-Expeditionen spezialisiert haben. Wer sich dafür interessiert, dem sei der Blick auf Seite 173 oder ins Internet empfohlen.

Für uns Beobachter in Deutschland, Österreich und der Schweiz sind alle Finsternisse der kommenden Jahre nur partiell zu sehen. Erst am 3. September 2081 findet wieder eine totale Sonnenfinsternis statt, die man von hier aus sehen kann.

Eine totale Sonnenfinsternis ist ein dramatisches Ereignis. Während der partiellen Phase nimmt man die Finsternis kaum wahr, allenfalls mit einer Sonnenfinsternisbrille kann man sehen, dass sich der Mond Stück für Stück vor die Sonnenscheibe schiebt. Wer sich auf freiem Feld befindet, wird kurz vor der Totalität den Mondschatten auf sich zurasen sehen. Und dann ist es so weit: Die Sonne ist vollständig vom Mond bedeckt, auf der Erde herrscht ein fahles Dämmerlicht. Um den Mondrand züngeln kleine Sonnenflammen, die Protuberanzen, und weit um den schwarzen Mond erstreckt sich die Sonnenkorona, das schwache Leuchten der äußeren Sonnenhülle. Die hellen Sterne und Planeten werden sichtbar, Tierstimmen verstummen, und die Welt ist für einige Minuten in Schweigen gehüllt.

Die Sonnenfinsternisse der nächsten Jahre

Datum	Art der Finsternis	Beginn (MEZ)	Mitte (MEZ)	Ende (MEZ)	Bedeckungsgrad
20. Mrz 2015	partiell	08:24	09:17	10:42	77 %
10. Jun 2021	partiell	10:26	11:25	12:27	79 %
25. Okt 2022	partiell	10:11	11:09	12:10	34 %
29. Mrz 2025	partiell	11:22	12:11	13:00	28 %
12. Aug 2026	partiell	18:20	19:13	19:44	90%
2. Aug 2027	partiell	09:08	10:09	11:12	55 %
26. Jan 2028	partiell	16:40	17:04	17:04	31 %

Genauso schlagartig, wie die Finsternis beginnt, endet sie nach wenigen Minuten wieder. Kaum hat der Mond einen klitzekleinen Teil der Sonne wieder verlassen, strahlt auch schon das gleißende Licht unseres Sterns auf uns herab, der Spuk ist vorüber. Wer einmal eine totale Sonnenfinsternis miterlebt hat, gerät in ihren Bann, und manche Hobbyastronomen opfern ihre letzten Ersparnisse, um die nächste Totalität an einem fernen Ort miterleben zu können.

Januar

Im Januar entfaltet der Wintersternhimmel seine ganze Pracht. Dann sind besonders viele sehr helle Sterne zu sehen. Besonders das Sternbild Orion glänzt im Süden. Auch der Vollmond und zu dieser Jahreszeit sichtbare Planeten stehen dann hoch am Himmel.

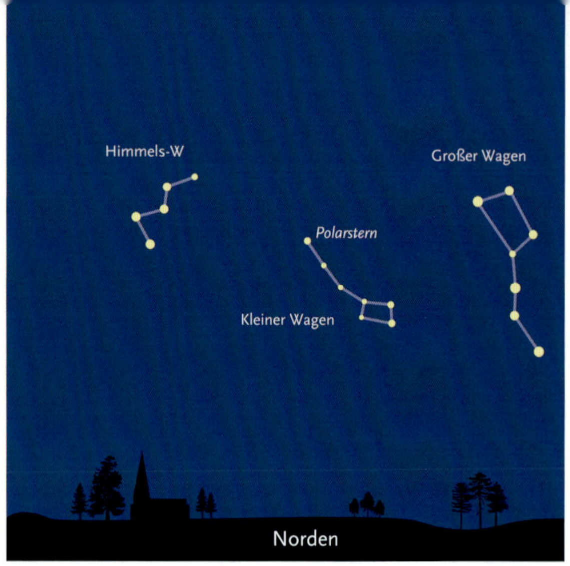

OKTOBER	NOVEMBER	DEZEMBER	JANUAR	FEBRUAR	MÄRZ	APRIL
05:00	03:00	01:00	23:00	21:00	19:00	17:00

Der Wintersternhimmel gilt als der prachtvollste des ganzen Jahres. Jetzt funkeln die wirklich hellen Sterne am Himmel. Besonders auffällig ist das Sternbild Orion, der Himmelsjäger. Hier sieht man auch einen farbigen Stern: Beteigeuze, der linke „Schulterstern", leuchtet auffallend rötlich.

Schräg unterhalb des Orion funkelt Sirius, der hellste Stern des gesamten Himmels. Sirius ist der Hauptstern des Sternbildes Großer Hund, der den Jäger Orion begleitet. Etwas unscheinbar, unterhalb von Orion und neben dem Großen Hund, kauert das Sternbild Hase.

Die hellsten Sterne in Südrichtung bilden eine große Figur, die als Wintersechseck bekannt ist. Das Wintersechseck setzt sich zusammen aus (im Uhrzeigersinn) der gelblichen Kapella im Fuhrmann, dem rötlichen Aldebaran im Stier, dem blau leuchtenden Rigel im Orion, Sirius im Großen Hund, Prokyon im Kleinen Hund und Pollux in den Zwillingen.

Oberhalb von Pollux findet man Kastor, den zweiten Hauptstern der Zwillinge. Durch Stier, Zwillinge und anschließend den Krebs zieht sich die scheinbare Bahn von Sonne, Mond und Planeten. Der Vollmond steht daher im Winter immer besonders hoch am Himmel.

Um den hellgelben Stern Kapella und das ganze Sternbild Fuhrmann zu sehen, muss man jetzt steil nach oben schauen. Der Fuhrmann steht fast im Zenit und sieht auf den ersten Blick wie ein Sechseck aus, aber sein unterer Stern gehört bereits zum Sternbild Stier und bildet dort das obere der beiden Stierhörner.

Der Orion-Nebel

Unterhalb der drei Gürtelsterne des Sternbilds Orion fällt bereits mit bloßem Auge ein nebliger Fleck auf. Ein Fernglas zeigt ihn besser, und im Fernrohr kann man einzelne Nebelteile erkennen, wenn auch nicht so farbig wie auf dem Bild links. Der Orion-Nebel ist eine riesige Wolke aus interstellarem Wasserstoff, die durch heiße Sterne zum Leuchten angeregt wird. Hier entstehen neue Sterne – und wahrscheinlich auch neue Planetensysteme.

Das Sternbild des Monats: der Orion

Der Orion ist das bekannteste und auffälligste Wintersternbild. Es besteht aus sieben Hauptsternen, vier davon bilden die Schultern und Füße, drei davon den Gürtel des Himmelsjägers. Durch den rechten Gürtelstern verläuft der Himmelsäquator, die virtuelle Trennlinie zwischen dem Nord- und Südsternhimmel.

Der Name Orion stammt aus der griechischen Sagenwelt. Hier trat der Jäger prahlerisch auf, was die Götter erzürnte. Sie entsandten einen Skorpion, der Orion mit einem Stich tötete. Beide wurden der Sage nach anschließend an den Himmel versetzt, so dass sie sich nie wieder begegnen können: Orion ist nur im Winter sichtbar, der Skorpion im Sommer.

Für Astronomen ist der Himmel rund um den Orion eine Fundgrube. Lang belichtete Aufnahmen zeigen überall rot leuchtendes Wasserstoffgas, das stellenweise von Dunkelwolken verdeckt wird. Der hellste Teil der interstellaren Wolken leuchtet im „Schwertgehänge" des Himmelsjägers, unterhalb der drei Gürtelsterne. Hier kann man in einer dunklen klaren Nacht bereits mit einem Fernglas den berühmten Orion-Nebel sehen, allerdings farblos (siehe Kasten links).

Luchs
Kapella
Perseus
Fuhrmann
Kastor
Zwillinge
Pollux
Plejaden
Krebs
Krippe
Stier
Wintersechseck
Aldebaran
Orion
Beteigeuze
Kleiner Hund
Prokyon
Einhorn
Orion-Nebel
Rigel
Sirius
Eridanus
Hase
Großer Hund
Taube
Süden

Februar

Der Februar bildet den Übergang zwischen dem Winter- und Frühlingssternhimmel. Die hellen Wintersternbilder stehen abends bereits im Westen, im Osten tauchen die Frühlingssternbilder auf. Der Blick nach Süden geht knapp am Band der Milchstraße vorbei.

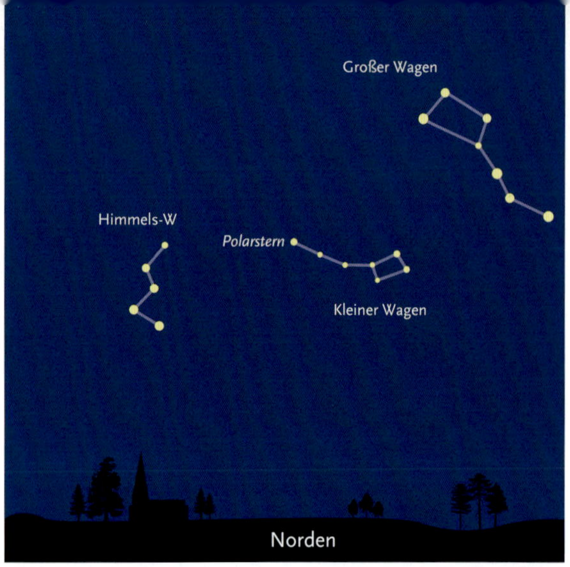

NOVEMBER	DEZEMBER	JANUAR	FEBRUAR	MÄRZ	APRIL	MAI
05:00	03:00	01:00	23:00	21:00	19:00	17:00

Auf der Sternkarte rechts ist das Wintersechseck nicht mehr vollständig zu sehen; wer zu früherer Stunde als 23 Uhr beobachtet, sollte daher die Januar-Sternkarte benutzen (siehe Tabelle oben).

Etwas rechts (westlich) der Südrichtung sind aber noch die hellen Sterne Sirius im Großen Hund (der hellste Stern des ganzen Himmels), Prokyon im Kleinen Hund, Pollux und Kastor in den Zwillingen sowie Kapella im Fuhrmann zu sehen. Die rötliche Beteigeuze im Orion ist ebenfalls ein sehr heller Stern, aber nicht Teil des Wintersechsecks.

Im Bereich dieser hellen Sterne kann man die Wintermilchstraße sehen, hier blickt man direkt in die Scheibe unserer Galaxis. Etwas links (östlich) der Milchstraße beginnt ein Himmelsabschnitt, der kaum helle Sterne aufweisen kann. Hier geht der Blick „über den Tellerrand" der galaktischen Scheibe in den fernen Weltraum hinaus.

Im Süden findet man jetzt das Tierkreissternbild Krebs, meistens sieht man aber zuerst den Sternhaufen Krippe anstelle des Sternbilds (siehe Kasten unten). An den Krebs schließt sich der Löwe an, dessen hellster Stern Regulus bald im Süden stehen wird. Unterhalb von Krebs und Löwe schlängelt sich die Wasserschlange. Ihr hellster Stern, Alphard, heißt auf deutsch „der Alleinstehende" – eine zutreffende Beschreibung.

Blickt man nach Norden (kleine Karte rechts oben), findet man hoch am Himmel den Großen Wagen. Er wird im Frühjahr seine Höchststellung im Zenit erreichen, das Himmels-W dagegen hinabsinken.

Die Krippe – ein Sternhaufen

Mitten im unscheinbaren Sternbild Krebs befindet sich der Offene Sternhaufen Krippe, auch Praesepe genannt. Oft sieht man die Krippe besser als das sie umgebende Sternbild. Was mit bloßem Auge wie ein Nebelfleck aussieht, stellt sich beim Blick durch Fernglas oder Fernrohr als eine Ansammlung vieler Sterne dar: ein Sternhaufen. Das Objekt mit der Katalogbezeichnung M 44 steht uns mit 580 Lichtjahren recht nahe, daher ist die Krippe so hell.

Das Sternbild des Monats: die Zwillinge

Die Zwillinge sind ein großes und auffälliges Tierkreissternbild. Die Form des Sternbildes erinnert an einen langen Kasten, an dessen linkem Ende die beiden Hauptsterne Kastor und Pollux auffallen. Kastor ist der obere der beiden, Pollux der untere. Nach der griechischen Mythologie sind die Zwillingsbrüder Söhne von Zeus und Leda, aber nur Pollux konnte die Unsterblichkeit für sich in Anspruch nehmen. Als sein geliebter Bruder Kastor im Kampf fiel, bat Pollux seinen Göttervater darum, Kastor ebenfalls in den Olymp aufzunehmen. Zeus aber lehnte ab, und so verbringt Pollux seine Zeit je zur Hälfte im Olymp und in der Welt der Toten bei seinem Bruder Kastor. Der Stern Pollux ist etwas heller als Kastor und steht uns mit 34 LJ auch etwas näher (Kastor: 52 LJ). Dafür ist Kastor ein interessanter Mehrfachstern, zwei Komponenten kann man schon mit einem kleinen Fernrohr trennen, in Wirklichkeit besteht Kastor sogar aus drei Doppelsternpaaren.

Von Ende Juni bis Ende Juli wandert die Sonne durch die Zwillinge und erreicht kurz zuvor an der Grenze der Sternbilder Stier/Zwillinge ihren alljährlichen Höchststand.

Großer Bär
Luchs
Kapella
Fuhrmann
Kleiner Löwe
Kastor
Zwillinge
Pollux
Krebs
Löwe
Krippe
Regulus
Kleiner Hund
Beteigeuze
Prokyon
Orion
Sextant
Wasserschlange
Einhorn
Alphard
Sirius
Großer Hund
Kompass
Achterschiff
Süden

März

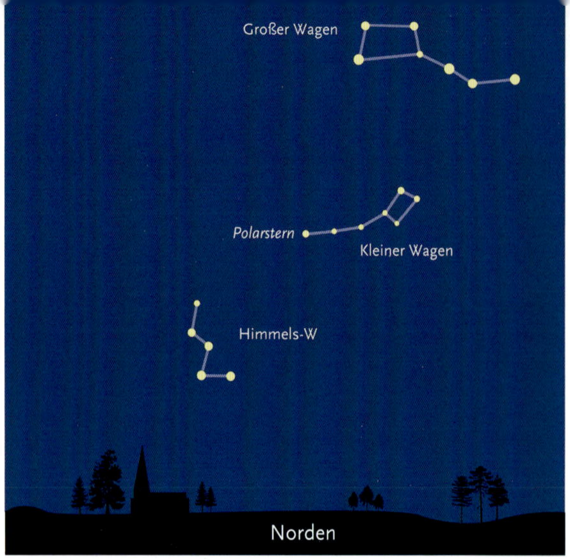

Im März haben sich die Wintersternbilder endgültig verabschiedet, der Sternenhimmel wird nun von den Frühlingssternbildern dominiert. Die Tage werden wieder deutlich länger, es wird abends später dunkel und morgens früher hell. Das Sternbild Löwe lenkt die Blicke auf sich.

DEZEMBER	JANUAR	FEBRUAR	MÄRZ	APRIL	MAI	JUNI
05:00	03:00	01:00	23:00	21:00	19:00	17:00

Im Frühling ist von der Milchstraße nicht mehr viel zu sehen. Allenfalls am Westhorizont kann man bei sehr klarem Himmel noch einen Teil von ihr erhaschen. In Südrichtung geht der Blick jetzt aus der galaktischen Ebene heraus, die Zeit der Galaxien beginnt.

Im Südwesten erkennt man noch den Krebs mit dem Offenen Sternhaufen Krippe (lat.: Praesepe). Hoch über unseren Köpfen prangt nun der Große Wagen bzw. das viel größere Sternbild Großer Bär. Das Herbststernbild Kassiopeia („Himmels-W") sinkt dagegen immer tiefer zum Nordhorizont hinab. Aber Kassiopeia befindet sich das ganze Jahr über dem Horizont, man sagt daher, sie sei „zirkumpolar".

Ganz anders dagegen die Sternbilder in Südrichtung: Sie sind nur für einige Wochen gut zu beobachten, stehen dann deutlich über dem Horizont. Im März ist dies besonders der Löwe, das typische Frühlingssternbild. Etwas darüber befindet sich das kleine und unauffällige Sternbild Kleiner Löwe. Unterhalb des Löwen kann man jetzt gut das größte Sternbild des Himmels sehen, die Wasserschlange. Alphard („der Alleinstehende") erscheint deutlich rötlich, es handelt sich bei ihm um einen kühlen Stern.

Links der Wasserschlange schließen sich die Sternbilder Becher und Rabe an. Der Rabe ist zwar kein besonders helles Sternbild, aber aufgrund seiner prägnanten Form gut zu erkennen. Oberhalb des Raben ragt bereits ein Teil der Jungfrau in die Sternkarte hinein. Sie wird in einem Monat gut zu sehen sein.

Die Spiralgalaxie NGC 2903

Etwas unterhalb des Löwenkopfs befindet sich die Spiralgalaxie „NGC 2903", also das 2903. Objekt im „New General Catalogue". Um sie zu sehen, benötigt man schon ein kleines Fernrohr ab 80 mm Objektivdurchmesser. Ein Stück unterhalb des helleren Sterns auf der Sternkarte rechts fällt ein Dreieck aus Sternen auf (Bild links), das durch die Galaxie links unten zu einem Trapez ergänzt wird. NGC 2903 ist 25 Mio. Lichtjahre von unserer Galaxis entfernt.

Das Sternbild des Monats: der Löwe

Leo, der Löwe, ist ein klassisches Frühlingssternbild. Sein hellster Stern ist Regulus, der „kleine König". Am linken Ende befindet sich Denebola, der Schwanzstern des Löwen. Der Löwe ist eines der wenigen Sternbilder, in dessen Form man auch die Figur des Sternbildes gut erkennen kann. Ausgestreckt liegt der Löwe am Himmel, seinen Kopf bilden die vier Sterne rechts oben.

Der Sage nach wurde der Löwe einst von Herkules bezwungen. Nachdem Speer und Keule versagt hatten, lockte Herkules den nemeischen Löwen in eine Höhle und erwürgte ihn dort mit bloßen Händen.

Fast genau durch Regulus verläuft die Ekliptik, die scheinbare Sonnenbahn, in deren Nähe sich auch der Mond und die Planeten aufhalten. Daher kommt es immer wieder zu Begegnungen zwischen Regulus und einem Planeten, hin und wieder wird Regulus auch vom Mond bedeckt.

Neben der Galaxie NGC 2903 gibt es im Sternbild Löwe eine Vielzahl weiterer Galaxien. Hier wird der Blick in den tiefen Weltraum nicht von Sternen und Staub unserer eigenen Galaxis, der Milchstraße, behindert. Zur Beobachtung braucht man aber ein gutes Fernrohr.

Großer Bär
Luchs
Jagdhunde
Cor Caroli
Kastor
Pollux
Kleiner Löwe
Krebs
NGC 2903
Krippe
Löwe
Regulus
Kleiner Hund
Jungfrau
Wasserschlange
Sextant
Alphard
Becher
Rabe
Hinterdeck
Kompass
Süden

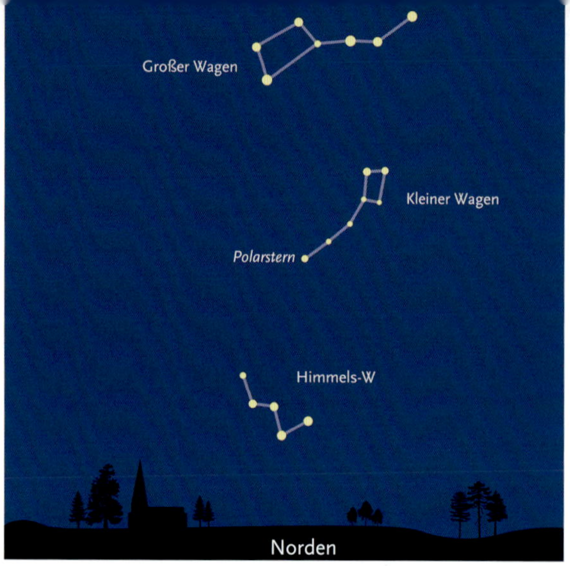

April

Am Himmel ist es wie im wirklichen Leben: Im April hat der Frühling Einzug gehalten. Löwe, Jungfrau und Rinderhirte – nun sind alle Frühlingssternbilder zur Parade aufgelaufen. Ihre drei Hauptsterne bilden zusammen das große „Frühlingsdreieck".

JANUAR	FEBRUAR	MÄRZ	APRIL	MAI	JUNI	JULI
05:00	03:00	01:00	23:00	21:00	19:00	17:00

Der Große Wagen hat nun seine Höchststellung am Himmel erreicht. Er steht senkrecht über uns im Zenit, und es ist jetzt die beste Zeit, um auch einmal die schwächeren Sterne des eigentlichen Sternbildes Großer Bär aufzusuchen.

Weiter unten, in Richtung des Südhorizonts, entfaltet sich die ganze Schönheit des Frühlingssternhimmels. Der Löwe ist schon etwas nach Westen vorgerückt, weiter in Richtung Osten sind die Sternbilder Jungfrau und Rinderhirte zu sehen. Die drei Hauptsterne dieser Sternbilder – Regulus im Löwen, Spika in der Jungfrau und Arktur im Rinderhirten – bilden zusammen das Frühlingsdreieck. Dabei handelt es sich hier um drei sehr unterschiedliche Sterne. Der kühle und auffallend rötliche Arktur („der Bärenhüter") steht uns mit 37 Lichtjahren am nächsten. Regulus befindet sich mit 77 LJ an zweiter Stelle, Spika in der Jungfrau ist dagegen 260 LJ von uns entfernt. Sie ist auch der tatsächlich hellste und gleichzeitig heißeste Stern des stellaren Trios.

Zwischen Rinderhirte und Großem Bär befindet sich das aus nur zwei Sternen bestehende Sternbild Jagdhunde. Der hellere der beiden heißt Cor Caroli, das Herz Charles', im 17. Jahrhundert von Johannes Hevelius benannt zu Ehren des englischen Königs Karl II.

An der Grenze zum Löwen befindet sich der Virgo-Galaxienhaufen (Virgo: lat., Jungfrau). Hier sind viele Galaxien in ca. 60 Mio. Lichtjahren Entfernung versammelt, zu deren Beobachtung man aber ein gutes Hobbyteleskop benötigt.

Die Whirlpool-Galaxie

Eigentlich gehört sie zum Sternbild Jagdhunde, aber vom vorderen Deichselstern des Großen Wagens aus kann man M 51 besser aufsuchen. Die berühmte Whirlpool-Galaxie (der „Strudelnebel") ist bereits in einem guten Fernglas zu sehen. Um die Spiralstruktur des 30 Mio. LJ entfernten Sternsystems erkennen zu können, braucht man aber ein großes Fernrohr. M 51 besteht genau genommen aus zwei Galaxien, die miteinander verschmelzen.

Das Sternbild des Monats: die Jungfrau

Die Jungfrau ist eines der zwölf Tierkreissternbilder. Durch sie wandert die Sonne zwischen dem 16. 9. und dem 31. 10. Hier befindet sich auch der Schnittpunkt von Ekliptik (der scheinbaren Bahn der Sonne am Himmel) und des Himmelsäquators. Alljährlich um den 22. September überquert die Sonne diese Trennlinie, dann ist Herbstanfang und Tagundnachtgleiche.

In der Mythologie steht die Jungfrau für viele Gestalten; eine davon beschreibt sie als Persephone, die Tochter der Fruchtbarkeitsgöttin Demeter. Persephone wurde von Hades geraubt und lebt seitdem in der Unterwelt. Ihre Mutter Demeter war so verzweifelt, dass sie ihrer Tochter folgte und darüber ihre göttlichen Pflichten vernachlässigte. Daher ist es im Winter kalt und es gibt keine Ernte. Wenn Persephone, die Jungfrau, aber wieder am Himmel auftaucht, erblüht auch das Leben.

Spika ist der hellste Stern in der Jungfrau, ihr Name bedeutet übersetzte „die Kornähre". Auch in Wirklichkeit ist sie ein sehr heller, heißer Überriesenstern. Was mit bloßem Auge nicht zu sehen ist: Spika wird von einem anderen Stern umkreist, der sie alle vier Tage bedeckt.

Alkor
Mizar
Großer Bär
Rinderhirte
M 51
M 3
Cor Caroli
Jagdhunde
Kleiner Löwe
Haar der Berenike
Arktur
Löwe
Frühlingsdreieck
Regulus
Galaxien-haufen
Jungfrau
Sextant
Spika
Becher
Rabe
Wasserschlange
Süden

Mai

Im Mai wandelt sich der Sternenhimmel. Die Frühlingssternbilder sind abends noch zu sehen, aber da es bereits deutlich später dunkel wird, rücken bald die Sommersternbilder nach. Als ersten Stern in der Dämmerung sieht man Arktur, den Hauptstern des Rinderhirten.

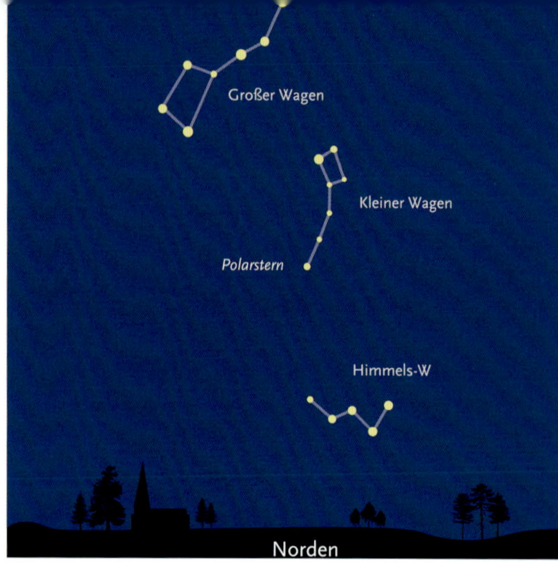

FEBRUAR	MÄRZ	APRIL	MAI	JUNI	JULI	AUGUST
05:00	03:00	01:00	23:00	21:00	19:00	17:00

Der frühsommerliche Abendhimmel wird vom hellen Stern Arktur dominiert, einem der hellsten Sterne des Himmels. Arktur ist der Hauptstern des Sternbildes Rinderhirte und leuchtet auffallend rötlich.

Südwestlich von Arktur (also unten rechts) findet man das Sternbild Jungfrau. Ihr hellster Stern heißt Spika, und zusammen mit Arktur und Regulus (der bereits nach rechts aus der Karte herausgewandert ist) bildet Spika das Frühlingsdreieck.

Links oberhalb (nordöstlich) von Arktur erkennt man ein kleines, aber prägnantes Sternbild, das einen Halbkreis bildet. Es ist die Nördliche Krone, deren Hauptstern Gemma auch „der Edelstein" genannt wird.

Noch weiter nordöstlich schließt sich Herkules an, ein großes, aber nur aus lichtschwachen Sternen bestehendes Sternbild. Herkules kann man am besten im Juli und August beobachten.

Tief am Südosthimmel kündigt sich bereits der Sommer an. Tiefrot funkelt hier Antares, der Hauptstern des Sternbildes Skorpion. Antares bedeutet „Gegenmars", denn er sieht dem roten Planeten zum Verwechseln ähnlich. Steht Mars in der Nähe von Antares (das kann er, denn oberhalb von Antares verläuft die Ekliptik, die Bahn von Sonne, Mond und Planeten), dann unterscheidet sich der Planet durch sein ruhiges Licht vom funkelnden Stern.

Der Große Wagen (Karte oben) hat seine Höchststellung durchschritten und beginnt bereits wieder, am Nordwesthimmel herabzusinken. Ganz tief sieht man dort noch die Kassiopeia, ein Herbststernbild.

Der Kugelsternhaufen M 3

Auf halbem Weg zwischen Arktur und dem vorderen Deichselstern des Großen Wagens findet man M 3, einen Kugelsternhaufen. Mit bloßem Auge nur etwas für Spezialisten, ist das Objekt mit dem Feldstecher leicht zu sehen. Um den Sternhaufen in einzelne Sterne auflösen zu können, benötigt man aber ein Teleskop mit mindestens 15 cm Öffnung. M 3 ist 30 000 Lichtjahre von uns entfernt, liegt also weit außerhalb der galaktischen Scheibe.

Das Sternbild des Monats: der Rinderhirte

Das Sternbild Rinderhirte beherbergt mit Arktur den hellsten Stern des Nordhimmels (und den vierthellsten Stern des gesamten Himmels überhaupt). Sein Name bedeutet übersetzt „Bärenhüter", der manchmal auch für das gesamte Sternbild verwendet wird. Der Rinderhirte treibt die sieben Sterne des Großen Wagens an, die in der römischen Interpretation sieben Ochsen darstellen, die beständig um den Klöppel (den Polarstern) zu laufen haben. Arktur ist ein orangefarbener Stern, der das Schicksal unserer Sonne beschreibt: Auch sie wird sich in einigen Milliarden Jahren stark aufblähen, dabei abkühlen und rötlich leuchten.

Nach der griechischen Legende handelt es sich beim Rinderhirten um Ikarios, der vom Gott Dionysos in die Kunst des Weinbaus eingeweiht wurde – was Ikarios nicht bekam, denn er wurde von Bauern im Weinrausch erschlagen und anschließend von Zeus am Sternenhimmel verewigt.

Der Stern links oberhalb von Arktur wird Izar genannt und ist ein schöner Doppelstern, den man mit einem Teleskop beobachten kann. Nett anzusehen ist auch der Sternhaufen M 3 (Kasten links).

Alkor
Mizar
Großer Bär
Herkules
M 13
Cor Caroli
Jagdhunde
M 3
Nördliche
Krone
Rinderhirte
Gemma
Haar der
Berenike
Arktur
Schlange
Jungfrau
Spika
Rabe
Waage
Antares
Skorpion
Süden

Juni

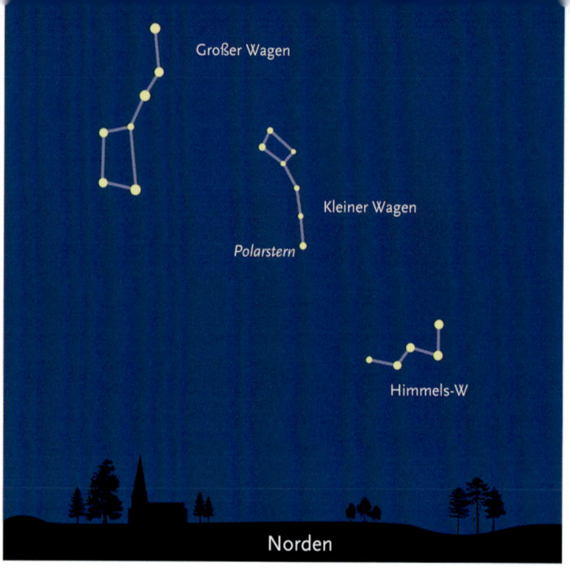

Mitte Juni beginnen die hellen Sommernächte. Dann wird es in Mitteleuropa nicht mehr richtig dunkel. Schade eigentlich, denn nun ist es nachts nicht mehr so kalt, und die Sommermilchstraße macht sich bemerkbar. In südlichen Ländern wird es dagegen vollständig dunkel.

MÄRZ	APRIL	MAI	JUNI	JULI	AUGUST	SEPTEMBER
05:00	03:00	01:00	23:00	21:00	19:00	17:00

Um den 21. Juni überschreitet jedes Jahr die Sonne ihren höchsten Punkt am Himmel (an der Grenze der Sternbilder Stier und Zwillinge), dann beginnt der astronomische Sommer. Es wird nun später dunkel und ab Mitte Juni herrschen die „weißen Nächte" für Orte nördlich von ca. 50° Breite. Oft kann man dann besonders gut Satelliten sehen, die in der langen Dämmerungsphase als schnell wandernde Sternchen auffallen.

Die Frühlingssternbilder sind fast alle verschwunden. Auffällig ist noch der helle Arktur im Rinderhirten, er tritt als einer der ersten Sterne aus dem Dämmerungshimmel hervor – und liefert sich dabei einen Wettstreit mit der bläulichen Wega, dem Hauptstern der Leier.

Zwischen Rinderhirte und Leier befindet sich das große, aber unscheinbare Sternbild Herkules. Die Hauptattraktion dort ist der Kugelsternhaufen M 13, der hellste seiner Art am Nordsternhimmel (siehe Kasten unten).

Auch nicht auffälliger, dafür aber noch größer, ist der Schlangenträger, zusammen mit dem Sternbild Schlange. Die Schlange ist das einzige Sternbild, das zweigeteilt sein Dasein fristet. Der rechte (westliche) Teil ist der Kopf der Schlange, der linke der Schwanz. Übrigens ist der Schlangenträger das „13. Tierkreissternbild", denn durch ihn wandert die Sonne alljährlich von Ende November bis Mitte Dezember.

Tief im Süden leuchtet jetzt Antares, der hellste Stern im Skorpion. Zwischen Skorpion und Schütze sind auch besonders helle Gebiete der Milchstraße zu sehen.

Der Kugelsternhaufen M 13

Der schönste und hellste Kugelsternhaufen des Nordhimmels ist M 13 im Herkules. Mit bloßem Auge kann man ihn trotzdem nur bei sehr dunklem Himmel sehen, aber leicht mit einem Fernglas. Der Sternhaufen besteht aus hunderttausenden Sternen, einige von ihnen kann man im Teleskop einzeln sehen, am besten mit dem großen Spiegelteleskop einer Volkssternwarte. M 13 ist halb so groß wie der Vollmond und 25 000 Lichtjahre entfernt.

Das Sternbild des Monats: der Herkules

Der Herkules ist ein großes, aber aus schwachen Sternen bestehendes Sternbild, das sich auf halber Strecke zwischen den hellen Sternen Arktur (im Rinderhirten) und Wega (in der Leier) befindet. Das Sternbild Herkules ist seit dem 4. Jahrtausend vor unserer Zeitrechnung bekannt. Seitdem wird er als knieender Held gesehen, der kopfüber am Himmel steht und seinen Fuß auf den Kopf des Drachen stellt. Die Babylonier sahen hier Gilgamesch, die Hauptfigur der babylonischen Schöpfungsgeschichte. Die griechische Mythologie berichtet vom Held Herakles, der zwölf scheinbar unlösbare Aufgaben zu erfüllen hatte, diese jedoch löste, dann aber durch einen Gifttrank zu Tode kam und von Zeus einen Platz am Sternenhimmel erhielt.

Der erste Stern des Sternbildes, in der Nähe zum Schlangenträger, heißt Ras Algethi. Dieser Name stammt aus dem Arabischen und bedeutet „Kopf des Knieenden". Der hellste Stern im Herkules aber ist Kornephoros, der sich rechts oberhalb von Ras Algethi befindet.

Im Herkules finden Hobby-Astronomen den berühmten Kugelsternhaufen M 13, den hellsten am nördlichen Sternenhimmel (siehe links).

Drache
Großer Bär
Schwan
Leier
Wega
Herkules
Ring-Nebel
M 13
M 3
Nördliche Krone
Rinderhirte
Gemma
Arktur
Schlange
Jungfrau
Schlangenträger
hild
Schlange
Waage
Schütze
Lagunen-Nebel
Antares
Skorpion
Süden

Juli

Der Juli ist der heißeste Monat des Jahres, jetzt herrschen die „Hundstage". Diese Bezeichnung stammt von Sirius, dem Hauptstern des Großen Hundes, mit dem die Sonne jetzt am Himmel steht. Der Nachthimmel wird immer prachtvoller, die Milchstraße ist nun gut zu sehen.

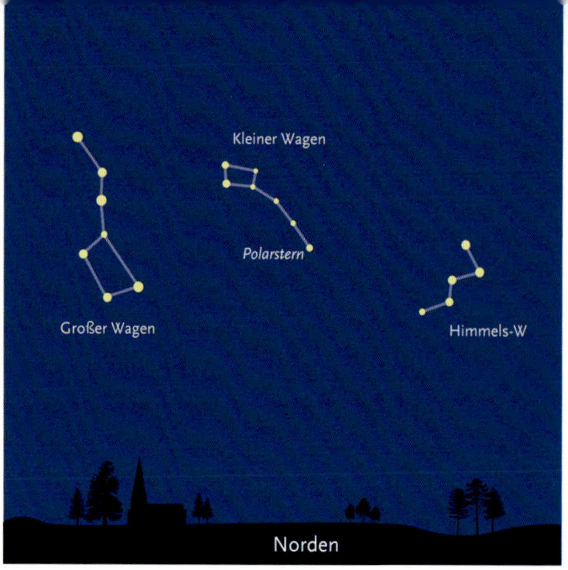

APRIL	MAI	JUNI	JULI	AUGUST	SEPTEMBER	OKTOBER
05:00	03:00	01:00	23:00	21:00	19:00	17:00

Der Juli könnte der schönste Monat für Sternbeobachter sein. Laue Nächte, ein prachtvoller Sternenhimmel voller heller Sterne und mit der weit ausgedehnten Milchstraße. Wenn die Nächte im Juli nur nicht so hell und kurz wären ...

So muss man etwas länger warten, wird aber für seine Geduld auch belohnt. Tief im Süden finden sich nun die Sternbilder Schütze und Skorpion, dessen hellster Stern Antares („Gegenspieler des Mars") auffallend rötlich leuchtet. Hier blicken wir in die Richtung des Milchstraßenzentrums, die Milchstraße ist daher besonders hell – was in unseren Breiten aufgrund der Horizontnähe nicht so sehr auffällt, aber von südlichen Ländern aus umso beeindruckender ist. Das Zentrum unserer Galaxis, der Milchstraße, ist etwa 25 000 Lichtjahre von uns entfernt und wird in diesem Bereich von vielen dunklen Gas- und Staubwolken abgeschwächt, sonst wäre die Milchstraße hier noch viel heller.

Ein Stück davon entfernt, nach Nordosten (links oben), fällt die Milchstraße daher umso mehr auf. Sie wird hier von drei hellen Sternen umsäumt, die zusammen das Sommerdreieck bilden: Deneb im Schwan, Wega in der Leier und Atair im Sternbild Adler.

Etwas rechts der Südrichtung, nach Westen versetzt, findet sich halbhoch noch das Sternbild Herkules: groß, aber leider nur aus lichtschwachen Sternen bestehend. Darunter füllt der Schlangenträger ein großes Gebiet, der ob seiner Unauffälligkeit scherzhaft auch als „große Sternenleere" bezeichnet wird.

Der Lagunennebel M 8

Entlang der Milchstraße finden sich viele schöne Gasnebel, die von heißen Sternen zum Leuchten angeregt werden. Einer der hellsten ist M 8, der Lagunennebel. Im Idealfall (besonders vom Mittelmeerraum aus) kann man ihn schon mit bloßem Auge sehen, ansonsten mit dem Fernglas. Viele, relativ neu „geborene" Sterne werden hier von Gas- und Staubmassen umgeben, die 6000 Lichtjahre (ein Viertel zum Zentrum der Galaxis) entfernt sind.

Das Sternbild des Monats: der Schütze

Der Schütze ist ein recht südlich stehendes Sternbild, das man von mittleren nördlichen Breiten aus nur tief am Horizont sehen kann. Es besteht aber aus relativ hellen Sternen und bildet eine prägnante Figur, so dass man es dennoch leicht findet. Im englischen Sprachraum wird der Schütze umgangssprachlich „Teapot", der Teekessel, genannt, was die Sternfigur auch gut darstellt.

Im Schützen ist die Milchstraße besonders auffällig, was man besser von südlichen Ländern aus sehen kann, wenn der Schütze dort hoch am Himmel steht. In dieser Richtung blicken wir zum Zentrum unserer Galaxis hin, wobei der direkte Blick darauf durch viele Gas- und Staubwolken verdeckt wird.

In der Mythologie wird der Schütze meist als Zentaur dargestellt (nicht zu verwechseln mit dem Sternbild Zentaurus am südlichen Sternenhimmel), ein Wesen halb Mensch, halb Tier. Das auf der Sternkarte gezeichnete Sternbild stellt davon Oberkörper und den nach rechts gerichteten Bogen des Schützen dar.

Im Schützen befindet sich der niedrigste Punkt der scheinbaren Sonnenbahn. Hier erreicht die Sonne im Dezember ihren Tiefststand.

Drache
Deneb
Schwan
Leier
Wega
Herkules
M 13
Sommer-
dreieck
Nördliche
Krone
Ring-
nebel
Albireo
Füchschen
Pfeil
Delfin
Schlange
Atair
Adler
Schlangenträger
Schild
Schlange
Steinbock
Schütze
Lagunen-
nebel
Antares
Skorpion
Süden

August

Für die Beobachtung des Sommersternhimmels ist der August der beste Monat. Es wird wieder etwas früher dunkel und ist nachts noch angenehm mild. Hoch über unseren Köpfen prangt das Sommerdreieck – und um die Monatsmitte sind jedes Jahr viele Sternschnuppen zu sehen.

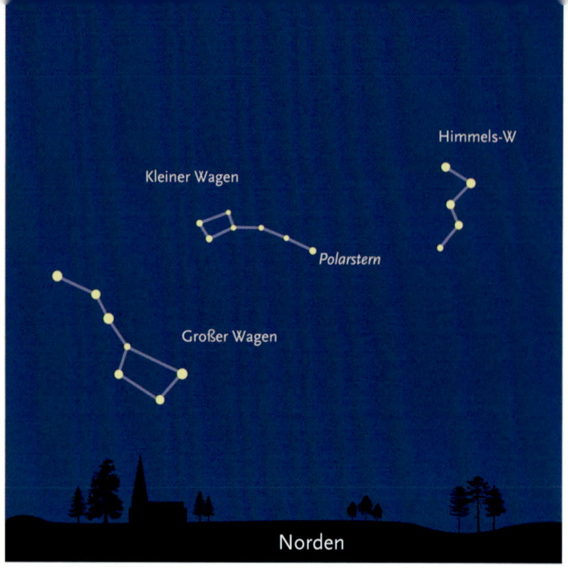

MAI	JUNI	JULI	AUGUST	SEPTEMBER	OKTOBER	NOVEMBER
05:00	03:00	01:00	23:00	21:00	19:00	17:00

Der August gilt (in Mitteleuropa) als der angenehmste Monat des Jahres. Die besonders heißen „Hundstage" sind vergangen, die Tage noch warm, und in der Nacht kühlt es wieder merklich ab, ohne wirklich kalt zu werden – ideale Bedingungen für Sternbeobachter!

Den Sternenhimmel dominiert nun das Sommerdreieck. Es setzt sich zusammen aus den drei Hauptsternen Wega in der Leier, Atair im Adler und Deneb im Schwan. Deneb ist zwar der lichtschwächste des Trios, aber das sei ihm verziehen, denn mit 2000 Lichtjahren ist er sehr viel weiter entfernt als Wega (25 LJ) und Atair (17 LJ). Deneb ist in Wirklichkeit sehr viel heller als seine Begleiter und ein wahrer „Überriese".

Entlang des Sommerdreiecks windet sich die Milchstraße. Vom Schützen aus zieht sich das milchige Band aus unzähligen Sternen durch Adler, Leier und Schwan in Richtung Norden. Zwischen diesen hellen Sternbildern fallen noch zwei kleinere auf: der Delfin und der Pfeil; beide nicht mit hellen Sternen gesegnet, aber dank ihrer kompakten Figuren recht auffällig.

Um den 12. August sind jedes Jahr besonders viele Sternschnuppen zu sehen: die Perseiden. Ihren Namen erhielten sie vom Sternbild Perseus, dem sie zu entspringen scheinen (siehe Seite 141). Bis zu 100 Sternschnuppen sind dann pro Stunde zu sehen, die meisten allerdings nach Mitternacht. In diesen Tagen kreuzt die Erde die Bahn des Kometen Swift-Tuttle, dessen zurückgebliebene Staubteilchen als Sternschnuppen in der Erdatmosphäre verglühen.

Der Ringnebel M 57

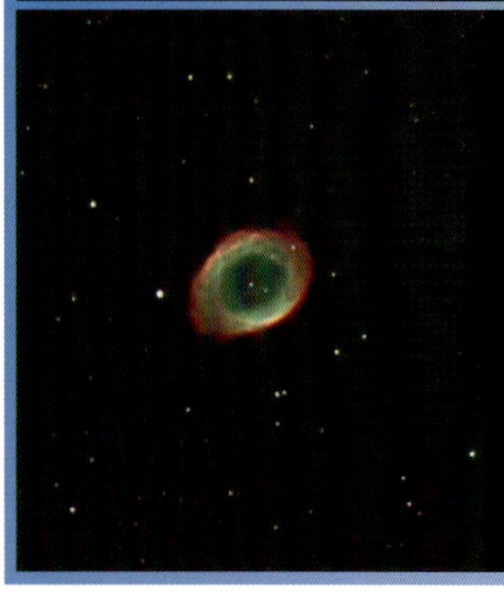

Ein Objekt für Fernrohrbeobachter: der Ringnebel in der Leier. Man findet ihn auf halber Strecke zwischen den unteren beiden Leiersternen. M 57 ist ein sogenannter „Planetarischer Nebel", aber diese Objekte haben mit Planeten nichts zu tun, sie sind im Fernrohr nur ähnlich groß. Tatsächlich handelt es sich bei ihnen um Gashüllen, die ein alternder Stern abgestoßen hat und die nun ins Weltall driften. M 57 ist knapp 2000 LJ von uns entfernt.

Das Sternbild des Monats: der Schwan

Der Schwan ist ein großes und auffälliges Sommersternbild, das mitten in der Milchstraße liegt. Sein hellster Stern heißt Deneb und stellt den Schwanz des Tieres dar. Obwohl sehr hell, ist Deneb weit von der Erde entfernt; man spricht von einem „Überriesen", der 1700-mal heller leuchtet als unsere Sonne. Den Kopf des Schwans bildet rechts unten der Stern Albireo. Albireo ist ein wunderschöner Doppelstern, der bereits im Fernglas getrennt werden kann und im Fernrohr zwei Sterne mit deutlichem Farbkontrast zeigt: Ein Stern ist orange, der andere blau.

Mit weit ausgestreckten Schwingen fliegt der Schwan in Richtung Horizont; sein mittlerer Stern heißt Sadr, was übersetzt „Brust" bedeutet. Aufgrund der charakteristischen Form wird der Schwan manchmal auch „Kreuz des Nordens" genannt.

Die griechische Sage berichtet wieder über eine Eskapade von Zeus, dem Chef der Götter. Er soll sich in einen schönen Schwan verwandelt und so der Leda genähert haben. Als Ergebnis des Seitensprungs (Zeus' Gattin Hera war davon gar nicht angetan) folgten die Söhne Kastor und Pollux, die heute als Hauptsterne der Zwillinge bekannt sind (Seite 122).

Drache
Eidechse
Deneb
Schwan
Leier
Wega
Herkules
Sommer-
dreieck
Ring-
nebel
Albireo
Füchschen
Pegasus
Pfeil
Delfin
M 15
Enif
Füllen
Adler
Schlangenträger
Wassermann
Schild
Schlange
Steinbock
Schütze
Südlicher Fisch
Lagunen-
nebel
nalhaut
Süden

September

Auf die Pracht des Sommersternhimmels folgt im September eine gewissen Sternenarmut. Die Herbststernbilder beginnen den Himmel zu erobern und der Blick geht wieder weg von der Milchstraße in den tiefen Weltraum hinein. Im Norden sinkt der Große Wagen zum Horizont.

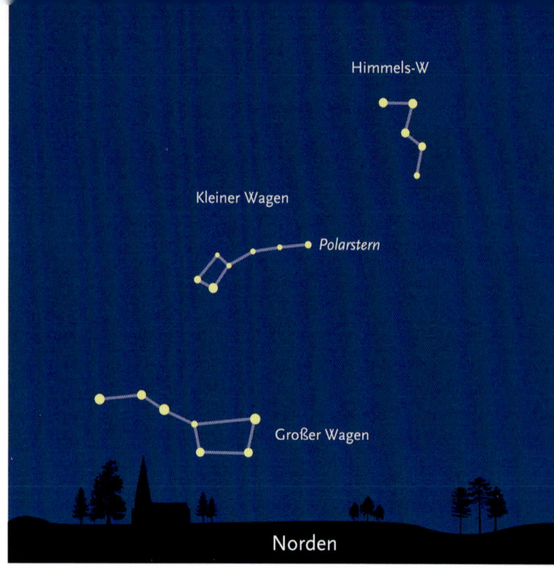

JUNI	JULI	AUGUST	SEPTEMBER	OKTOBER	NOVEMBER	DEZEMBER
05:00	03:00	01:00	23:00	21:00	19:00	17:00

Im September wird es wieder deutlich früher dunkel, so dass man zu Dämmerungsbeginn noch die Sternkarte August (Seite 135) verwenden kann. Später rücken die Herbststernbilder immer weiter vor. Der frühherbstliche Himmel wird geprägt durch die Abwesenheit auffallend heller Sterne. Zwar kann man im Westen noch die Glanzlichter des Sommerhimmels erspähen, aber im Süden und zum Osthimmel hin sieht der Himmel jetzt etwas unspektakulär aus.

Nur knapp über dem Südhorizont funkelt ein heller Stern: Fomalhaut, der Hauptstern des Sternbildes Südlicher Fisch. Sein Name stammt aus dem Arabischen und bedeutet übersetzt „Maul des Fisches". Oberhalb findet man die Tierkreissternbilder Steinbock und Wassermann.

Im Steinbock fand vor rund 6000 Jahren die Sonne ihren jährlichen Tiefststand, daher benutzt man noch heute den Begriff „Wendekreis des Steinbocks", obwohl dieser Punkt längst in das Sternbild Schütze gewandert ist. Das zweite Tierkreissternbild, der Wassermann, ist ebenfalls recht unscheinbar. Gut erkennt man noch eine Figur aus Sternen, die an einen Mercedesstern erinnert.

Höher am Himmel fällt nun das Herbstviereck auf. Es erinnert zusammen mit den Sternen des Sternbilds Pegasus an den Großen Wagen, ist aber viel ausgedehnter. Der linke obere Eckstern des Herbstvierecks gehört bereits zum Sternbild Andromeda, in dem man in besonders dunklen Nächten bereits mit bloßem Auge die berühmte Andromeda-Galaxie sehen kann.

Der Kugelsternhaufen M 15

Etwas rechts der Ausläufer des Sternbildes Pegasus befindet sich der Kugelsternhaufen M 15, das Vorzeigeobjekt am Herbststernhimmel. M 15 ist deutlich kompakter als seine Artgenossen M 13 und M 3, im Fernglas erscheint er als nebliges Sternchen. Wie bei allen Kugelsternhaufen benötigt man schon ein größeres Teleskop, um die Fülle wie auf der Fotografie links zu sehen. Mit 35 000 LJ ist M 15 weiter von uns entfernt als z. B. M 13 (25 000 LJ).

Das Sternbild des Monats: der Pegasus

Pegasus, des geflügelte Pferd, steht kopfüber am Himmel. Kopf, Hals und Mähne werden von den vier Sternen ab Enif („Nase") dargestellt, der Körper von der als Herbstviereck bekannten Figur, die Beine und Hufe von den Sternketten rechts oberhalb des Herbstvierecks. Der linke obere Kastenstern wird mittlerweile dem Sternbild Andromeda zugerechnet, die Übersetzung seines Namens Sirrah – der Nabel – deutet aber noch auf die Zugehörigkeit zum Pegasus hin. Die drei anderen Sterne des Quadrats sind Scheat („Schienbein", rechts oben), Markab („Sattel", rechts unten) und Algenib („Seite", links unten).

In der griechischen Mythologie taucht Pegasus als verwandelter Meeresgott Neptun auf, der sich der Gorgone Medusa näherte. Der Medusa wurde aber kurz darauf vom Held Perseus das Haupt abgeschlagen, was den Pegasus aus ihr hervorsteigen ließ. Perseus schnappte sich kurzerhand das geflügelte Pferd und eilte zu seiner nächsten Heldentat, bei der er die schöne Andromeda rettete (siehe Seite 140).

Im Pegasus findet man rechts von Enif einen schönen Kugelsternhaufen (mehr dazu im Kasten links).

Kassiopeia
Andromeda-Galaxie
Eidechse
Deneb
Schwan
Andromeda
Füchschen
Pfeil
Herbstviereck
Pegasus
Delfin
Fische
M 15
Atair
Enif
Füllen
Walfisch
Wassermann
Steinbock
Südlicher Fisch
Fomalhaut
Bildhauer
Süden

Oktober

Im Oktober erreicht der Große Wagen seine niedrigste Stellung über dem Horizont, dafür ist das Sternbild Kassiopeia („Himmels-W“) in den Zenit gerückt. Damit ist klar: Der Herbststernhimmel hat das Kommando übernommen – und die Wintersternbilder kündigen sich an.

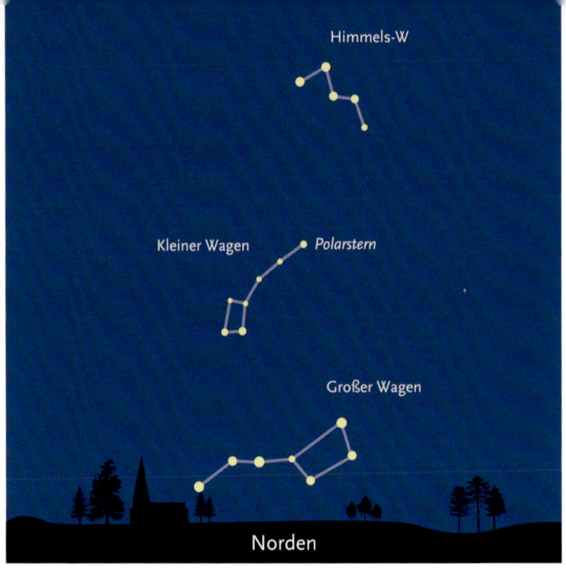

JULI	AUGUST	SEPTEMBER	OKTOBER	NOVEMBER	DEZEMBER	JANUAR
05:00	03:00	01:00	23:00	21:00	19:00	17:00

Die Sommersternbilder sind verschwunden, tief im Süden funkelt noch der helle Stern Fomalhaut im Südlichen Fisch. Ansonsten wird der Sternenhimmel von mittelhellen Sternen geprägt, das nun auffälligste Muster bildet das Herbstviereck, das jetzt genau in Südrichtung zu finden ist. Drei seiner Sterne gehören zum Pegasus, der vierte (links oben) zur Andromeda.

Unterhalb des Pegasus dehnen sich die Fische aus, ein großes Sternbild, das leider aus vielen nicht besonders hellen Sternen besteht. Ihr linker Teil kann aber als Wegweiser zum Stern Mira dienen, einem Stern, den man nicht immer mit bloßem Auge sehen kann, da er über einen langen Zeitraum seine Helligkeit verändert. Mira gehört zum Sternbild Walfisch, dessen Name auf einen biologischen Widerspruch hinweist, denn Wale sind keine Fische, sondern Säugetiere. Exakter wäre die Bezeichnung „Meeresungeheuer“.

Nicht besonders groß, dafür recht einprägsam sind die Sternbilder Widder und Dreieck. Sie findet man zwischen den Fischen und der Andromeda. In der Andromeda befindet sich unsere nächste Nachbargalaxie, die knapp 3 Mio. Lichtjahre entfernte Andromeda-Galaxie (siehe Kasten unten).

Hoch über dem Kopf spannt sich die Milchstraße; nicht so besonders auffällig wie im Sommer, aber doch noch deutlich sichtbar. In die Milchstraße „eingebettet“ sind die Sternbilder Kassiopeia und Perseus. Daher findet man dort auch viele rot leuchtende Gasnebel und Sternhaufen, ein besonders auffälliger ist M 34.

Die Andromeda-Galaxie M 31

Über der Sternkette der Andromeda sieht man bereits mit bloßem Auge einen Nebelfleck, die Andromeda-Galaxie, auch Andromeda-Nebel genannt. Ein Fernglas zeigt die schwachen Ausläufer dieser 3 Mio. Lichtjahre entfernten Milchstraße, aber erst Fotografien können die Natur des Objekts enthüllen. Daher war M 31 auch das erste Objekt, bei dem Edwin Hubble Anfang des 20. Jahrhunderts feststellte, dass es nicht Teil unserer eigenen Milchstraße ist.

Das Sternbild des Monats: die Fische

Die Fische sind ein recht großes, aber überwiegend aus schwächeren Sternen bestehendes Sternbild. Am besten erkennt man noch den „liegenden“ Fisch mit dem runden Kopf am rechten Ende. An der Spitze links sind die beiden Fische mit einem Band verknüpft, die zwei Sterne oberhalb davon deuten das Band zum zweiten Fisch an (der aus einigen schwachen Sternen besteht, die auf der Sternkarte nicht dargestellt sind).

In den Fischen liegt heutzutage der Schnittpunkt zwischen Ekliptik (der scheinbaren Sonnenbahn) und Himmelsäquator (der Trennlinie zwischen Nord- und Südhimmel). Wenn die Sonne um den 21. März diesen Punkt überquert, ist Frühlingsanfang. Vor etwas über 2000 Jahren wanderte dieser Punkt vom Sternbild Widder in die Fische, weswegen die Fische in der christlichen Kultur mit dem Beginn eines neuen Zeitalters und der Geburt von Jesus in Verbindung gebracht werden. In diesem Sternbild trafen sich zu jener Zeit für mehrere Wochen auch die beiden hellen Planeten Jupiter und Saturn und wiesen gemeinsam als „Stern von Bethlehem“ den Weg zum Stall, in dem das Jesuskind geboren worden sein soll.

Kassiopeia
Perseus
Algol
M 34
Eidechse
Andromeda-
Galaxie
Andromeda
Dreieck
Widder
Herbstviereck
Pegasus
Enif
Fische
Mira
Walfisch
Wassermann
Südlicher Fisch
Fomalhaut
Bildhauer
Ofen
Süden

November

Ein prägnanter Wechsel des Sternenhimmels kündigt sich im November an. Die Herbststernbilder sind nach Westen gewandert, im Osten tauchen schon die Wintersternbilder auf. Die Tierkreissternbilder stehen höher am Himmel, und die Milchstraße durchquert nun den Zenit.

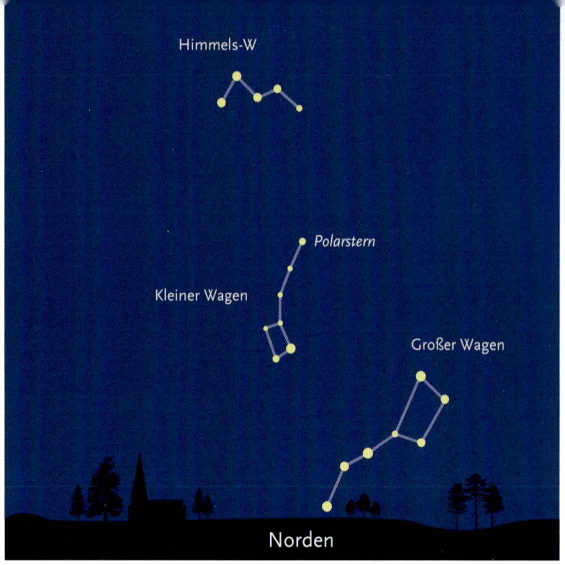

AUGUST	SEPTEMBER	OKTOBER	NOVEMBER	DEZEMBER	JANUAR	FEBRUAR
05:00	03:00	01:00	23:00	21:00	19:00	17:00

Der November ist der Monat der Tierkreissternbilder Fische, Widder und Stier. Im Widder lag einst – vor mehreren Tausend Jahren – der Frühlingspunkt (der Schnittpunkt von Sonnenbahn und Himmelsäquator), weswegen man ihn heute noch „Widderpunkt" nennt, obwohl er sich im Sternbild Fische befindet.

Das Sternbild Kassiopeia, das „Himmels-W", hat seine Höchststellung erreicht, man findet es nun im Zenit direkt über sich. Hier verläuft auch das schimmernde Band der Milchstraße, wo viele Gasnebel und Sternhaufen zu finden sind. Zwischen Kassiopeia und Perseus ist ein Sternhaufen besonders auffällig, tatsächlich handelt es sich sogar um einen Doppelsternhaufen (siehen Kasten unten). Der Perseus sieht fast aus wie eine große Wünschelrute. Einer seiner Sterne wird Algol, der „Teufelsstern" genannt. Algol verändert seine Helligkeit in regelmäßigen Abständen im Verlauf einer Nacht, was unseren Vorfahren nicht ganz geheuer war.

Den überwiegenden Teil des Südhimmels nehmen die Sternbilder Fische, Walfisch und Eridanus ein – allesamt bestehen sie nur aus schwächeren Sternen. Etwas weiter östlich und auf halber Höhe ist bereits ein Teil des Stiers zu sehen. Sein Hauptstern Aldebaran steht für das blutunterlaufene Auge des Tiers. Ein Stück rechts oben (nordwestlich) sind auch die Plejaden aufgetaucht, das Siebengestirn, ein besonders heller Sternhaufen (siehe Seite 142).

Noch etwas höher ist die gelblich leuchtende Kapella zu sehen, der prominenteste Stern im Fuhrmann und Teil des Wintersechsecks.

Der Doppelsternhaufen h & chi

Zwischen den Sternbildern Perseus und Kassiopeia fällt in dunklen Nächten schon mit bloßem Auge ein nebliger Fleck auf. Es handelt sich dabei um die „Sterne" h und chi, die in Wirklichkeit zwei Offene Sternhaufen sind, was man gut im Fernglas sehen kann. Die Sternhaufen sind rund 8000 Lichtjahre in Richtung Außenrand der Milchstraße von uns entfernt. Im Teleskop erscheinen sie wie funkelnde Diamanten auf schwarzem Samt!

Das Sternbild des Monats: die Andromeda

Um das Sternbild Andromeda rankt sich eine Geschichte, in der mehrere Sternbilder vorkommen. Nach ihr war die äthiopische Königin Kassiopeia (beim heutigen Jaffa in Palästina) so von ihrer Schönheit überzeugt, dass sie die Nereiden, die Töchter des Meeresgottes Poseidon, beleidigte. Poseidon entsandte zur Strafe ein fürchterliches Ungeheuer (das Sternbild Walfisch), das an der Küste tobte und das Land verwüstete. In seiner Verzweiflung befragte König Kepheus das Orakel und erhielt den Auftrag, seine Tochter Andromeda dem Ungeheuer zu opfern. Andromeda wurde an einen Felsen gekettet, und schon erschien das Monster. In letzter Sekunde tauchte der Held Perseus auf seinem geflügelten Pferd Pegasus auf und hielt dem Ketos genannten Tier den zuvor im Kampf abgeschlagenen Kopf der Medusa hin, bei dessen Anblick sich der Ketos augenblicklich zu Stein verwandelte. Die Gefahr war vorüber, Perseus befreite Andromeda vom Felsen und nahm sie anschließend zur Frau.

Oberhalb der Sternkette von Andromeda sieht man (mit bloßem Auge oder Fernglas) ein nebliges Objekt: die Andromeda-Galaxie (siehe Kasten auf Seite 138).

Kassiopeia
Doppel-
sternhaufen
Kapella
Fuhrmann
Perseus
Algol
M 34
Andromeda-
Galaxie
Andromeda
Dreieck
Plejaden
Pegasus
Widder
Stier
lebaran
Fische
Mira
Walfisch
Eridanus
Ofen
Bildhauer
Süden

Dezember

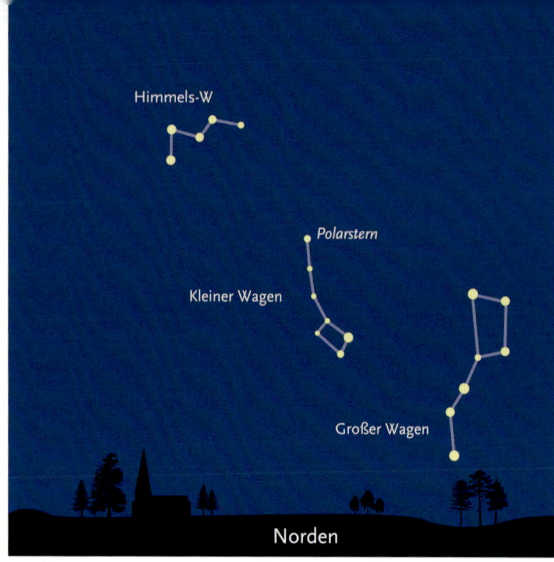

In kalten Dezembernächten funkeln besonders viele helle Sterne am Himmel. Von Südosten zieht sich die Milchstraße quer über das Firmament nach Nordwesten, und im Süden ist mit dem Orion das wohl schönste Sternbild des gesamten Himmels zu finden.

SEPTEMBER	OKTOBER	NOVEMBER	DEZEMBER	JANUAR	FEBRUAR	MÄRZ
05:00	03:00	01:00	23:00	21:00	19:00	17:00

Genau in Südrichtung hat das Tierkreissternbild Stier nun seine Höchststellung erreicht. Aldebaran, der hellste Stern des Stiers, leuchtet hell und auffallend rötlich. Um ihn herum sind viele Sterne gruppiert, die den v-förmigen Stierkopf bilden: der Sternhaufen Hyaden, das Regengestirn. Aldebaran selbst gehört aber nicht dazu, er ist mit 66 LJ nur etwa halb so weit entfernt wie die Hyaden (150 LJ). Nordwestlich (rechts oberhalb) des Stierkopfs sieht man einen weiteren Sternhaufen, die Plejaden (siehe Kasten unten).

Im rechten Teil der Sternkarte sind noch die kleinen Sternbilder Widder und Dreieck zu sehen. Oberhalb davon erstreckt sich Perseus entlang der Milchstraße. Sein Stern Algol wurde früher „Teufelsstern" genannt, da er in regelmäßigen Abständen seine Helligkeit merkbar verändert. Östlich (links) des Perseus flackert einer der hellsten Wintersterne, die Kapella im Sternbild Fuhrmann. Sie bildet den oberen Punkt des Wintersechsecks (siehe Sternkarte Januar auf Seite 121).

Näher zum Horizont hin strahlt ein Sternbild, das mit sieben hellen Sternen den Körper des Himmelsjägers Orion bildet: Die rötliche Beteigeuze ist ein Schulterstern, der bläulich leuchtende Rigel markiert einen der Füße. Die drei wie auf einer Perlschnur aufgereihten Sterne in der Mitte stellen den Gürtel des Orion dar. Unterhalb das Gürtels trägt der Jäger sein Schwert, hier findet man mit dem Fernglas ein nebliges Objekt, den Orion-Nebel. Links unterhalb des Orion funkelt Sirius, der hellste Stern des Himmels.

Die Plejaden, das Siebengestirn

Hoch im Süden steht jetzt eine kleine Figur, die manchmal für den Kleinen Wagen gehalten wird. Dabei handelt es sich aber um den Offenen Sternhaufen der Plejaden, auch „Siebengestirn" genannt. Mit dem Fernrohr kann man bis zu 200 Sterne zählen, die alle rund 400 LJ von uns entfernt sind. Auf Fotografien zeigen sich blau schimmernde Nebel: interstellarer Staub, der von den jungen, heißen Sternen angeleuchtet wird.

Das Sternbild des Monats: der Stier

Der Stier ist eines der ältesten Sternbilder, die wir kennen. Bereits 2000 v. Chr. sahen die Babylonier hier einen Stierkopf mit weit ausladenden Hörnern. In der griechischen Mythologie stand das Sternbild für einen weißen Stier, mit dem Zeus seine Geliebte Europa fliegend nach Kreta entführte. Die Römer sahen im Stier Bacchus, den Gott des Weins, der von zwei Mädchen (den Plejaden und Hyaden) umtanzt wird.

Der hellste Stern im Stier heißt Aldebaran, er stellt das blutunterlaufene Auge des Tiers dar. Die v-förmige Gruppe der Sterne bei Aldebaran bildet den Kopf des Stiers, der seine zwei langen Hörner nach links ausstreckt. Dort bilden zwei Sterne die Hörnerspitzen, wobei der obere früher auch zum Sternbild Fuhrmann gezählt wurde.

Der Stier hat drei Objekte für Fernglas- und Fernrohrbeobachter zu bieten: die Offenen Sternhaufen Hyaden und Plejaden sowie den Supernova-Überrest M 1 zwischen den Stierhörnern. An dieser Stelle beobachteten chinesische Astronomen im Jahr 1054 einen sehr hellen Stern. Heute wissen wir, dass es sich dabei um eine Supernova-Explosion handelte, die selbst am Taghimmel sichtbar war.

Fuhrmann
Kapella
Perseus
M 34
Algol
Dreieck
Zwillinge
Plejaden
M 1
Widder
Stier
Aldebaran
Beteigeuze
Orion
Mira
Orion-
Nebel
Rigel
Sirius
Eridanus
Hase
Großer
Hund
Ofen
Taube
Süden

CCD Astronomy
CCD Astronomy

Astronomie als Hobby

Die Welt der Hobbyastronomen

Sternfreunde trifft man nicht gerade an jeder Ecke, aber dank Internet, Volkssternwarten, Zeitschriften und Büchern fällt der Einstieg ins Hobby leicht. Gerade von erfahrenen Amateurastronomen kann man viel lernen, und zusammen mit Gleichgesinnten macht das Hobby doppelt Spaß.

Astronomie im Internet

Für den Erstkontakt sind die Seiten *www.astronomie.de* und *www.astrotreff.de* sehr zu empfehlen. Hier findet man regelmäßig aktuelle Nachrichten aus Astronomie und Raumfahrt, Produkttipps sowie umfangreiche Diskussionsforen zu allen Themen der praktischen Astronomie. Gerade Einsteiger können sich hier wertvolle Informationen rund um Teleskope, Beobachtungstipps, Astrofotografie oder Treffen mit anderen Hobbyastronomen besorgen.

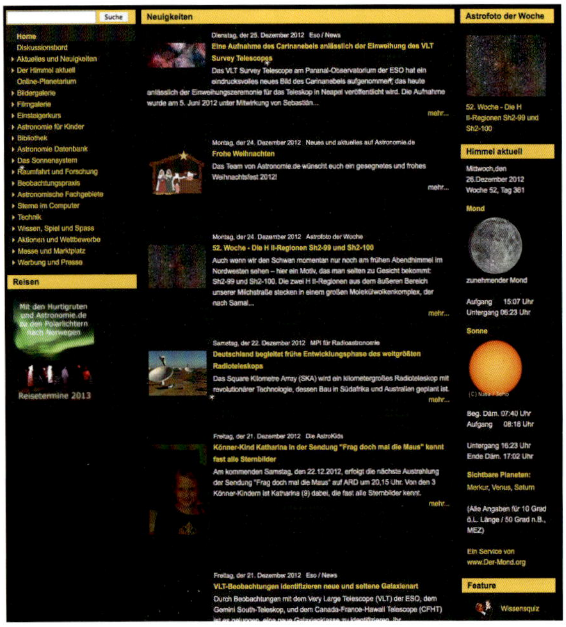

Besonders in der Astronomie ist das Internet aber noch viel mehr. Hier gelangt man an professionelle Datenbanken (z. B. von Sternen), findet ein breites Softwareangebot für allgemeine und spezielle Fälle und kann sich in Mailinglisten eintragen – sei es zur Diskussion mit anderen oder für astronomische Schnellnachrichten. Nicht zu vernachlässigen sind aktuelle Wettervorhersagen, wenn man wissen möchte, ob die kommende Nacht klaren Himmel zur Beobachtung zu bieten hat. Einige der wichtigsten Seiten sind im Serviceteil auf Seite 173 zusammengestellt, aber natürlich findet man – wie immer im weit verzweigten Internet – dort noch viel mehr. Wer mit den üblichen Suchmaschinen nicht weiterkommt, dem seien die oben erwähnten Diskussionsforum empfohlen – es gibt immer irgendwen, der die gleiche Frage wie man selbst schon einmal gehabt hat und dann schnell helfen kann.

Volkssternwarten und Planetarien

Im deutschsprachigen Raum gibt es rund 150 Volkssternwarten und Astronomievereine, fast immer findet sich ein lokaler Club in der Nähe. Eine umfangreiche Auswahl findet sich auf den Seiten 174 – 177.

Neben einem regelmäßigen Vortragsprogramm, Sternführungen mit den Teleskopen der Sternwarte und Mitgliederabenden haben Volkssternwarten einen sehr großen Vorteil: Dort findet der Hobbyastronom semipro-

Astronomie.de – das große Portal im Internet

fessionelle Teleskope einer Größenordnung, die er sich selbst nur selten leisten wird. Sie sind außerdem oft fest installiert in einer Rolldachhütte oder Kuppel untergebracht, so dass man sich voll auf die Beobachtung konzentrieren kann und sich nicht mitten in der Nacht mit den leider oft sehr vielfältigen technischen Problemen des Teleskopbetriebs aufhalten muss.

Im Gegensatz zu den von Vereinen betriebenen Volkssternwarten sind Planetarien professionelle Sternentheater. Hier kann man sich zu jeder Tageszeit und auch bei bewölktem Himmel wie im Kino den Sternenhimmel anschauen. Moderne Technik und Multimediaeffekte zaubern atemberaubende Shows an die Kuppel des Planetariums. Angehende Hobbyastronomen sollten sich nach Vorführungen zum Sternenhimmel erkundigen, wenn das aktuelle Himmelsgeschehen vorgestellt wird. Eine Übersicht der großen Planetarien steht auf Seite 174.

Sternentheater Planetarium – Astronomie bei jedem Wetter

Astronomie-Zeitschriften

Der Klassiker ist die Zeitschrift *Sterne und Weltraum*, die monatlich erscheint und sowohl über astronomische Forschung, den aktuellen Sternenhimmel, Teleskoptests oder Beobachtungen von Amateurastronomen berichtet. *Sterne und Weltraum* (meist kurz „SuW" genannt) übt dabei den Spagat zwischen fachlichem Anspruch und moderner Darstellung, die jedem etwas zu bieten hat.

Die Zeitschrift *Interstellarum* konzentriert sich auf praktische Astronomie und visuelle Himmelsbeobachtung, hier findet der Hobbyastronom viele Berichte Gleichgesinnter, umfangreiche Teleskoptests und konkrete Objektbeschreibungen für Teleskopbeobachter.

Das *VdS-Journal für Astronomie* ist nicht im freien Verkauf erhältlich, alle Mitglieder der Vereinigung der Sternfreunde erhalten es viermal jährlich zugeschickt. Die meist über 128 Seiten starken Journale sind professionell gestaltet und eine Fundgrube für Amateurastronomen. Hier berichten Beobachter über ihre Erfahrungen, stellen Projekte vor oder schildern ihre Reiseerlebnisse (siehe auch Kasten unten).

Bücher und Sternkarten

Das Angebot ist groß und eine Liste der wichtigsten Empfehlungen steht auf Seite 172. Was man als Hobbyastronom unbedingt haben sollte, ist das *Kosmos Himmelsjahr* und eine drehbare Sternkarte. Das *Himmelsjahr* erscheint jährlich und enthält alle Angaben zum veränderlichen Sternenhimmel wie Mondphasen, Planetenpositionen oder Finsternissen. Eine drehbare Sternkarte ist praktisch für die Sternbildersuche, besonders die Modelle aus wetterfestem Kunststoff mit Planetenzeiger.

Die Vereinigung der Sternfreunde e.V.

Die Vereinigung der Sternfreunde e.V. ist mit über 4000 Mitgliedern der größte Verband von Amateurastronomen im deutschsprachigen Raum. Zu den Mitgliedern zählen Hobby- und Berufsastronomen, Volkssternwarten, Schulsternwarten, Planetarien und astronomische Arbeitsgemeinschaften. Hier finden sich engagierte Sternfreunde zusammen, um ihrem gemeinsamen Hobby Astronomie nachzugehen. Jedes Jahr ruft die VdS zum deutschlandweiten „Astronomietag" auf. Ein umfangreiches Informationspaket zur VdS erhält man von der Geschäftsstelle: Postfach 1169, 64629 Heppenheim. Oder man informiert sich gleich im Internet unter *www.sternfreunde.de*.

Ferngläser und Teleskope

Hat jeder Hobbyastronom ein Teleskop? Braucht man eine hohe Vergrößerung, um die Sterne zu beobachten? Was kostet ein gutes Fernrohr? Einsteiger haben's nicht leicht, sich im Dschungel der Refraktoren und Reflektoren, Schmidt-Cassegrains und Dobsons zurechtzufinden.

Ein gutes Fernglas ist für den Anfang völlig ausreichend.

Fernrohre für Hobbyastronomen gibt es in allen Preisklassen – vom Kaufhausprodukt für 100 Euro über ein gutes Amateurteleskop für 2000 Euro bis hin zum computergesteuerten High-End-Gerät für 20 000 Euro. Welches davon man auswählt, ist zwar nicht egal, aber das beste Teleskop ist immer das, mit dem man auch wirklich beobachtet!

Das Fernglas

Ein kleines Fernrohr hat fast jeder zu Hause: das Fernglas. Eigentlich sind es sogar zwei Teleskope, die nebeneinander montiert sind. Die meisten Ferngläser sind Massenprodukte und weisen daher ein sehr gutes Preisleistungsverhältnis auf. Mit jedem noch so kleinen Fernglas kann man am Himmel bereits eine Menge sehen – Sternhaufen, Gasnebel und helle Kometen, sogar die fernen Planeten Uranus und Neptun sowie manchen Kleinplaneten. Ein Fernglas ist immer eine gute Investition, und so gut wie jeder Hobbyastronom hat neben einem Fernrohr auch ein Fernglas.

Ferngläser tragen Bezeichnungen wie „7 x 40" oder „8 x 50". Der erste Wert gibt die Vergrößerung an, der zweite den Durchmesser der Linsen. Es gibt sogar besonders große Exemplare mit „15 x 80", also 15facher Vergrößerung und Objektivlinsen von 80 mm Durchmesser. Für den Hausgebrauch ist meistens ein Glas der Größe „8 x 50" vorhanden, und wer ein solches bereits besitzt, kann es auch hervorragend für die Sternbeobachtung einsetzen.

Will man sich ein neues Fernglas kaufen, dann sollte der Objektivdurchmesser möglichst groß und die Vergrößerung nicht höher als zehnfach sein. In der Praxis ist man mit einem „8 x 50" oder „10 x 50" sehr gut bedient, diese Geräte erzeugen ein helles Bild und man kann sie noch gut und ohne allzu sehr zu wackeln in der Hand halten. Wer es elegant mag, kauft ein Modell mit integriertem Bildstabilisator, der das Wackeln automatisch ausgleicht. Leider sind solche Geräte entsprechend teuer.

Vor dem Kauf sollte man umgekehrt durch das Fernglas schauen, also durch die Objektivöffnung. Dann kann man erkennen, ob die eingebauten Prismen (sie erzeugen das aufrechte Bild) nicht vielleicht zu klein geraten sind und das Bild abschatten. Für Naturbeobachtungen ist dieser Nachteil nicht entscheidend, aber am Himmel kommt es vor allem auf die Lichtsammelleistung des Feldstechers an, die durch zu kleine Prismen negativ beeinflusst wird.

Praktisch ist es, wenn das Fernglas ein Gewinde zum Anschluss eines Stativadapters hat, dann kann man das Fernglas mit dem Adapter an einem Fotostativ befesti-

Das Linsenfernrohr auf azimutaler Montierung ist das typische Einsteigergerät, mit dem man z.B. die Saturnringe sehen kann.

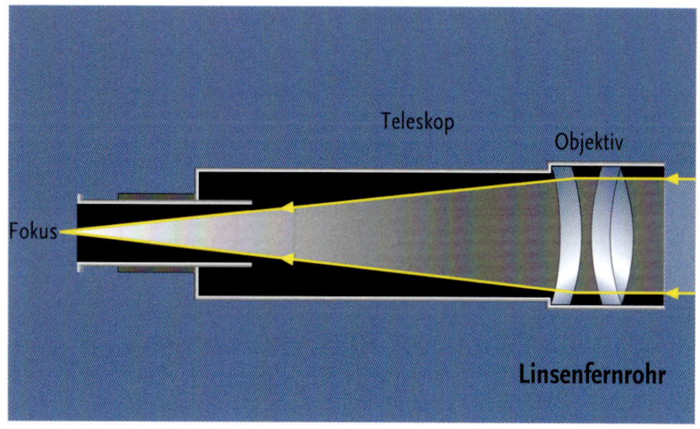

Ein Linsenteleskop sieht wie eine lange Röhre aus. Zwei oder mehr Linsen bündeln das Licht, das am Ende des Fernrohrs mit dem Okular vergrößert beobachtet wird.

gen, so dass das Bild nicht mehr wackelt. Wer weder Fotostativ noch Adapter hat, legt sich am besten in einen Liegestuhl (zur Not auf eine Isomatte), damit man beim ständigen Blick nach oben nicht immer den Kopf in den Nacken legen muss.

Großferngläser („15 x 80") sind für die Himmelsbeobachtung zwar tolle Geräte, aber ohne Stativbefestigung kommt man dann gar nicht mehr aus.

Das Linsenfernrohr

Die lange dünne Röhre des Linsenfernrohrs kommt der landläufigen Vorstellung eines Teleskops am nächsten. Fast alle Einsteigerfernrohre vom Supermarkt, Kaffeeröstershop oder Versandhaus sind Linsenteleskope.

Der wichtigste Bestandteil eines Fenrohrs ist das Objektiv, beim Linsenfernrohr also die Linse am vorderen Ende. Die Linsen brechen das Licht, dieses Teleskop wird daher auch Refraktor genannt. Je größer der Durchmesser des Objektivs ist, desto mehr Licht kann das Teleskop sammeln und desto mehr Sterne, Nebel und Galaxien kann man am Himmel sehen. Gleichzeitig steigt mit dem Objektivdurchmesser die Trennschärfe des Teleskops, auch Auflösungsvermögen genannt. Was für ein Auto der PS-Wert, ist für ein Fernrohr dessen Objektivdurchmesser. Über die Qualität des Gerätes ist damit (wie beim Auto auch) noch nicht viel gesagt.

Licht besteht aus einer Mixtur verschiedener Farben, die von den Linsen leider unterschiedlich stark gebrochen werden. Ein Refraktor ist damit nicht „farbrein", wie man sagt. Stattdessen sieht man um die Sterne mehr oder weniger stark ausgeprägte Farbsäume, die zwar hübsch anzuschauen, aber nicht Sinn der Sache sind. Zur Vermeidung der Farbsäume besteht ein Refraktorobjektiv daher mindestens aus zwei Teilen, deren Glassorten die Farbfehler weitgehend eliminieren. Diese Bauweise als „Achromat" ist weit verbreitet und in der Regel selbst in den günstigsten Astroteleskopen verwirklicht.

Noch besser, (fast) absolut farbrein, aber entsprechend viel teurer sind die sogenannten „Apochromate". Ihr Objektiv besteht meist aus drei Linsen, von denen eine oft aus einem Glas mit geringem Farbfehler geschliffen ist.

Linsenteleskope besitzen eine im Verhältnis zur Öffnung (dem Objektivdurchmesser) meist lange Brennweite, damit die Farbfehler kleiner werden. Die Brennweite ist mit der Baulänge des Teleskops identisch, ein Refraktor mit 60-mm-Objektiv hat oft 900 mm Brennweite.

Die Brennweite eines Teleskops bestimmt dessen mögliche Vergrößerung und kann mit dem Wert von Fotoobjektiven verglichen werden. Eigentlich ist ein Linsenfernrohr nur ein Teleobjektiv mit besonders langer Brennweite, in das man ein Okular einstecken kann.

Linsenfernrohre sind in der Handhabung robust, leicht zu bedienen und daher besonders für Einsteiger geeignet. Ihr Nachteil ist der im Vergleich zum Objektivdurchmesser – dem entscheidenden Kriterium für ein Teleskop – hohe Preis. Ein Spiegelteleskop mit 150 mm Objektivdurchmesser ist bei Hobbyastronomen durchaus üblich, für Linsenteleskope ist dagegen bei 100 mm aufgrund des hohen Preises meistens das Ende erreicht.

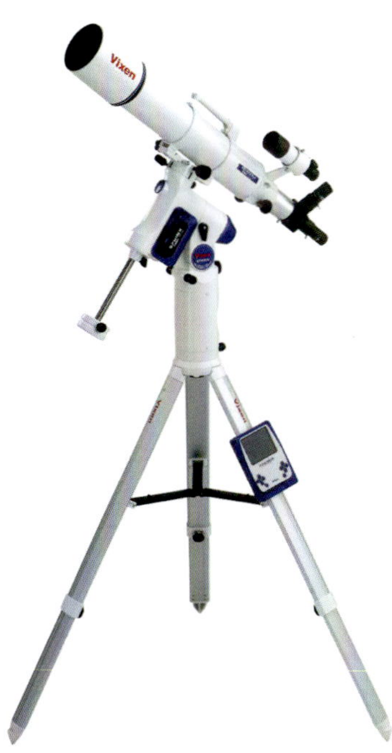

Der Refraktor auf einer parallaktischen Montierung gilt als ernsthaftes Hobby-Teleskop.

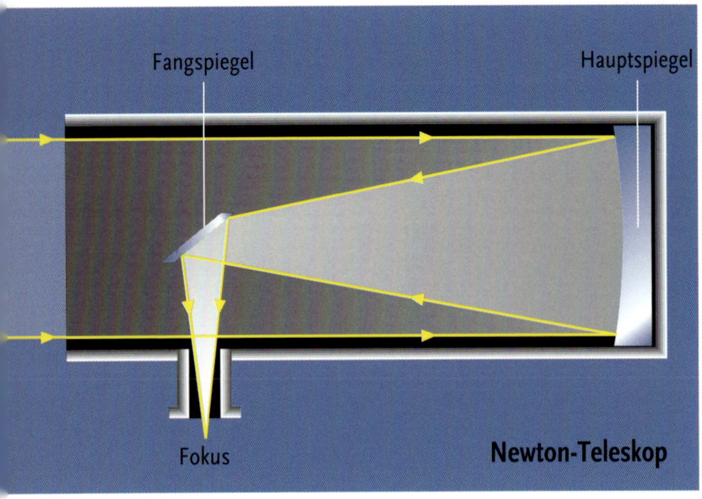

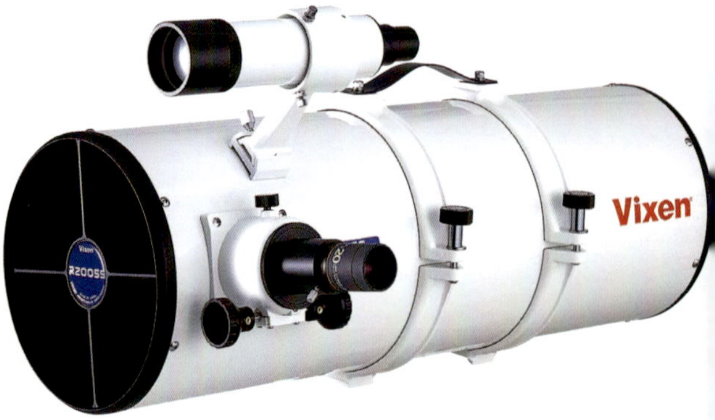

Oben: Ein Newton-Teleskop mit 20 cm Spiegeldurchmesser und 800 mm Brennweite.

Links: Beim Newton-Reflektor wird das Licht von einem Hohlspiegel reflektiert, dabei gebündelt und mit dem kleineren Umlenkspiegel aus dem Teleskoptubus gelenkt.

Das Spiegelteleskop

Reflektoren – so werden die Spiegelteleskope im Fachjargon genannt – benutzen zur Lichtbündelung einen Hohlspiegel. Am bekanntesten ist die von Isaac Newton eingeführte Bauart des Newton-Reflektors. Hier wird das vom Hauptspiegel (dem Objektiv) gesammelte Licht durch einen kleinen, plan geschliffenen Fangspiegel seitlich aus dem Fernrohrtubus herausgelenkt (sonst würde man sich bei der Beobachtung selbst im Weg stehen).

Newton-Teleskope gibt es in vielen verschiedenen Größen, für Einsteiger werden Geräte mit 76 oder 114 mm Spiegeldurchmesser angeboten. Spiegelteleskope haben einen großen Vorteil: Das Licht wird nicht gebrochen (sondern reflektiert), und das Bild ist daher vollkommen farbrein. Sie sind zudem kostengünstiger herzustellen, man bekommt fürs gleiche Geld ein größeres Teleskop.

Die Nachteile: Fang- und Hauptspiegel müssen exakt aufeinander justiert sein, sonst leidet die Abbildungsleistung. Die Justage ist nicht jedermanns Sache, kann aber mit etwas Übung in wenigen Minuten überprüft und verbessert werden. Außerdem deckt der kleine Fangspiegel etwas des einfallenden Sternlichts ab – was weiter nicht auffallen würde, wären da nicht die Haltestreben des Fangspiegels, die das Licht beugen und so das Bild etwas verschlechtern. Dadurch entstehen auch die auf Bildern typischen Strahlen um helle Sterne.

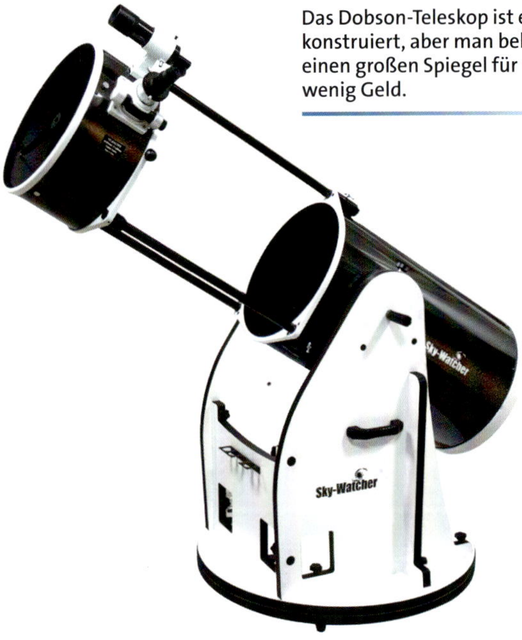

Das Dobson-Teleskop ist einfach konstruiert, aber man bekommt einen großen Spiegel für recht wenig Geld.

Die Brennweite eines Spiegelteleskops ist im Vergleich zur Öffnung geringer als beim Refraktor. Reflektoren erzeugen dadurch (bei gleicher Okularbrennweite) ein helleres Bild, sie werden bevorzugt zur Beobachtung lichtschwacher Objekte wie Sternhaufen und Galaxien eingesetzt, aber natürlich kann man sich damit auch den Mond oder einen Planeten anschauen.

Neben dem Newton-Reflektor gibt es andere Bauarten, vor allem das Cassegrain-Teleskop. Hier ist der Hauptspiegel in der Mitte durchbohrt und der Fangspiegel nach außen gewölbt. Das Licht wird vom Fangspiegel durch das Loch im Hauptspiegel ans Ende des Rohres geworfen, der Einblick liegt am Tubusende wie beim Linsenfernrohr. Cassegrain-Teleskope für Hobbyastronomen sind zur Verbesserung der Bildqualität vorne mit einer speziell geschliffenen Glasplatte verschlossen. Je nach Ausführung dieser Platte heißen sie dann Schmidt-Cassegrain-Teleskop oder auch Maksutov-Cassegrain-Teleskop. Besonders die Schmidt-Cassegrain-Teleskope (SCT) sind aufgrund ihrer kompakten Bauart sehr beliebt, so kann man selbst ein 20-cm-Teleskop noch leicht transportieren. (Ein Newton-Teleskop dieser Größe wäre schon knapp zwei Meter lang!). Diese Geräte werden meistens komplett mit motorisiertem Antrieb und Computersteuerung ausgestattet angeboten.

Die Sache mit der Vergrößerung

In den Werbeanzeigen und auch auf den Verpackungen der günstigen Teleskope steht eigentlich nur ein Wert im Vordergrund: die Vergrößerung. „Professionelles Tele-

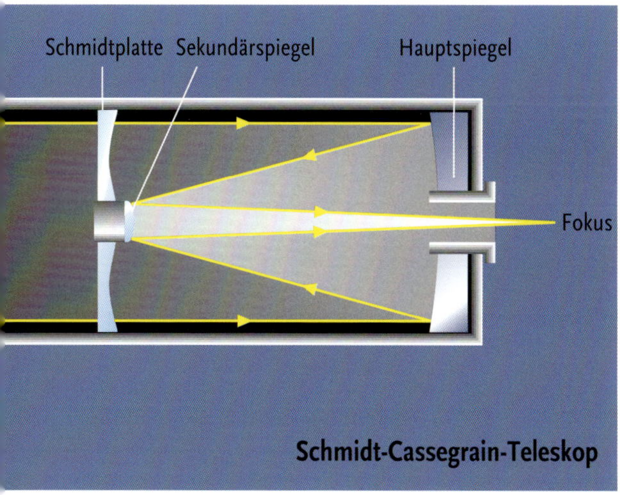

Ein Schmidt-Cassegrain-Teleskop reflektiert das Licht durch ein Loch im Hauptspiegel. Der Einblick liegt daher hinter dem Teleskop wie beim Refraktor.

skop mit 500-facher Vergrößerung" wird dort geschrieben. Das ist selten falsch – aber für den Praxisgebrauch ohne echte Bedeutung.

Ein Teleskop besteht eigentlich aus zwei Teilen: Dem Objektiv (also dem eigentlichen Fernrohr) und dem Okular. Ohne Okular kann man mit einem Fernrohr nicht viel anfangen, erst beim Blick durch diese „Augenlinse" wird man etwas erkennen. In Ferngläsern sind die Okulare fest eingebaut, bei Teleskopen kann man sie austauschen. Auch Okulare besitzen eine Brennweite, und je nach Kombination von Teleskop und Okular kann man verschiedene Vergrößerungen einstellen.

Die Vergrößerung lässt sich einfach selbst ausrechnen: Sie ist das Ergebnis von Teleskopbrennweite geteilt durch Okularbrennweite. Ein typisches Teleskop mit 1000 mm Brennweite erreicht zusammen mit einem Okular von 20 mm Brennweite 50-fache Vergrößerung. Mit einem 10-mm-Okular verdoppelt sich die Vergrößerung auf 100-fach (1000/20 = 50, 1000/10 = 100). Aber Okulare können nicht mit beliebig kurzer Brennweite hergestellt werden, bei ca. 5 mm ist Schluss, für das oben genannte Teleskop also bei 200-facher Vergrößerung. Durch den Einsatz von Zwischenlinsen kann man aber die Brennweite des Objektivs verdoppeln oder gar verdreifachen, und so kommt die Vergrößerung von 500-fach zustande.

Theoretisch ist die Angabe daher vollkommen richtig. In der Praxis jedoch wird der Vergrößerung durch zwei Faktoren eine Grenze gesetzt: dem Objektivdurchmesser und der Luftunruhe.

Mit dem Objektivdurchmesser ist die Trennschärfe (die „Auflösung") eines Teleskops verknüpft. Je größer das Objektiv, desto feinere Details kann es auflösen. Ein 60-mm-Refraktor kann noch Sterne im Abstand von ca. 3" trennen, ein 120-mm-Teleskop schon 1,"5. Gleichzeitig lässt aber das Zappeln der Sterne aufgrund unruhiger

Oben: Ein SC-Teleskop auf parallaktischer Montierung.

Dieses Schmidt-Cassegrain-Teleskop wird von einer computergesteuerten azimutalen Montierung getragen.

Luft – das sogenannte „Seeing" – nur sehr selten Details unterhalb von 2" zu.

Für die Vergrößerung bedeutet dies, dass man praktisch nicht höher zu vergrößern braucht als den doppelten Objektivdurchmesser in Millimetern. Für das 60-mm-Teleskop beträgt die sinnvolle Maximalvergrößerung 120-fach, für ein 100-mm-Teleskop 200-fach. Erhöht man die Vergrößerung trotzdem, wird das Bild nur zunehmend dunkler und kontrastärmer, man spricht von der „leeren" Vergrößerung.

Die azimutale Montierung

Einfache Teleskope sind so auf einem Stativ befestigt, dass man sie nach oben/unten und links/rechts schwenken kann. Die Schwenkvorrichtung zwischen Teleskop und Stativ bezeichnet man als „Montierung".

Bedingt durch die Erdrotation ziehen die Himmelsobjekte stetig und in Bögen über das Firmament. Ein einmal im Teleskop eingestelltes Objekt wird sich daher, je nach Vergrößerung, relativ rasch wieder aus dem Gesichtsfeld bewegen, man muss das Teleskop dem Lauf des Objekts nachführen, um es längere Zeit im Okular betrachten zu können.

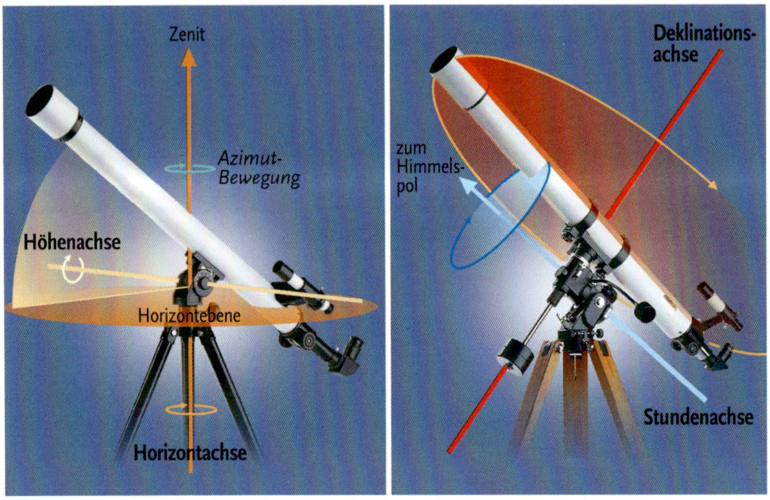

Die Funktionsweisen der azimutalen Montierung nach dem Prinzip des Kinoneigers (links) und der zur astronomischen Beobachtung besser geeigneten parallaktischen Montierung (rechts).

Bei einer azimutalen Montierung ist man daher gezwungen, ständig in beiden Richtungen nachzustellen. Außerdem sind die azimutalen Montierungen der günstigen Teleskope recht wacklig gebaut, man ist schon froh, den Mond oder einen Planeten endlich eingestellt zu haben, doch dann beginnt er auch gleich schon wieder herauszuwandern ...

Eine interessante und sehr beliebte Variante der azimutalen Montierung ist bei den sogenannten Dobson-Teleskopen verwirklicht. Dabei handelt es sich um Newton-Teleskope, deren Tubus auf Teflon-Gleitlagern in einer stabilen Holzkiste sitzt, deren Schwerpunkt sich nahe des Bodens befindet. Durch diese einfache Konstruktion bekommt man für vergleichsweise wenig Geld ein großes Teleskop, das sich auch feinfühlig über den Himmel navigieren lässt.

Die äquatoriale Montierung

Um den Himmel über längere Zeit bequem beobachten zu können oder sogar langbelichtete Fotos aufzunehmen, benötigt man eine äquatoriale Montierung, auch parallaktische Montierung genannt.

Bei der parallaktischen Montierung ist eine Achse schräg gestellt, so dass sie genau parallel zur Erdachse ausgerichtet ist. Man muss das Teleskop dann nur noch langsam um diese Achse drehen, um dem Lauf der Himmelsobjekte zu folgen. An dieser Stundenachse ist entweder eine biegsame Welle zur feinfühligen Korrektur befestigt oder gleich ein kleiner Motor, der dem Beobachter das leidige Nachführen weitgehend abnimmt.

Die äquatoriale Montierung ist nach dem gleichen Prinzip wie die äquatorialen Himmelskoordinaten konstruiert. So kann man mit ihr auch Objekte nach Koordinaten einstellen, wenn die Montierung mit entsprechenden Teilkreisen ausgestattet ist (was in der Praxis eigentlich immer der Fall ist).

Die Koordinate Deklination kann direkt am Teleskop eingestellt werden, die Koordinate Rektaszension muss erst in die aktuelle Position relativ zur Erddrehung umgerechnet werden, den Stundenwinkel. Der Stundenwinkel ist die Differenz zwischen aktueller Sternzeit und der Rektaszension des Objekts. Die Sternzeit kann man sich aus Tabellen heraussuchen und für seinen Beobachtungsort umrechnen (was ziemlich umständlich ist), oder man benutzt besser ein Planetariumsprogramm im Computer, das den Stundwinkel des Objekts direkt angibt.

Teleskope für Hobbyastronomen

Ob großes oder kleines Fernrohr, Linsen- oder Spiegelteleskop, hängt vom gewünschten Einsatzgebiet und nicht zuletzt vom persönlichen Geldbeutel ab. Klassisch unterteilt man Teleskope, die sich mehr zur Beobachtung von Sonne, Mond und Planeten oder zur Beobachtung lichtschwacher Objekte wie Sternhaufen, Nebel und Galaxien eignen.

Wo es auf die Detailschärfe ankommt und genügend Licht zur Verfügung steht, also bei der Beobachtung von Sonne, Mond und Planeten, greift man besser zum Linsenfernrohr. Hier muss man sich nicht mit der Justage der Spiegeloptik auseinandersetzen, der Refraktor ist weniger anfällig für unruhige Luft und weist eine bessere Abbildungsqualität auf.

Bei Spiegelteleskopen bekommt man fürs gleiche Geld ein Fernrohr mit größerem Objektiv, der Reflektor sammelt dadurch mehr Licht und ist zur Beobachtung von Sternhaufen, Nebeln und Galaxien geeignet. Besonders die Dobson-Teleskope sind hier zu empfehlen.

Die Schmidt-Cassegrain-Teleskope sind Allrounder, mit ihnen kann man eigentlich alle Objekte gleich gut beobachten, seien es Planeten oder lichtschwache Sternhaufen, Nebel oder Galaxien.

Wichtig ist bei jedem Fernrohr seine Montierung: Sie muss so stabil wie möglich sein, denn wenn das Teleskop bei jeder Berührung wackelt und schwingt, hat man an der Beobachtung nicht viel Freude.

Okulare werden mit unterschiedlichen Brennweiten angeboten. Je kleiner die Brennweite (und kürzer das Okular), desto stärker fällt die Vergrößerung am Teleskop aus.

Mit einer Barlow-Linse kann man die Brennweite des Teleskops und damit die Vergrößerung um einen Faktor zwei bis drei verlängern.

Welches Teleskop soll ich kaufen?

Man kann durchaus ein Teleskop im Kaufhaus oder Supermarkt erwerben, die meisten Geräte sind von ähnlicher Qualität. Zu empfehlen ist dann ein Linsenfernrohr (aber überzeugen Sie sich, ob es nicht doch ein Spiegelteleskop mit Seiteneinblick oben ist, oft sind die Angaben in der Werbung fehlerhaft). Die optische Qualität dieser Geräte ist meist gut bis zufriedenstellend, die mechanische Stabilität lässt dagegen in der Regel zu wünschen übrig. Wer hier mehr Wert auf Qualität und Beobachtungskomfort legt, sollte ein Fernrohr gleicher Größe beim Teleskophändler erwerben – zu höherem Preis, aber deutlich besserer Qualität.

Im Sonderangebot bekommt man einen 60-mm-Refraktor schon für unter 100 Euro, für das qualitativ bessere Gerät mit gleichen Kenndaten beim Teleskophändler muss man mit 200 – 300 Euro rechnen.

Wer sich der Beobachtung von Nebeln und Galaxien verschreiben möchte und ohne Motorantrieb auskommt, sollte zu einem 20-cm-Dobson greifen, den man für rund 500 Euro erhält. Ein gleich großes Newton-Teleskop auf stabiler, parallaktischer Montierung, die zur Astrofotografie geeignet ist, kostet rund 2000 Euro.

Die Schmidt-Cassegrain-Teleskope gibt es in fast allen Preisklassen, ab ca. 300 Euro aufwärts. Hier ist das handliche Maksutov-Teleskop zu nennen, das es entweder als kleines Teleskop für das Fotostativ (unter 300 Euro) oder mit motorisierter Montierung gibt (ab 500 Euro).

Größere Modelle erfordern auch eine stabilere Montierung, für ein 20-cm-SCT und stabilem Stativ muss man daher mit mindestens 2000 Euro rechnen.

Okulare und Zubehör

Die Vergrößerung und das eigentliche Bild wird vom **Okular** erzeugt, das man in den Okularauszug des Teleskops steckt. Es gibt Okulare mit kleinem (24,5 mm) und größerem (31,8 mm) Durchmesser, die letzteren sind Standard bei Hobbyteleskopen. Auch Okulare gibt es in vielen Qualitätsstufen, abzuraten ist vom Typ der Huygens-Okulare, die deutliche Farbsäume produzieren (sie liegen leider den meisten „Kaufhausteleskopen“ bei). Besser sind Okulare mit mehreren Linsen, mit steigender Qualität werden sie Kellner-Okular, orthoskopisches Okular und Erfle-Okular genannt.

Für Refraktoren und Schmidt-Cassegrain-Teleskope benutzt man ein **Zenitprisma** (oder Zenitspiegel), das das Licht um 90 Grad umlenkt, so dass man bei der Beobachtung hoch stehender Objekte einen bequemeren Einblick hat und nicht hinter dem Teleskop auf dem Boden herumkriechen muss.

Eine **Barlowlinse** verdoppelt oder verdreifacht die Brennweite des Teleskops, man kann mit seinem Okularsatz so unterschiedliche Vergrößerungen erreichen. Besser sind allerdings mehrere Okulare.

Ein kleines **Sucherfernrohr** oder eine Visiereinrichtung (beliebt: der „Telrad“) braucht man, um das Objekt überhaupt im Teleskop einstellen zu können, da das Teleskop selbst mit der kleinsten Vergrößerung zu wenig Übersicht bietet. Sucher und Teleskop müssen aufeinander justiert sein, was bei den Exemplaren mit wackeliger Halterung und kleinen Schrauben zum Geduldsspiel werden kann (aber die Mühe lohnt sich sehr, denn ohne Sucher findet man am Himmel kaum etwas).

Wer unter aufgehelltem Himmel schwache Nebel beobachten möchte, verwendet einen **Nebelfilter**. Sie blocken das störende Streulicht ab und lassen nur das Licht des Nebels passieren; das Bild wird dadurch zwar dunkler, aber der Kontrast steigt erheblich, viele Nebel sind überhaupt erst unter Einsatz eines Nebelfilters zu sehen.

Ein sehr praktisches Zubehör für die parallaktische Montierung ist der **Polsucher**, ein kleines Fernrohr, das in die Polachse der Montierung eingebaut wird. Mit dem Polsucher kann man seine Montierung in wenigen Minuten durch Anvisieren des Polarstern exakt ausrichten und so auch nach Koordinaten einstellen.

Sonne, Mond und Planeten beobachten

Sonne, Mond und Planeten – die Objekte des Sonnensystems sind besonders bei Einsteigern beliebt, denn hier kann man schon mit einem kleinen Fernrohr viele Einzelheiten sehen. Gerade der Mond lädt durch seine wechselnden Phasen zu ausgedehnten Spaziergängen ein.

Wer sich gerade ein kleines (oder auch großes) Fernrohr gekauft oder geschenkt bekommen hat, der sollte sich zuerst zwei Objekte anschauen: den Mond und (wenn er sichtbar ist) den Ringplaneten Saturn. Hier sieht man bereits mit jedem kleinen Teleskop überraschende Einzelheiten, die helle Mondscheibe sieht wie auf den Fotos der Astronauten aus, und bei Saturn kann man tatsächlich den Ring sehen, der scheinbar um die kleine Planetenkugel schwebt!

Krater und Meere auf dem Mond beobachten

Mit bloßem Auge oder einem Fernglas kann man auf dem Mond bereits dunkle Gebiete erkennen. Unsere Vorfahren vermuteten dort große Wasserflächen, so dass viele Strukturen auf dem Mond mit Namen wie „Ozean", „Meer", „Bucht" oder „Sumpf" bezeichnet werden, obwohl die Oberfläche unseres Nachbarn im All knochentrocken ist. Die auffälligsten Mondformationen sind auf der Mondkarte rechts oben bezeichnet.

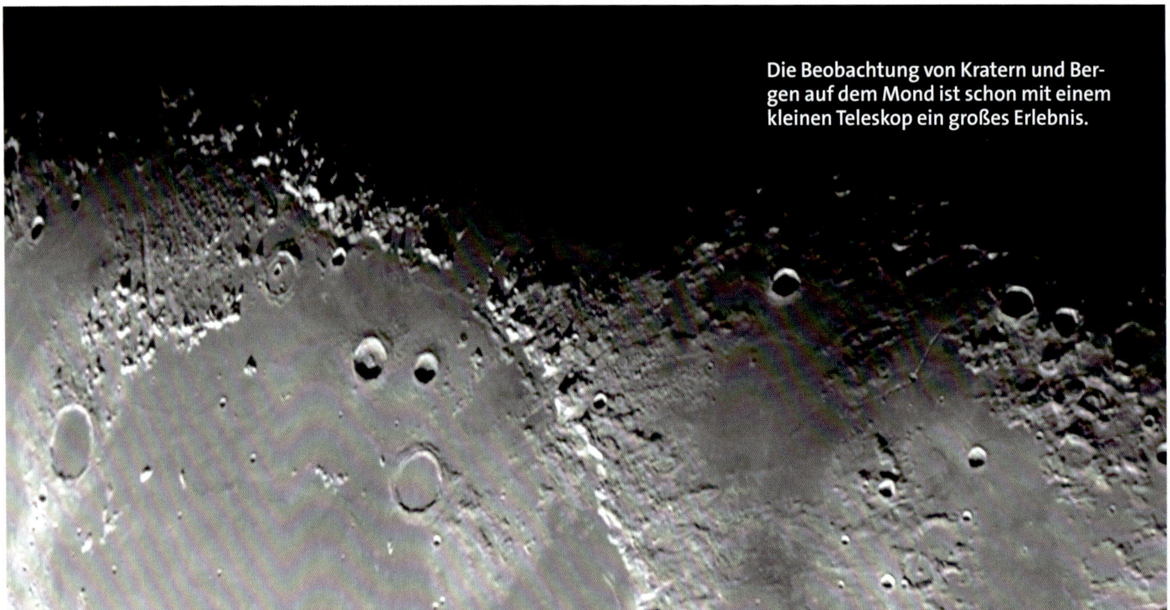

Die Beobachtung von Kratern und Bergen auf dem Mond ist schon mit einem kleinen Teleskop ein großes Erlebnis.

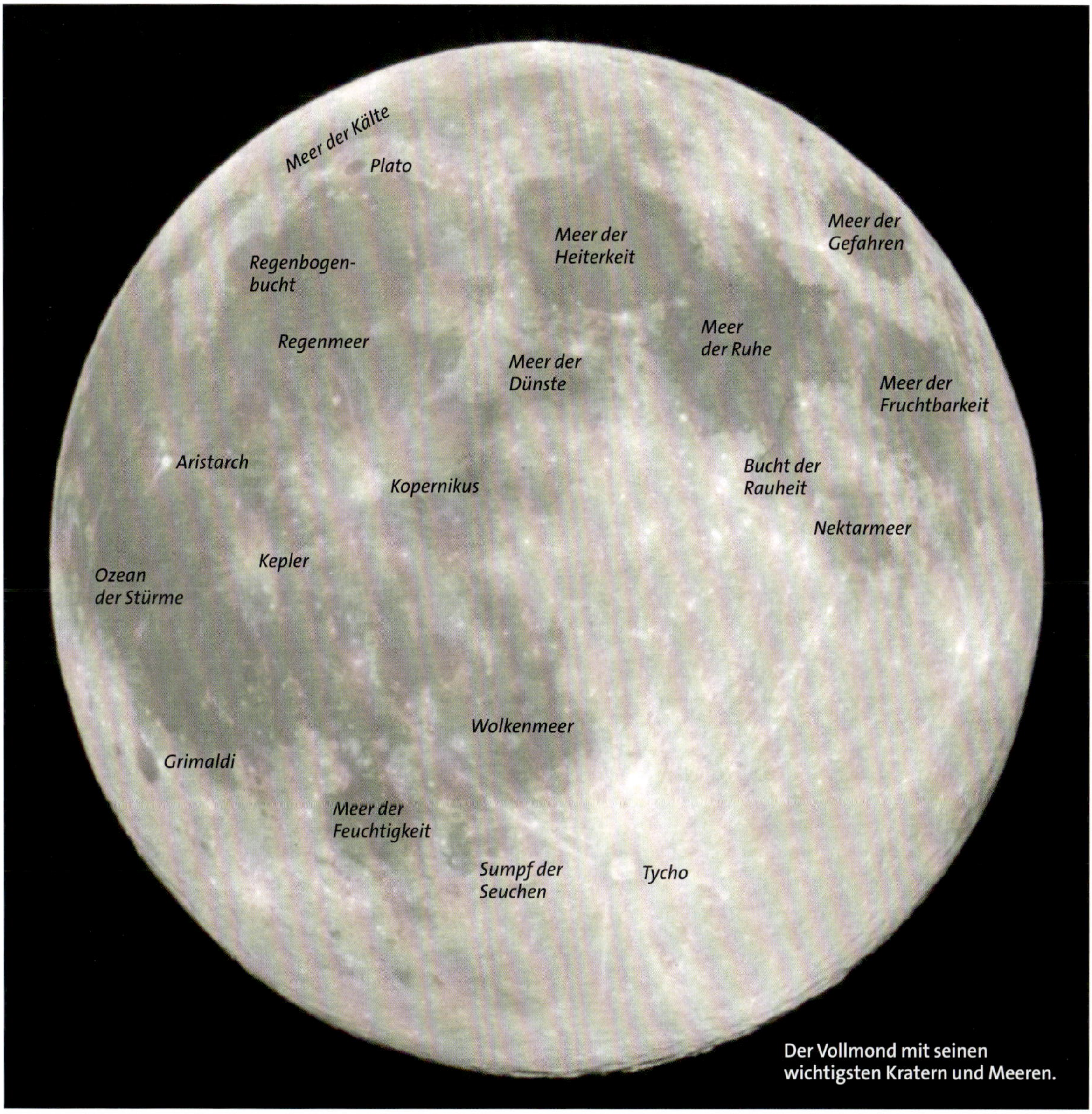

Der Vollmond mit seinen wichtigsten Kratern und Meeren.

Zur Mondbeobachtung eignet sich jedes Fernrohr, und man kann gerne einmal ausprobieren, wie hoch es denn wirklich vergrößert (und wird dabei schnell feststellen, dass eine hohe Vergrößerung oft zu viel des Guten ist). Mit niedriger Vergrößerung (ca. 50-fach) kann man den Mond noch vollständig im Okular sehen – und gleichzeitig die kraterübersäte Landschaft, was einen besonders reizvollen Anblick ergibt. Zur Mondbeobachtung ist die Vollmondphase übrigens nicht gut geeignet. Dann nämlich treffen die Sonnenstrahlen auf dem Mond nahezu senkrecht auf, und Krater und Berge werfen keine Schatten. Gut zu sehen sind dagegen die Strahlenkrater, von denen sich radiale Strahlen weit über den Mondglobus erstrecken, besonders die großen Krater Tycho und Kopernikus.

Ideal zur Mondbeobachtung sind die Tage um Halbmond. Dann steht der Mond zur abendlichen Beobachtungszeit am Himmel. Entlang der Licht-Schatten-Grenze, dem Terminator, sind die Krater am besten zu sehen (siehe auch Abb. links). Hier trifft das Sonnenlicht flach auf, wirft lange Schatten und bietet so große Kontraste. Besonders der Südteil des Mondes (am Himmel unten, aber im astronomisch umkehrenden Fernrohr oben!) weist eine hohe Kraterdichte auf, an der man sich kaum satt sehen kann.

Mit fortschreitender Zeit kann man bereits an einem Abend auf der dunklen Seite des Terminators die höheren Berggipfel langsam in der Sonne aufgehen sehen, während die sie umgebende Mondlandschaft noch im Schatten liegt.

Ein spektakuläres Ereignis ist das Auftauchen der halbkreisförmigen Regenbogenbucht einige Tage vor Vollmond, die prägnante Struktur steigt dann als „goldener Henkel“ aus dem Mondschatten heraus.

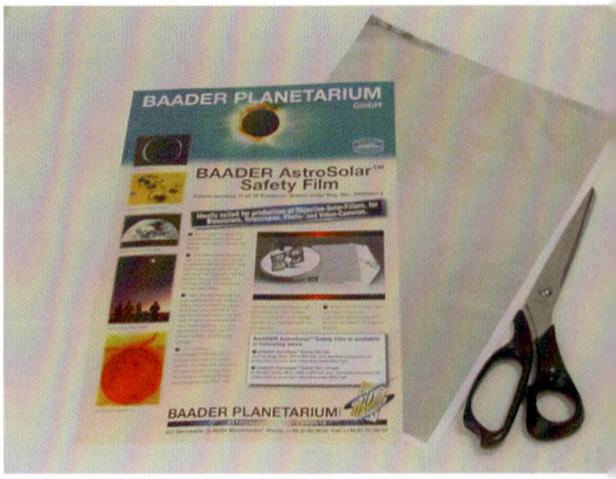

Ob mit selbst zurecht geschnittener Folie (oben) oder für das Fernrohr fertig gefasstem Filter: So ist die Sonnenbeobachtung gefahrlos möglich.

Die Sonne in einem Fernrohr mit Objektivsonnenfilter: Man sieht eine große gelbe Kugel mit einigen dunklen Sonnenflecken. Bei „ruhiger Luft" ist auch die Granulation zu erkennen

Sichere Sonnenbeobachtung

Die Sonne erscheint am Himmel ebenso groß wie der Mond, aber zu ihrer Beobachtung muss man besondere Sicherheitsvorkehrungen treffen. Schauen Sie daher niemals mit bloßem Auge, und schon gar nicht mit einem Fernglas oder Teleskop ohne professionellen Schutz in die Sonne! Auch nicht durch ein geschwärztes Filmstück, eine CD oder was sonst das Sonnenlicht scheinbar genügend dämpft. Neben dem grellen Sonnenlicht, das ihr Auge sofort erblinden lassen würde, erreichen uns von dort auch gefährliche Infrarotstrahlen, die das Auge schädigen. Ohne spezielle Filter kann man die Sonne genau zweimal anschauen: einmal mit jedem Auge ...

Mit der richtigen Technik ist die Sonnenbeobachtung aber vollkommen ungefährlich und äußerst abwechslungsreich. Es gibt zwei klassiche Methoden zur Sonnenbeobachtung:

Bei der Projektionsmethode schaut man nicht direkt durchs Teleskop, sondern wirft das helle Sonnenlicht auf einen hinter dem Teleskop befestigten Schirm. Einen Sonnenprojektionsschirm kann man als Zubehör kaufen oder mit etwas Geschick selbst basteln. Da das Licht der Sonne aber ungedämpft durch das Teleskop dringt, sollte man ein einfaches Okular verwenden, dessen Linsen nicht verkittet sind, sonst wird das Okular beschädigt. Den Projektionsschirm befestigt man mit einer Klemme am Teleskop, eine Stange hält den (weißen) Schirm wie eine Dialeinwand in einigem Abstand (ca. 40 cm) hinter dem Okular.

Um die Sonne einzustellen (auch hier nicht durchschauen!), betrachtet man den Schatten des Teleskops auf dem Boden und bewegt das Teleskop so lange, bis der Schatten am kleinsten ist. Dann stellt man das Sonnenbild mit dem Okularauszug scharf und sieht die ganze Sonnenscheibe auf dem Projektionsschirm. Praktisch ist die Projektionsmethode auch, wenn man mehreren Personen gleichzeitig die Sonne zeigen möchte.

Um die Sonne direkt durch das Teleskop zu beobachten, muss man vor dem Objektiv einen speziellen Sonnenfilter anbringen. Die kleinen Okularfilter, wie sie manchmal den günstigen Teleskopen beiliegen, sind vollkommen ungeeignet, denn sie heizen sich enorm auf und können (und werden) platzen!

Im Teleskopfachhandel sind spezielle Sonnenfilter aus Glas oder Folie erhältlich, die das Sonnenlicht zum allergrößten Teil schon vor dem Teleskop reflektieren. Die Folienfilter sind qualitativ sehr gut und im Vergleich zu den Glasfiltern preiswert. Mit einer selbstgebastelten Steckhülse (gegen Herabfallen mit etwas Klebeband am Teleskop befestigen) kommt man so preisgünstig an einen guten und sicheren Sonnenfilter, der sich auch zur Beobachtung von Sonnenfinsternissen eignet (die bekannten Sonnenfinsternisbrillen benutzen die gleiche Folie). Auf der Sonnenoberfläche kann man meist dunkle Sonnenflecken sehen, die ihre Zahl und Größe im Laufe von Tagen verändern. Durch langfristige Zählungen der

Sonnenflecken hat man den elfjährigen Rhythmus der Sonnenaktivität entdeckt. Von einem zum anderen Tag bewegen sich die Sonnenflecken etwas, sie verändern aufgrund der Sonnenrotation ihren Ort. Sehr große Sonnenflecken (die man sogar mit bloßem Auge und einer Sonnenfinsternisbrille sehen kann) sind so langlebig, dass sie nach einer Sonnenrotation nochmals auf der anderen Seite der Sonnenscheibe auftauchen.

Auffällig ist auch der etwas dunklere Sonnenrand, die Sonne sieht im Fernrohr wirklich wie eine Kugel aus. Spezialteleskope lassen nur einen bestimmten Wellenlängenbereich des Sonnenlichts passieren, mit ihnen kann man am Sonnenrand aufsteigende Ausbrüche, die sogenannten Protuberanzen beobachten, die sonst nur bei einer totalen Sonnenfinsternis sichtbar werden.

Merkur und Venus beobachten

Die Beobachtung der inneren Planeten beschränkt sich auf das Verfolgen ihrer Phasengestalt.

Merkur ist an sich schon selten zu erhaschen (siehe Seite 113), und im Fernrohr zeigt das kleine, durch die Horizontnähe zappelnde Planetenscheibchen keine Oberflächeneinzelheiten. Man erkennt eine kleine, mehr oder weniger als Sichel erscheinende Planetenkugel, und mit etwas Glück kann man Merkur einige Tage hintereinander beobachten und dabei die Veränderung der Sichelgestalt verfolgen.

Die helle **Venus** ist dagegen für Wochen oder Monate als Abend- oder Morgenstern zu sehen. Sie ist im Teleskop deutlich größer als Merkur, bei ihr kann man Phasen von einer schmalen Sichel bis hin fast zur „Vollvenus" verfolgen. Oberflächeneinzeiheiten zeigt auch Venus nicht, da unser innerer Nachbarplanet von einer dichten Wolkenhülle umgeben wird. Spezialisten wollen mit dunklem Blaufilter Strukturen in den Venuswolken gesehen haben, Einsteiger werden danach vergeblich suchen.

Die schmale Venussichel am Tag vor blauem Himmel.

Venus ist zeitweise so hell, dass man sie sogar mit bloßem Auge am Taghimmel sehen kann. Mit dem Teleskop gelingt dies eigentlich immer, vorausgesetzt, man weiß, wo man zu suchen hat. Ist das Teleskop mit einer parallaktischen Montierung und Teilkreisen ausgestattet, dann kann man versuchen, Venus am Taghimmel nach Koordinaten einzustellen.

Mars, Jupiter und Saturn beobachten

Die äußeren Planeten stehen jedes Jahr in Opposition (Mars nur alle zwei Jahre) und können dann die ganze Nacht und über Wochen hinweg verfolgt werden. Ihre Durchmesser gleichen denen größerer Mondkrater (sie sind etwas kleiner als eine Bogenminute), bei mittleren Vergrößerungen von 50- bis 100-fach kann man bereits Einzelheiten auf den Planetenscheibchen erkennen.

Der rote Planet **Mars** weist stark schwankende Durchmesser auf. In manchen Jahren wird sein Scheibchen nur einige Bogensekunden groß, bei günstigeren Stellungen erreicht das Marsscheibchen fast eine halbe Bogenminute. Leider nahm der Marsdurchmesser seit der besten Sichtbarkeit im August 2003 beständig ab, hat 2012 seinen kleinsten Wert erreicht und steigt danach wieder an.

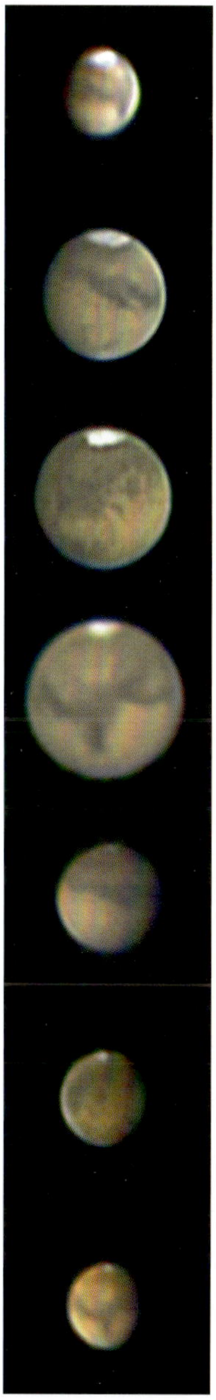

Der rote Planet Mars im Laufe einer Oppositionsperiode. Sein Durchmesser ändert sich mit der Zeit deutlich.

Mars ist der einzige Planet, auf dem man echte Oberflächeneinzelheiten sehen kann. Seine Achse ist wie die der Erde gegen seine Umlaufbahn geneigt, eine Marsrotation dauert nur etwas mehr als 24 Stunden. Auf Mars können jahreszeitliche Veränderungen beobachtet werden, vor allem das Abschmelzen und Anwachsen der weißen Polkappen. Die Marskugel zeigt eine leichte Phase, Mars ist dann nicht kugelrund, sondern etwas eiförmig.

Zur Beobachtung der Oberflächeneinzelheiten empfiehlt sich ein Orange- oder Rotfilter, der den Kontrast erhöht. Manchmal toben auf Mars Sandstürme, dann ist auf ihm kaum etwas zu erkennen.

Jupiter zeigt Strukturen in seinen Wolkenstreifen (links oben ein Mond, der seinen Schatten auf Jupiter wirft).

Farbige Filter zum Einschrauben in das Okular sind zur Hervorhebung von Planetendetails sehr hilfreich.

Der Riesenplanet **Jupiter** steht jedes Jahr in Opposition und ist eigentlich immer gleich gut zu beobachten, da sein Durchmesser um 40" beträgt. Bereits im Fernglas sieht man die vier hellen Monde, die nach ihrem Entdecker Galileo Galilei die „galileischen Monde" genannt werden (dazu im nächsten Abschnitt mehr).

Auf dem Jupiterscheibchen sind schon mit geringer Vergrößerung (ab ca. 30-fach) zwei dunkle Wolkenbänder zu erkennen. Die Jupiterkugel ist deutlich abgeplattet, sein Durchmesser am Äquator (parallel zu den Wolkenbändern) etwas größer als von Pol zu Pol gemessen.

Mit einem guten Teleskop, stärkerer Vergrößerung (ca. ab 100-fach) und ruhiger Luft sind auf Jupiter zahlreiche Einzelheiten zu entdecken. Wolkenwirbel tauchen auf, weitere, schmale Wolkenbänder werden sichtbar. Auch den berühmten Großen Roten Fleck kann man im Hobbyteleskop bereits sehen, wenngleich dieser oft recht blass und zunehmend kleiner erscheint.

Den berühmten Ring von Saturn kann man bereits im Einsteigerteleskop erkennen. Ein großes Amateurteleskop zeigt feine Einzelheiten wie hier auf dem Bild.

Jupiter rotiert in nur zehn Stunden um seine Achse, man kann daher in einer Nacht (je nach deren Länge und der eigenen Ausdauer) die ganze Jupiteroberfläche sehen, wobei sich der Ausdruck „Oberfläche" hier auf die obersten Wolkenschichten des Gasplaneten bezieht.

Saturn gilt als der schönste Planet. Sein Ring ist mit jedem Teleskop ab ca. 50-facher Vergrößerung zu sehen, und bei 100-facher Vergrößerung hat man einen traumhaften Anblick des Ringplaneten. Je nach Ringöffnung

Die Durchmesser der Planetenscheibchen schwanken im Laufe eines Jahres erheblich.

Im September 2010 begegneten sich Jupiter und Uranus am Himmel. Neben dem hellen Jupiter sind auch einige seiner Monde zu erkennen.

(alle 15 Jahre schauen wir genau auf die Kante des Rings, dann ist er unsichtbar) kann mit einem guten Teleskop dort eine kleine dunkle Lücke erkannt werden, die sogenannte Cassini-Teilung. Beeindruckend ist auch der Schatten des Planeten, den er auf den Ring wirft, dadurch wirkt Saturn richtig dreidimensional.

Mit Ring ist Saturn ungefähr so groß wie Jupiter und steht wie sein innerer Nachbar jedes Jahr in Opposition. In den Jahren 2013 bis 2020 ist Saturn am Frühlings- und dann am Sommerhimmel zu sehen.

Den hellsten Mond von Saturn, Titan, kann man ebenfalls gut beobachten, und mit etwas größeren Teleskopen auch die lichtschwächeren Monde Rhea, Tethys und Japetus. Wo sich diese Monde relativ zur Saturnscheibe gerade aufhalten, zeigen Diagramme in den astronomischen Jahrbüchern ähnlich dem hier rechts unten für die Jupitermonde beispielhaft abgebildeten.

Der Tanz der Jupitermonde

Um das Jupiterscheibchen sind seine vier hellsten Monde zu sehen. Sie sind eigentlich hell genug, dass man sie unter dunklem Himmel mit bloßem Auge sehen kann, werden aber vom sehr viel helleren Jupiter überstrahlt. Ein Fernglas genügt daher, um die vier galileischen Monde sehen zu können, und im Fernrohr kann man ihre Bewegung im Laufe von Stunden sowie besondere „Jupitermondereignisse" verfolgen. Es sind Spiele von Licht und Schatten, denn oft kann man auf den ersten Blick nur zwei oder drei der Monde sehen, die anderen haben sich vor, hinter oder neben Jupiter versteckt.

Jupiter wirft einen langen Schatten in den Weltraum, tritt ein Mond in diesen Bereich, so nimmt seine Helligkeit schlagartig ab und er wird für einige Zeit unsichtbar. Hin und wieder wirft auch ein Mond seinen Schatten auf die Jupiterscheibe, der dort als kleiner schwarzer Fleck zu sehen ist. Schwieriger ist es, einen vor der Jupiterscheibe vorbeiziehenden Mond zu beobachten.

Wann welches Jupitermondereignis zu beobachten ist, listen Jahrbücher wie das *Kosmos Himmelsjahr* auf, dort veranschaulicht auch ein Diagramm (Abb. rechts) die Bewegungen der Jupitermonde.

Uranus und Neptun beobachten

Die Beobachtung der fernen Riesenplaneten beschränkt sich für Besitzer kleinerer Teleskope auf deren Identifizierung vor dem Hintergrund der Sterne. Beide Planeten sind nicht hell genug, um mit bloßem Auge gesehen zu werden.

Uranus ist mit einer Maximalhelligkeit von knapp 6^{m} zur Oppositionszeit (die zwischen 2013 und 2020 im Spätsommer/Herbst eintritt) theoretisch mit bloßem Auge zu sehen, aber dazu muss man schon ein sehr guter Beobachter sein und sich unter dunklem Himmel befinden. Auf dem nur knapp 4" kleinen Planetenscheibchen sind keine Einzelheiten zu erkennen, Uranus erscheint im Teleskop wie ein dicker, grünlicher Stern. Auch die Uranusmonde sind für den Hobbyastronom zu lichtschwach, manchen gelang es aber, sie fotografisch nachzuweisen.

Die Maximalhelligkeit von **Neptun** beträgt ca. 8^{m}, er ist damit noch mit einem guten Fernglas zu sehen, ein Teleskop erleichtert aber die Identifizierung, ebenso eine gute Aufsuchsternkarte. Sein Scheibchen ist mit etwas mehr als 2" nur halb so groß wie das von Uranus und liegt an der Auflösungsgrenze kleinerer Teleskope. Bei höherer Vergrößerung sieht Neptun bestenfalls wie ein verwaschener, etwas bläulich leuchtender Stern aus.

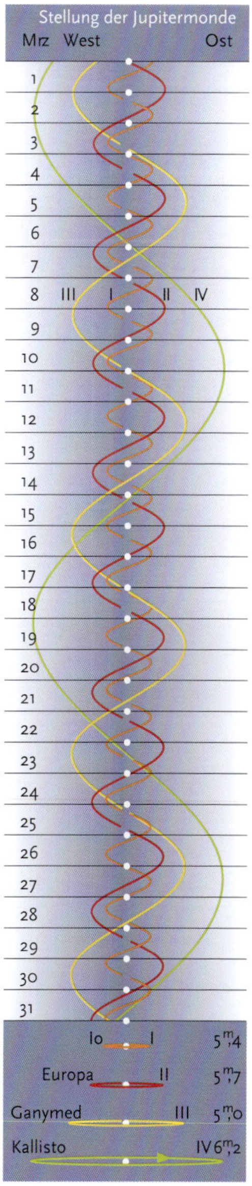

Die Bahnen der Jupitermonde im Verlauf eines Monats.

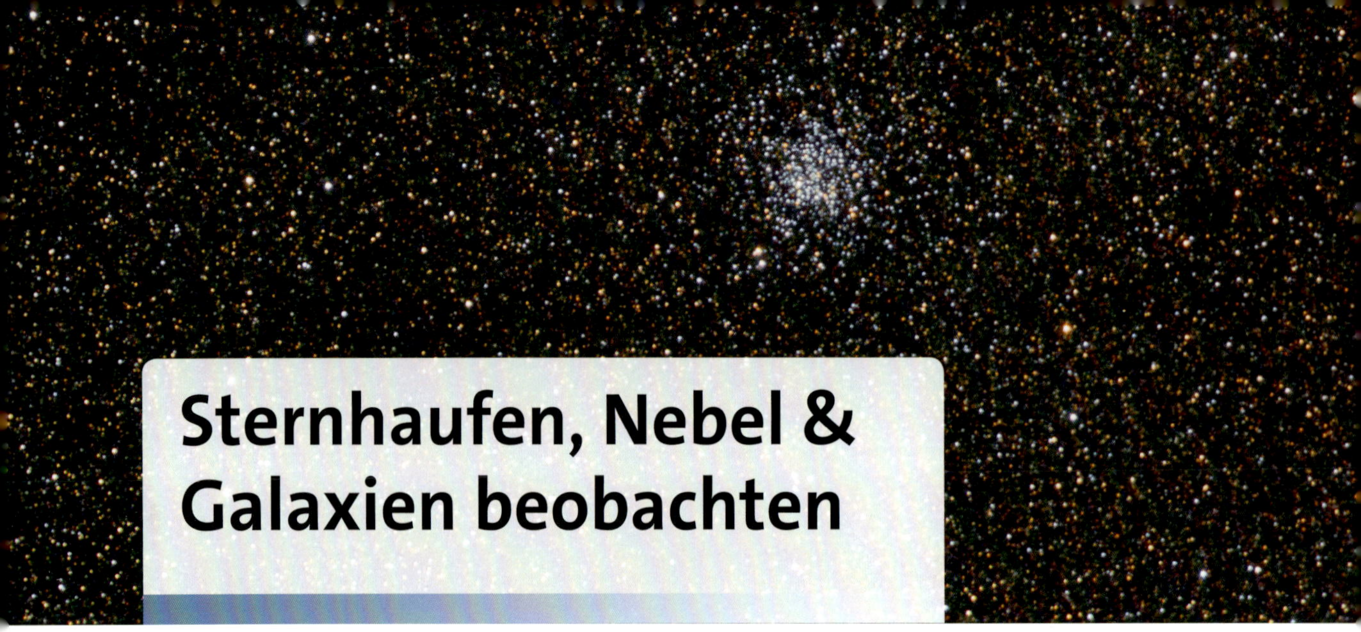

Sternhaufen, Nebel & Galaxien beobachten

Viele „Deep-Sky-Objekte“ kann man schon mit bloßem Auge oder einem einfachen Fernglas beobachten. Der Blick geht dabei hinaus in die Tiefen des Weltraums zu Sternen, Nebeln und Galaxien, die hunderte bis Millionen Lichtjahre weit von uns entfernt sind.

Auf den Sternkarten der Seiten 120 – 142 ist für jeden Monat ein Objekt angegeben, das man mit dem Fernglas oder Fernrohr beobachten kann. Man nennt sie auch „Deep-Sky-Objekte“, da Sternhaufen, Gasnebel und Galaxien im Gegensatz zu den Planeten unseres Sonnensystems sehr weit von uns entfernt stehen.

Deep-Sky-Objekte haben eine weitere Gemeinsamkeit: Sie sind alle lichtschwach, manchmal zählt man daher auch Kometen dazu, obwohl sie Körper des Sonnensystems sind.

Unser Auge – das beste Fernrohr

Die meisten Hobbyastronomen denken bei der Deep-Sky-Beobachtung erst einmal an riesige Spiegelteleskope. Anders als bei den Planeten, die ohne Vergrößerung nur kleine Lichtpunkte bleiben, dafür aber hell genug sind, dass man sie mit bloßem Auge gut sehen kann, geht es bei der Beobachtung nebliger Objekte vor allem um das Sammeln von Licht und den Kontrast zum Himmelshintergrund. Das beste Teleskop nützt wenig, wenn man am aufgehellten Stadthimmel nach lichtschwachen Galaxien fahndet.

Für den Deep-Sky-Beobachter ist ein dunkler Himmel weitab störender Beleuchtung daher das wichtigste „Zubehör“. Viele Sternhaufen, einige Nebel und sogar zwei

Die Andromeda-Galaxie ist für die Beobachtung mit dem Fernglas oder einem kleinen Fernrohr (mit niedriger Vergrößerung) ein ideales Objekt. Je dunkler der Himmel ist, desto größer erscheint die Galaxie.

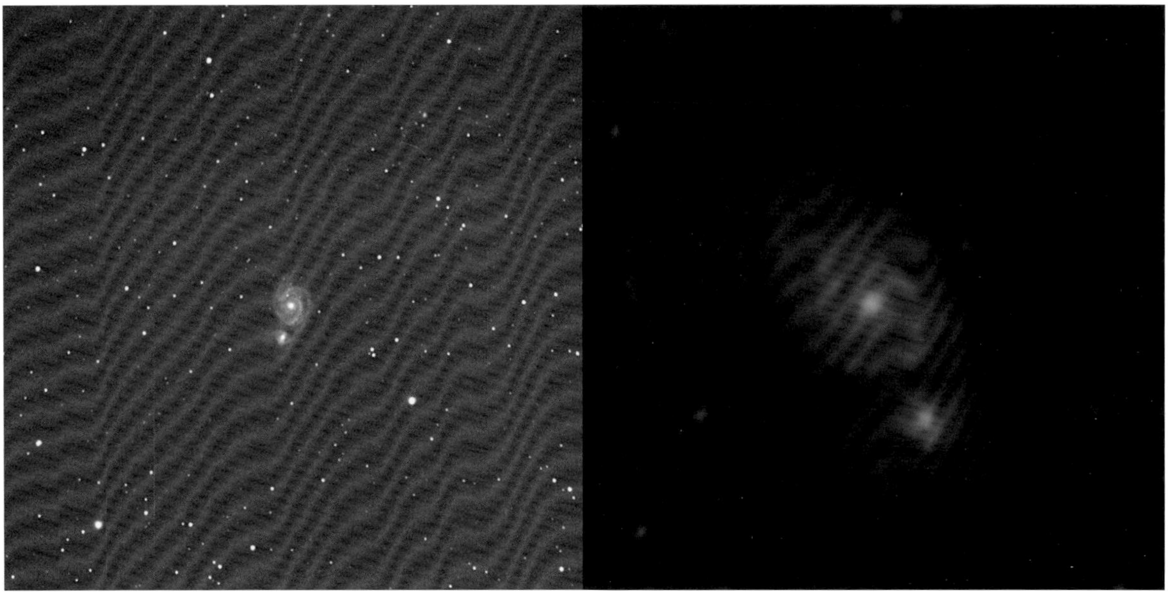

Bei niedriger Vergrößerung sieht man ein Deep-Sky-Objekt (hier die Galaxie M 51 in den Jagdhunden) hell und kontrastreich (Bild links). Bei zu hoher Vergrößerung wird das Bild flau und verwaschen (Bild rechts).

Galaxien kann man am Himmel unter guten Bedingungen bereits mit bloßem Auge sehen. Die Aufgabe eines Fernglases oder Teleskopes ist es dann in erster Linie nicht, das Bild zu vergrößern, sondern mehr Licht zu sammeln, dem Auge einen „Lichttrichter" zu verpassen.

Die richtige Vergrößerung

Im Kapitel über Teleskope wurde berichtet, dass sich Linsenfernrohre mehr zur Mond- und Planetenbeobachtung eignen, Spiegelteleskope dagegen zur Beobachtung von Nebeln und Galaxien. Richtig ist das aber nur dann, wenn das Spiegelfernrohr größer als der Refraktor ist, denn Modelle mit gleichem Objektivdurchmesser sammeln gleich viel Licht, sind für die Deep-Sky-Beobachtung also beide geeignet.

Der Trick besteht nun darin, die kleinste mögliche Vergrößerung zu wählen. Neben der Maximalvergrößerung gibt es auch eine minimale, unterhalb der man Licht verschenkt. Die Pupille des Auges hat einen Durchmesser von sechs bis acht Millimetern, bei jüngeren Menschen mehr, bei älteren weniger. Aus dem Okular eines Fernrohres oder Fernglases tritt ein Lichtbündel, dessen Durchmesser mit sinkender Vergrößerung größer wird. Vergrößert man zu niedrig, ist das Lichtbündel des Teleskops größer als die Augenpupille, das Licht kann nicht mehr vollständig auf die Netzhaut fallen. Bei steigender Vergrößerung wird das Bild aber immer dunkler, da die Lichtintensität mit der Fläche abnimmt – bei Verdopplung der Vergrößerung sinkt die Bildhelligkeit auf ein Viertel. Man muss daher eine möglichst niedrige Vergrößerung wählen, so dass das aus dem Okular austretende Lichtbündel noch bequem in das eigene Auge passt.

In der Praxis kann man sich die für sein Teleskop minimale Vergrößerung schnell selbst ausrechnen: Sie beträgt das Ergebnis von Teleskopdurchmesser geteilt durch Pupillendurchmesser. Für den Pupillendurchmesser sollte man konservativ kalkulieren und 6 mm annehmen. Ein typisches 60-mm-Linsenfernrohr hat daher eine Minimalvergrößerung von 10-fach, ein 120-mm-Spiegelteleskop von 20-fach. Bei Ferngläsern ist diese Bedingung übrigens gut erfüllt, ein Fernglas mit 50-mm-Linsen hat meist achtfache Vergrößerung („8 x 50").

Wie soll man aber mit einem 60-mm-Refraktor, der 900 mm Brennweite hat, eine 10-fache Vergrößerung erreichen, dazu bräuchte man ein Okular mit 90 mm (!) Brennweite, mitgeliefert wurde aber nur eines mit 20 mm (das 45-fache Vergrößerung erzeugt). Die Antwort: überhaupt nicht. Man nimmt einfach das Okular mit der längsten Brennweite (also der kleinsten Vergrößerung), das vorhanden ist. Wer mag, kann sich eines mit 40 mm Brennweite zulegen, denn noch langbrennweitigere Okulare sind sehr teuer, evtl. teurer als das ganze Teleskop.

Teleskope für die Deep-Sky-Beobachtung

Wer sich auf die Beobachtung der Deep-Sky-Objekte spezialisieren möchte, sollte auf das Öffnungsverhältnis des Teleskops achten, also das Verhältnis von Objektivdurchmesser zu Brennweite, was man vom Fotoapparat her als Blende kennt.

Der bereits zitierte 60-mm-Refraktor mit 900 mm Brennweite hat Blende 15 (oft als f/15 geschrieben), ein für Linsenfernrohre typischer Wert. Spiegelfernrohre haben f/8 oder sogar f/5, Schmidt-Cassegrain-Teleskope meist f/10. Ein Newton-Teleskop mit 200 mm Spiegel-

Ein Fernglas, die drehbare Sternkarte, eine Rotlichtlampe und der *Atlas für Himmelsbeobachter* – das beste Zubehör für die Deep-Sky-Beobachtung.

durchmesser und 1000 mm Brennweite hat Blende 5, die Minimalvergrößerung beträgt 33-fach, was sich mit einem 30-mm-Okular in der Praxis auch verwirklichen lässt!

Spiegelteleskope, besonders die Newton-Bauart, sind daher erste Wahl für den Deep-Sky-Beobachter, und in der preisgünstigen Dobson-Bauweise sind Geräte mit 20 oder gar 30 cm Spiegeldurchmesser schon für 400 – 1000 Euro zu bekommen.

Der Trick der Deep-Sky-Beobachter

Das menschliche Auge ist in der Nacht leider sehr farbunempfindlich („nachts sind alle Katzen grau"), um Farben wahrzunehmen, sind höhere Lichtintensitäten notwendig. Erst mit wirklich sehr großen Teleskopen (ca. ab 40 cm Objektivdurchmesser aufwärts) kann man bei sehr hellen Nebeln leichte Farbschleier erkennen.

Der wichtigste Trick zur Beobachtung von Sternhaufen, Nebel und Galaxien ist das „indirekte Sehen". Fixiert man beim Blick durchs Okular ein Objekt direkt, so fällt sein Licht nicht auf die empfindlichste Stelle der Netzhaut. Man muss etwas am Objekt „vorbeischauen", um die lichtempfindlicheren Teile der Netzhaut zu nutzen und die Galaxie oder den Nebel so heller wahrzunehmen.

Mit etwas Übung fällt es sehr leicht, das indirekte Sehen anzuwenden, und die Wirkung ist enorm: Was bei direktem Blick noch unsichtbar war, hebt sich nun deutlich vom Himmelshintergrund ab!

Wer es handlicher mag, greift zu einem Refraktor mit kurzer Brennweite, hier gibt es Geräte mit 80-mm-Objektiv und 400 mm Brennweite (f/5) oder die optisch hervorragenden, aber leider sehr teuren Apochromaten mit z. B. 75 mm Öffnung und 500 mm Brennweite (f/6,7).

Apochromaten haben außerdem den Vorteil, dass man mit ihnen auch höher vergrößern kann, was mit den günstigeren Achromaten mit kurzer Brennweite aufgrund der auftretenden Farbsäume kaum möglich ist. Dafür ist ein 75-mm-Apochromat mit durchschnittlich 1300 Euro aber auch eine kleine Kostbarkeit, und solche mit 100 mm Öffnung kosten mehrere tausend Euro (zur Erinnerung: ein Dobson-Teleskop mit 20-cm-Spiegel nur rund 500 Euro ...).

Was man sonst noch braucht

Sehr hilfreich ist eine rot leuchtende Taschenlampe. Sie blendet nicht beim Blick auf Atlanten und Sternkarten und die Dunkelanpassung des Auges wird kaum beeinträchtigt. Entweder besorgt man sich rote Folie und zieht diese über eine vorhandene Taschenlampe, oder man kauft sich eine Astro-Taschenlampe mit Rotlicht.

Hat man die in diesem Buch auf den Monatssternkarten vorgestellten Objekte „abgegrast", dann braucht man einen himmlischen Reiseführer mit praktischen Aufsuchkarten und Objektlisten. Der Klassiker der Deep-Sky-Atlanten ist der „Atlas für Himmelsbeobachter" von Erich Karkoschka, hier sind 250 Objekte für kleine und mittlere Teleskope zusammengestellt, an denen man jahrelang Freude hat. Wer es ausführlicher mag und mehr Hintergrundinformationen sucht, findet diese im „Deep-Sky-Reiseführer" von Ronald Stoyan. Besonders für Einsteiger ist die Zusammenstellung der 50 schönsten Himmelsobjekte im Buch „Stars am Nachthimmel" von Stefan Korth und Bernd Koch gedacht, und natürlich nennt jeder gute Stern- oder Himmelsführer eine Vielzahl interessanter Objekte.

Mit Rotlichtlampe, Sternführer und einer drehbaren Sternkarte ist man perfekt für ausgedehnte Spaziergänge am Nachthimmel gerüstet. Warme Kleidung (nachts wird es immer sehr frisch, besonders wenn man reglos hinter dem Teleskop kauert!), heißer Tee und etwas „Beobachtungsschokolade" machen die lange Nacht noch angenehmer.

Wie man sich am Himmel zurechtfindet

Das Einstellen von Objekten nach Koordinaten setzt ein exakt ausgerichtetes und mit Teilkreisen versehenes Teleskop voraus. Doch selbst dann versagt diese Technik in der Praxis, denn die Ablesegenauigkeit der Teilkreise ist oft zu schlecht, um das gewünschte Objekt sicher im Teleskop zentrieren zu können.

Zwar gibt es mittlerweile mit digitalen Teilkreisen ausgerüstete Teleskope und sogar Modelle mit Computer-

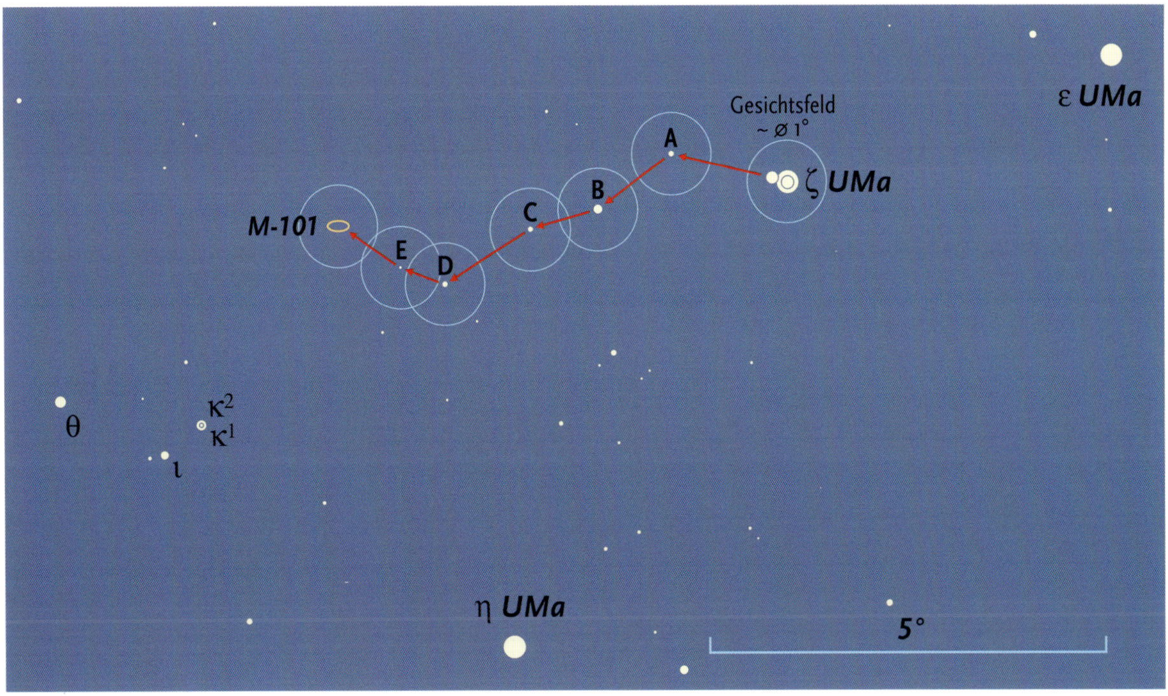

Als „Starhopping“ bezeichnet man das Aufsuchen der Deep-Sky-Objekte durch Hüpfen von Stern zu Stern, hier von der Deichsel des Großen Wagens zur Galaxie M 101.

steuerung, aber wer die Beobachtung auf das Drücken von Knöpfen reduziert, wird schnell den Spaß daran verlieren; außerdem sind diese Hightech-Geräte natürlich entsprechend teuer.

Die meisten Amateurastronomen hangeln sich per „Starhopping“ über den Himmel, eine Technik, die auch mit dem Fernglas, azimutal montierten Fernrohren oder den Dobson-Teleskopen hervorragend funktioniert. Zuerst sucht man sich auf der Sternkarte einen Stern in der Nähe des aufzusuchenden Objekts, den man noch mit bloßem Auge gut sieht. Diesen stellt man im Sucherfernrohr ein und „tastet“ sich dann zu schwächeren Sternen vor, die hin zum Objekt führen. Meistens springen einem dabei kleine „Sternbilder“ ins Auge, die charakteristische Muster bilden. Hilfreich ist dabei, sich eine Schablone für das Gesichtsfeld des Suchers und des Teleskops zu basteln, die man auf die Sternkarte legen kann. Im letzten Schritt, nachdem man die Position im Sucher lokalisiert hat, schaut man mit niedriger Vergrößerung durchs Teleskop. Dort ist das Objekt meistens schon zu sehen, so dass man es zentrieren und evtl. eine höhere Vergrößerung einsetzen kann.

Mit der Zeit lernt man auf diese Weise viele Wege zu den Sternhaufen, Nebeln und Galaxien auswendig, und ein geübter Hobbyastronom stellt sein Fernrohr von Hand meist schneller ein als ein Teleskop mit Computersteuerung.

Die zwei benachbarten Sternhaufen „h“ und „chi“ im Perseus sind einfache Objekte für Fernglas und Fernrohr.

Sternhaufen und Kugelsternhaufen

Zu den ersten Objekten des Deep-Sky-Beobachters werden die Offenen Sternhaufen (nachfolgend kurz Sternhaufen genannt) zählen. Einige von ihnen, etwa die Krippe im Sternbild Krebs, die Plejaden im Stier oder der Doppelsternhaufen im Perseus, sind gut mit bloßem Auge und einfach mit dem Fernglas zu finden. Die meisten Sternhaufen bestehen aus lockeren Ansammlungen von Sternen, die man schon mit geringer Vergrößerung in Einzelsterne auflösen kann.

Anders verhält es sich mit den **Kugelsternhaufen**. Sie schauen im Fernglas oder kleinen Teleskop wie Nebelflecken aus (den hellsten am Nordhimmel, M 13 im Herkules,

Oberhalb des Sternbildes Sagitta, dem Pfeil, findet man bereits mit einem Fernglas den Planetarischen Nebel M 27, den Hantelnebel (großes Bild links).
In einem Teleskop kann man M 27 als Scheibe mit seinem Zentralstern erkennen (Bild oben).

Nebelfilter gibt es als Okularfilter und als Objektivfilter für die Astrofotografie.

kann man unter extrem guten Bedingungen auch mit bloßem Auge sehen). Ab ca. 10 cm Öffnung und etwas höherer Vergrößerung (ca. 100-fach) beginnen sich die Außenbereiche der helleren Kugelsternhaufen in Einzelsterne aufzulösen. Und mit einem großen Spiegelteleskop von 20 cm oder mehr Öffnung sieht man Kugelsternhaufen fast schöner, als sie auf Fotos ausschauen (was für alle anderen Deep-Sky-Objekte sonst nicht der Fall ist).

Bei Kugelsternhaufen ist eine stärkere Vergrößerung von Vorteil, da die punktförmigen Sterne mit zunehmender Vergrößerung nicht an Helligkeit verlieren, der Himmelshintergrund aber dunkler wird und so der Kontrast steigt.

Wer die Möglichkeit hat, sich auf einer Volkssternwarte mit einem großen Teleskop einen Kugelsternhaufen anzusehen, sollte sich diese Gelegenheit nicht entgehen lassen. Ab Teleskopen mit 30 – 40 cm Spiegeldurchmesser sehen Kugelsternhaufen unverschämt prachtvoll aus, so dass es dem Beobachter glatt die Sprache verschlägt. Kein Foto kann diesen unheimlich faszinierenden Eindruck tausender funkelnder Lichtpünktchen auf engstem Raum wiedergeben!

Gasnebel und Planetarische Nebel

Es gibt zwei Sorten von Gasnebeln im Weltall: die auch Emissionsnebel genannten Gasnebel – Gebiete, in denen neue Sterne entstehen –, und die kleinen, runden Planetarischen Nebel – den Resten alter Sterne (wobei es sich ebenfalls um Emissionsnebel handelt, auch wenn dieser Begriff hier nicht gebräuchlich ist).

Gasnebel kommen in vielen Größen und mit vollkommen verschiedenen Formen und Strukturen vor. Das hellste und bekannteste Objekt am Himmel über Mitteleuropa ist M 42, der Orion-Nebel. Man findet ihn unterhalb der drei Gürtelsterne des Himmelsjägers (siehe Seite 120), er ist mit dem Fernglas dort als schimmernder Lichtfleck zusammen mit einigen Sternen zu sehen. Jedes Teleskop zeigt den Orion-Nebel in neuer Detailfülle, unter dunklem Himmel mit einem 20-cm-Teleskop sieht man das helle Zentrum mit vier eng zusammenstehenden Sternen (dem „Trapez") und die Ausläufer des Nebels.

Andere Gasnebel sind noch sehr viel größer, etwa der „Nordamerikanebel" (so benannt nach seiner Form) neben dem Stern Deneb im Sternbild Schwan. Zu seiner Beobachtung benutzt man am besten ein Fernglas, denn im Teleskop sieht man nur einen Teil des Nebels, und es fehlt der notwendige Kontrast zum umgebenden, dunkleren Himmelshintergrund.

Gasnebel leuchten hauptsächlich in den Farben des angeregten Wasserstoffgases, aus dem sie bestehen. Sie sehen auf Fotos daher immer rot aus, denn das meiste Licht erreicht uns von der rot leuchtenden Wasserstofflinie bei einer Wellenlänge von 656 nm.

Hilfreich zur Beobachtung von Gasnebeln sind die sogenannten Nebelfilter. Sie lassen nur das Licht des Nebels passieren und blocken gleichzeitig das störende Streulicht des Himmelshintergrundes ab. Es gibt sie als „Breitbandfilter", die sich für alle Nebelarten gut eignen, und als Schmalbandfilter für spezielle Emissionslinien des Nebels mit extremem Kontrastgewinn. Ein „normaler" Nebelfilter ist jedem zu empfehlen, der nicht unter stockdunklem Himmel beobachtet, die Wirkung ist tatsächlich enorm.

Der große Orion-Nebel ist der hellste und schönste Gasnebel am Sternenhimmel über Mitteleuropa.

Planetarische Nebel sind in der Regel kleine runde Objekte, die zwar recht lichtschwach sind, aber eine große Flächenhelligkeit aufweisen, so dass sie im Teleskop gut zu sehen sind. Mit einem Fernglas kann man diese Nebel kaum beobachten, da sie zu klein sind und dort punktförmig erscheinen.

Der Klassiker unter den Planetarischen Nebeln ist M 57, der Ringnebel im Sommersternbild Leier (siehe Seite 134). Exakt auf halber Strecke zwischen den beiden unteren Sternen des rautenförmigen Sternbilds entdeckt man eine fahle Lichtscheibe von knapp einer Bogenminute Durchmesser (etwa so groß wie Jupiter). Mit größerem Teleskop und etwas mehr Vergrößerung (Planetarische Nebel sind klein, sie darf und muss man stärker vergrößern) wächst M 57 zu einem zarten Rauchkringel, in dessen Mitte sich der (allerdings in Hobbyteleskopen unsichtbare) Zentralstern befindet.

Gerade bei Planetarischen Nebeln sind die oben genannten Nebelfilter praktisch, viele von ihnen sieht man ohne Nebelfilter überhaupt nicht.

Galaxien

Bei Galaxien handelt es sich um weit entfernte Sternsysteme, die unserer Milchstraße ähnlich sind. Die uns nächste und hellste ist M 31, die Andromeda-Galaxie am Herbst- und Winterhimmel. Man kann mit bloßem Auge oberhalb der Sternkette der Andromeda einen milchigen Fleck ausmachen, der unter dunklem Himmel im Fernglas enorm an Größe gewinnt (siehe Seite 138).

Galaxien erscheinen im Teleskop als unterschiedlich geformte Nebelchen. Diese Aufnahme zeigt Galaxien des Virgo-Haufens.

Für die Beobachtung von Galaxien sind die sonst so hilfreichen Nebelfilter leider vollkommen ungeeignet. Wer Galaxien beobachten möchte, braucht daher einen umso dunkleren Himmel und ein lichtstarkes Teleskop. Die von Fotos bekannte Spiralstruktur bleibt dem Fernrohrbeobachter meist verborgen, die Flächenhelligkeit der Galaxien ist zu gering, als dass man mit einem kleinen oder mittleren Fernrohr die Spiralarme ausmachen könnte.

Galaxienbeobachtung ist trotzdem sehr reizvoll. Bis auf die wenigen großen Exemplare passen sie alle gut in das Gesichtsfeld eines Teleskops und sehen dort wie kleine, manchmal runde, manchmal längliche Nebel aus. Zur Galaxienbeobachtung sind der Herbst und das Frühjahr besonders geeignet, denn hier schauen wir an unserer eigenen Milchstraße vorbei in den tiefen Weltraum. Zwischen den Sternbildern Löwe und Jungfrau (Seite 126) gruppieren sich viele Galaxien: der Virgo-Galaxienhaufen. Hier kann man auch mit einem Hobbyteleskop zahlreiche Galaxien ausmachen; einige stehen dabei so eng zusammen, dass man auf einen Blick gleich mehrere im Gesichtsfeld des Teleskops sieht.

Astrofotografie – der Himmel im Bild

Bilder sagen mehr als tausend Worte – und besonders die Aufnahmen von fernen Galaxien, prächtigen Kugelsternhaufen und bunt leuchtenden Gasnebeln zeigen uns das Universum in einem ganz neuen Licht. Schon mit einer einfachen Fotokamera kann jeder tolle Astrofotos machen.

Als Himmelstourist möchte man seine Beobachtungen auch gerne im Bild festhalten. Aber die Astrofotografie kamm noch mehr, denn erst durch lange Belichtungszeiten werden Farben und Strukturen der Himmelsobjekte richtig sichtbar.

Was man zur Astrofotografie braucht

Wer die Sterne fotografieren möchte, kann durchaus seine „Digiknipse" dazu benutzen. Aber sie muss auf einem Fotostativ arretiert werden. Die längste Belichtungszeit gibt dann meist die Kameraelektronik vor – ca. 30 Sekunden sollten es aber schon sein. Besser geeignet ist natürlich die digitale Spiegelreflexkamera mit hoher Empfindlichkeit und der Möglichkeit, beliebig lange zu belichten.

Für Himmelsaufnahmen wird kein Blitz verwendet. Ein wichtiges Zubeörteil ist ein Fernauslöser, mit dem man die Kamera erschütterungsfrei zum Start der Aufnahme bewegen kann.

Wer eine Kamera mit Wechselobjektiven hat, sollte das Standardobjektiv mit kurzer Brennweite verwenden, bei Zoomkameras die kürzeste Brennweite bzw. das größte Bildfeld einstellen.

Einfach loslegen mit Kamera und Stativ

Himmelsaufnahmen müssen mindestens einige Sekunden lang belichtet werden, in der Hand kann man die Kamera daher nicht halten. Wer ein Fotostativ hat, montiert die Kamera dort, ansonsten tut es für die ersten Schritte auch eine ebene Auflage (z.B. das Autodach) mit einer Unterlage, um die Kamera nach oben zu richten.

Als Empfindlichkeit wählt man die maximale mögliche, z.B. 800 oder 1600 ISO. Da übliche Digitalkameras das Bild im Vergleich zur Kleinbildkamera vergrößern, muss man etwas kürzer belichten. Das Objektiv wird auf

Begegnungen von hellen Planeten oder mit dem Mond bieten sich für Stimmungsaufnahmen des Nachthimmels an. Ein hübsches Vordergrundmotiv rundet das Bild ab.

„unendlich" gestellt (symbolisiert durch eine liegende Acht), die Blende maximal geöffnet, die Belichtungszeit auf „B" eingestellt, und der Fernauslöser angeschlossen.

Nun kann ein Sternbild eingestellt oder die Kamera einfach nur „nach oben" gerichtet werden. Wenn es dunkel genug ist, keine störenden Licht (Straßenlampen!) oder vorbeifahrende Autos vorhanden sind, kann die Aufnahme beginnen: Belichten Sie ca. 30 Sekunden und beenden dann die Aufnahme. Auf dem Foto werden alle Sterne des Sternbilds zu sehen sein!

Bei Kompaktkameras muss man ein entsprechendes Programm wählen, das lange Belichtungen ferner Landschaften möglich machen kann. Statt Fernauslöser benutzt man hier den Selbstauslöser und die maximal mögliche Belichtungszeit der Kamera.

Sternfeldaufnahmen mit fest montierter Kamera und kurzer Brennweite kann man maximal 30 – 60 Sekunden lang belichten, danach werden die Sterne aufgrund der Erddrehung zu immer längeren Strichen verzogen. Reizvoll ist die Nutzung dieses Effekts: Stellen Sie dazu den nördlichen Himmelspol (den Polarstern) ein und belichten von einem möglichst dunklen Ort aus eine oder auch mehrere Stunden lang. Die Empfindlichkeit der Kamera reduziert man auf 100 oder 200 ISO, sonst wird das Bild auch bei dunklen Himmel überbelichtet sein. Um den exakten Himmelspol ziehen die Sterne Kreis, selbst der Polarstern macht einen kleinen Bogen.

Benutzt man eine sehr hohe Empfindlichkeit (1600 oder 3200 ISO) und richtet seine Kamera auf die Sommermilchstraße, so wird man auf dem bis zu einer Minute lang belichteten Bild schon leicht die roten Gasnebel sehen können, die sich an vielen Stellen der Milchstraße befinden. (Allerdings sind normale Digitalkameras für rote Nebel nicht so empfindlich wie es früher die Filme waren.)

Nachgeführte Himmelsaufnahmen

Die Rotation der Erde verlangt bei länger als einer Minute belichteten Himmelsaufnahmen, dass sich die Kamera entgegen der Erdrotation dreht und die Sterne so punktförmig bleiben. Hierzu benötigt man eine parallaktische Montierung, die dem Lauf der Sterne exakt folgen kann.

Man montiert dazu die Kamera „huckepack" auf das Teleskop und blickt zur Kontrolle der Nachführung durch das Teleskop mit Fadenkreuzokular. Wird die Stundenachse der Montierung von einem Motor angetrieben, so muss man nur ab und zu die Position des „Leitsterns" im Fadenkreuzokular kontrollieren und ihn gegebenenfalls wieder auf die Fadenkreuzmitte zurückfahren.

Ohne Motorantrieb schaut man ständig in das Teleskop und dreht dabei die (biegsame) Welle der Stundenachse langsam und gleichmäßig, so dass der Stern so gut es geht auf der Fadenkreuzmitte verbleibt. So sind Belichtungszeiten von mehreren Minuten bis zu einer Stunde möglich, die in der Praxis nur durch das Durchaltevermögen des Fotografen und die Sättigung der Aufnahme begrenzt werden. Ist der Himmel zu hell, kann man vielleicht nur fünf Minuten lang belichten, unter dunklem Himmel entsprechend länger.

Wie exakt man die Nachführung handhaben muss, hängt von der Brennweite des Aufnahmeobjektivs und der Deklination des Objekts ab (siehe Tabelle unten). Die Maximalzeit beobachtet man bei abgeschalteter Montierung und bekommt so ein gutes Gefühl, wie weit sich der Nachführstern von der Fadenkreuzmitte entfernen darf. Oder man benutzt gleich einen sogenannten Autouider, der dem Fotograf die lästige Nachführarbeit abnimmt – eine kleine Kamera, die die Nachführung überwacht.

Der Mond am Abendhimmel, nur einen Tag nach Neumond. Aufgenommen mit einem 300-mm-Teleobjektiv auf Stativ.

Maximale Belichtungszeiten

Brennweite	Deklination	Zeit
28 mm	0° (Orion)	10 s
28 mm	60° (Kassiopeia)	20 s
50 mm	0° (Orion)	6 s
50 mm	60° (Kassiopeia)	10 s
100 mm	0° (Orion)	3 s
100 mm	60° (Kassiopeia)	6 s
200 mm	0° (Orion)	2 s
200 mm	60° (Kassiopeia)	3 s
500 mm	0° (Orion)	1 s
500 mm	60° (Kassiopeia)	2 s

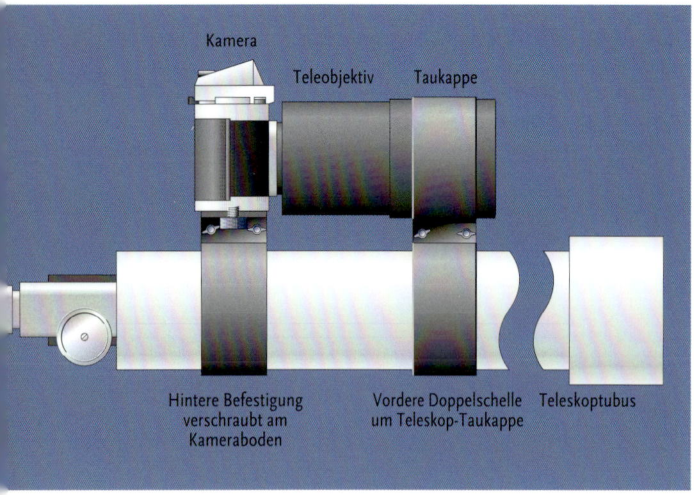

So wird eine Kamera „huckepack" am Teleskop befestigt.

Der Sternhaufen der Plejaden ist bereits im Fernglas ein Augenschmaus. Lang belichtete Aufnahme zeigen blau illuminierte Nebelgebiete um die hellen Sterne.

Auf nachgeführten, mehrere Minuten lang belichteten Sternfeldaufnahmen kann man Sterne sehen, die sonst nur ein Fernglas oder Teleskop zeigt.

Besonders Astrofotos der Milchstraße werden dann unglaublich prachtvoll. Wer genau nachführen kann, sollte ein Teleobjektiv verwenden; Brennweiten von 100 – 200 mm sind dafür zu empfehlen. Damit kann man bereits Sternhaufen, Nebel und große Galaxien im Detail festhalten.

Sonne, Mond und Planeten fotografieren

Wie bei der visuellen Beobachtung braucht man hierzu eine stärkere Vergrößerung, oder, fotografisch ausgedrückt, eine lange Brennweite. Sonne und Mond (die Sonne nur mit Spezialfilter, siehe Seite 155!) kann man schon mit einem starken Teleobjektiv aufnehmen, aber ein Teleskop bietet mehr Brennweite.

Für die Fotografie durch das Teleskop gibt es grundsätzlich zwei Möglichkeiten, für beide benötigt man einen Fotoadapter aus dem Teleskopfachhandel sowie einen passenden Anschlussring für seine Kamera.

Mit einem Fotoadapter kann man die Kamera ans Teleskop anschließen.

Schließt man die Kamera direkt ans Teleskop an, so dient dieses als Teleobjektiv mit z.B. 1000 mm Brennweite. Sonne und Mond füllen das Bildfeld der Kamera dann fast ganz aus.

Hat man einen Sonnenfilter vor und die Kamera hinter das Teleskop montiert, genügt meist eine Belichtungszeit von 1/1000 Sekunde – abhängig von der Filterdichte und der Kameraempfindlichkeit. Testaufnahmen zum Ermitteln der besten Belichtungszeit – das Sonnenbild soll weder über- noch unterbelichtet sein – sind mit einer Digitalkamera zum Glück schnell gemacht.

Selbst beim Mond kommt man – ganz ohne Filter – mit Zeiten um 1/250 Sekunde aus, die Belichtungszeit ist aber stark von der Mondphase abhängig.

Für Kompaktkameras mit fest eingebautem Objektiv ist der Anschluss an das Teleskop etwas komplizierter, doch auch hier bietet einem der Teleskophändler eine (mechanische) Brücke. In das Teleskop wird zusätzlich ein Okular eingesetzt und man spricht von der afokalen Fotografie.

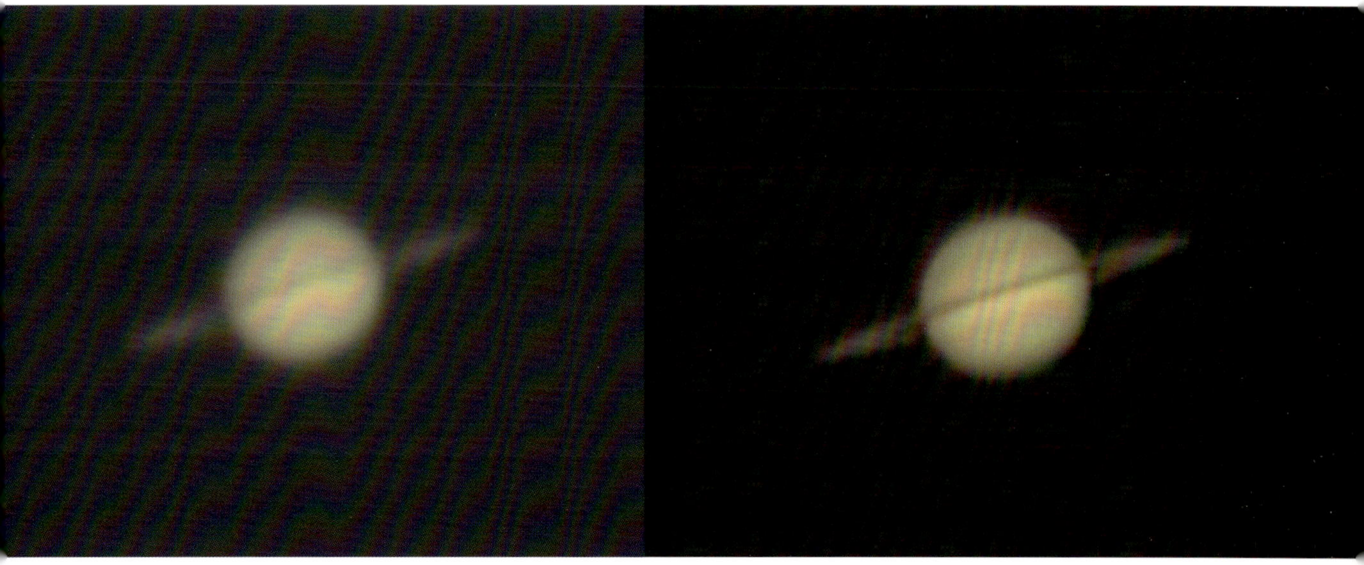

Im Jahr 2009 zeigte sich der Ringplanet Saturn nahezu in Kantenstellung – sein Ring verschmolz zu einem Strich. Die beiden Abbildungen zeigen links eine unbearbeite Aufnahme, die mit einer WebCam gewonnen wurde, und rechts das finale Bild.

Um Planeten zu fotografieren, muss die Brennweite sehr viel länger sein, bei 1000 mm wurden sie nur als kleiner Klecks auf dem Bild erscheinen. Zwei Möglichkeiten bieten sich an, um die Brennweite zu verlängern: Entweder man benutzt die sogenannte Okularprojektion oder man greift zu einer guten Barlowlinse. Bei der Okularprojektion wird in den Fotoadapter ein Okular eingesetzt, das das Planetenbild vergrößert in die Kamera projiziert. Die Barlowlinse verdoppelt oder verdreifacht die Brennweite des Teleskops.

Bessere Ergebnisse als mit der Fotokamera erreicht man mit Videoaufnahmen, im einfachsten Fall mit einer WebCam und im Idealfall mit einer hochauflösenden und empfindlichen Spezialkamera. Der Planet wird damit gefilmt und das Video anschließend einer Software zur Bildverarbeitung anvertraut. Die damit gewonnenen Ergebnisse sind außergewöhnlich gut und übertreffen sogar den Anblick des Planeten im Teleskop.

Nebel und Galaxien fotografieren

Die Krönung der Astrofotografie besteht in langbelichteten Aufnahmen durch das Teleskop. Auf diese Weise werden die Hochglanzfotos von Hubble & Co. gewonnen, und der Hobbyastronom muss sich schon abmühen, um diesem Weg zu folgen.

Das Prinzip ist einfach: Man verwendet das Teleskop als großes Teleobjektiv und belichtet eine ferne Galaxie über mehrere Minuten hinweg, fertigt so zahlreiche Einzelaufnahmen an und kombiniert sie mit Software zur astronomischen Bildbearbeitung zu einem Bild.

Während der Aufnahme muss man das Teleskop sehr genau dem Lauf der Sterne nachführen, was entweder durch ein parallel montiertes Leitfernrohr geschehen kann oder durch einen sogenannten Off-Axis-Guider, der sich im Randbereich des Teleskops etwas Licht zur Kontrolle stiehlt, während das Fernrohr die Aufnahme macht.

Moderne Astrofotografie für Deep-Sky-Objekte: Kleines Fernrohr, große CCD-Kamera und viele Kabel.

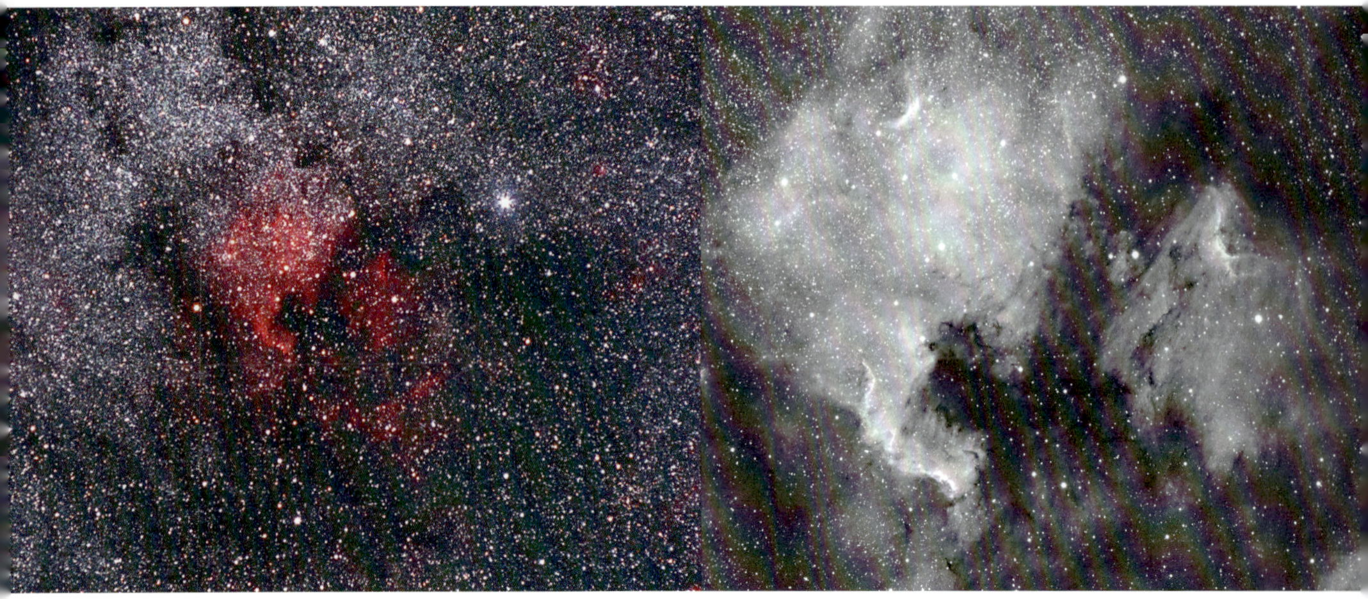

Der Nordamerika- und Pelikannebel im Sternbild Schwan. Links eine Aufnahme mit 135-mm-Objektiv auf Film, rechts das Bild einer CCD-Kamera und 180-mm-Objektiv, das zur Kontraststeigerung mit einem Rotfilter ausgestattet war.

Die Kontrolle per Fadenkreuzokular und Auge tut sich heutzutage eigentlich niemand mehr an, besonders bei Brennweiten über 1000 mm wird die Nachführung damit sehr anstrengend. Als Nachführknecht dient eine kleine Kamera, die mit dem Computer verbunden wird oder eine eigene Elektronik hat, um die Nachführung stundenlang automatisch zu überwachen.

Moderne Astrofotografie

Die bisher beschriebenen Methoden sind natürlich auch modern, aber der ambitionierte Amateurastronom setzt mittlerweile spezielle Astronomie-Kameras ein, die mit Bezug auf den darin verbauten Sensor kurz als „CCD-Kamera“ bezeichnet werden.

Diese CCD-Kameras werden in der professionellen Astronomie schon seit den 1980er Jahren verwendet und haben seit den 1990er Jahren auch in der Amateurastronomie Einzug gehalten. Das Herz dieser Kameras ist der lichtempfindliche Sensor, das CCD. Leider ist das CCD auch für Wärmestrahlung empfänglich, die Kamera hat daher eine eingebaute Kühlung, die den Chip auf rund 30 Grad unter die Umgebungstemperatur kühlen kann. Diese Kameras sind deutlich lichtempfindlicher als normale Digitalkameras. Zwei Nachteile der CCD-Kameras im Vergleich zur normalen Digitalkamera seien angesprochen. Erstens ihr hoher Preis, und zweitens benötigt man zum Betrieb unbedingt einen Computer. Außerdem sind die besten Kameras nur mit einem Schwarzweißchip ausgestattet, so dass man Farbbilder nur durch die

Ein großes, sehr stabil montiertes Teleskop (hier ein 30-cm-Cassegrain auf einer Alt-Montierung der Sternwarte Schriesheim) ist der Traum des Astrofotografen.

aufwendige Kombination von Aufnahmen durch Rot-, Grün- und Blaufilter gewinnen kann.

Eine besonders elegante Ausführung der CCD-Kamera besitzt einen integrierten Nachführchip, der während der langen Belichtung auf den Hauptchip die Nachführung des Teleskops kontrolliert. Spielt die Technik mit, so muss der Hobbyastronom nur noch das Objekt einstellen, die Software starten und warten, bis das Bild aufgenommen wurde. Doch die Rechnung wird einem hier erst am Ende präsentiert: Die von der CCD-Kamera gewonnenen Bilder müssen mit Korrekturaufnahmen kalibriert werden, und es schließen sich Stunden vor dem Computer an, in denen man die Bilddaten möglichst gut zu verarbeiten bestrebt ist.

Das Ergebnis können spektakuläre Aufnahmen sein, wie man sie aus Zeiten der Astrofotografie mit Film nicht erreichen konnte. Zahlreiche in den Internetforen *astronomie.de* oder *astrotreff.de* gezeigten Bilder zeugen vom schnellen Fortschritt der Astrofotografie. Man muss nur aufpassen, sich nicht zu sehr in den Details zu verstricken und bei dieser Gelegenheit den Genuss des gestirnten Himmels mit dem eigenen Auge zu vernachlässigen.

Das Objekt Messier 78 im Sternbild Orion zählt zu den hellsten Reflexionsnebeln – hier leuchten heiße Sterne das sie umgebende Gas bläulich an.

Die benachbarten Galaxien M 81 und M 82 im Großen Bären sind beliebte Objekte für Einsteiger – bereits im Fernglas sieht man sie als blasse Lichtflecken. Das mehrere Stunden lang belichtete Astrofoto zeigt ihre Strukturen sowie Gasschleier in unserer Galaxis.

Zum Weiterlesen und Weiterklicken

Buchtipps aus dem Kosmos-Verlag

Bizony, P.: 1001 Wunder des Weltalls
Eine Reise durch das Universum

Celnik, W. E., Hahn, H. M.: Astronomie für Einsteiger
Zum praktischen Einstieg in das Hobby Astronomie

Cornelius, G.: Was Sternbilder erzählen
Die Mythologie der Sterne

Deutsches Zentrum für Luft- und Raumfahrt: Warum nimmt der Mond zu und ab?
Mit 80 Fragen durch das Weltall

Dunlop, S., Tirion, W.: Der Kosmos Sternführer
Schritt für Schritt den Sternenhimmel entdecken

Hahn, H. M.: Was tut sich am Himmel
Das Pocket-Jahrbuch für neugierige Naturbeobachter

Hahn, H. M.: Welches Sternbild ist das?
Der kleine Sternführer für die Jackentasche

Hamblyn, R.: Welche Wolke ist das?
Wetter, Wolken und Himmelsphänomene

Herrmann, D. B.: Die Kosmos Himmelskunde
Planeten, Sterne, Galaxien

Herrmann, J: Welcher Stern ist das?
Der Klassiker für erste Himmelstouren

Keller, H.-U.: Kompendium der Astronomie
Umfangreiches Nachschlagewerk

Keller, H.-U.: Kosmos Himmelsjahr
Das beliebteste Astronomie-Jahrbuch mit allen Infos zum Lauf von Sonne, Mond und Sternen

Keller, H.-U.: Wörterbuch der Astronomie
Alle wichtigen Begriffe verständlich erklärt

Klötzler, H.-J.: Das Astro-Teleskop für Einsteiger
Vom Fernglas bis zum Spiegelteleskop

Koch, B., Korth, S.: Die Messier-Objekte
Die 110 klassischen Ziele für Himmelsbeobachter

Koch, B., Korth, S.: Stars am Nachthimmel
Der sichere Wegweiser zu den 50 schönsten Himmelsobjekten

May, B., Moore, P., Lintott, C.: BANG!
Die ganze Geschichte des Universums

May, B., Moore, P., Lintott, C.: Cosmic Tourist
100 Sensationen im Universum

Rey, H. A.: Zwilling, Stier und Großer Bär
Sternbilder erkennen auf den ersten Blick

Roth, H.: Der Sternenhimmel
Umfangreiches Jahrbuch für Amateur-Astronomen; erscheint jährlich im Herbst

Schilling, G.: Das Kosmos-Buch der Astronomie
Die Wunder des Weltalls verstehen

Schittenhelm, K.: Sterne finden ganz einfach
Die 25 schönsten Sternbilder sicher erkennen

Schittenhelm, K.: Sterne beobachten in der Stadt
Himmelstouren für klare Nächte

Seip, S.: Was sehe ich am Himmel
Himmelsphänomene bei Tag und Nacht

Seip, S., Meiser, G., Tafreshi, B.: Zauber der Sterne
Die Wunder des Firmaments über den schönsten Landschaften der Erde

Taylor, K.: Kosmische Kultstätten der Welt
Von Stonehenge bis zu den Maya-Tempeln

Vaas, R.: Hawkings neues Universum
Wie es zum Urknall kam

Vaas, R.: Hawkings Kosmos einfach erklärt
Vom Urknall zu den Schwarzen Löchern

Vaas, R.: Tunnel durch Raum und Zeit
Von Einstein zu Hawking: Schwarze Löcher, Zeitreisen und Überlichtgeschwindigkeit

Vogel, M.: Kosmos Sternführer für unterwegs
Sternbilder und Planeten entdecken und beobachten

Vogel, M.: Welcher Stern ist das?
Der neue Kosmos-Naturführer mit allen Sternbildern in ausführlicher Darstellung

Weigand, M., Geyer, S.: Sonne, Mond und Planeten
Beobachten und fotografieren

Zeitschriften

Astronomie und Raumfahrt im Unterricht,
Erhard-Friedrich-Verlag
Astronomie-Zeitschrift für Lehrer
Interstellarum,
Oculum-Verlag, Erlangen
Zeitschrift für fortgeschrittene Hobby-Astronomen
Journal für Astronomie,
Vereinigung der Sternfreunde e.V., Heppenheim
Das Mitgliedermagazin der VdS mit vielen Praxisbeiträgen
Sterne und Weltraum,
Spektrum Verlag, Heidelberg
Das führende Astronomie-Magazin

Sternkarten und -atlanten

Hahn, H. M.; Weiland G.: Sternkarte für Einsteiger
Sternkarte easy – ein Dreh genügt
Hahn, H. M.; Weiland G.: Nachtleuchtende Sternkarte für Einsteiger
Einfach Sterne finden – leuchtet im Dunkeln
Hahn, H. M.; Weiland G.: Drehbare Mini-Sternkarte
Die handliche Sternkarte für unterwegs
Hahn, H. M.; Weiland G.: Drehbare Kosmos-Sternkarte
Der Klassiker für Hobby-Astronomen
Karkoschka, E.: Drehbare Welt-Sternkarte
Für Urlauber und Globetrotter
Karkoschka, E.: Atlas für Himmelsbeobachter
250 Himmelsobjekte für Fernglas und Fernrohr
Sinnott, R. W.: Kosmos-Sternatlas kompakt
Der Sternenhimmel auf 80 handlichen Karten

Software

Guide 9.0, astro-shop, Hamburg
Sternkartensoftware für Fortgeschrittene
Kosmos Himmelsjahr, United Soft Media, München
Das beliebte Jahrbuch auf DVD
Redshift, United Soft Media, München
Preisgekröntes Planetariums-Programm, auch als App für iPhone/iPad erhältlich
The Sky, Intercon Spacetec, Augsburg
Professionelle Sternkartensoftware

Internetlinks

www.astronomie.de
Die Homepage für Hobby-Astronomen
www.calsky.de
Umfangreiche Berechnungen für Himmelsereignisse
www.esa.int
Die europäische Raumfahrtagentur ESA (engl.)
www.eso.org
Die europäische Südsternwarte ESO (engl.)
www.heavens-above.com
Infos über Sichtbarkeit von Satelliten (engl.)
www.kosmos-himmelsjahr.de
Das beliebte Jahrbuch mit Himmelsereignissen
www.redshift-live.de
Die Planetarium-Software im Internet
www.spacetelescope.org
Das Hubble-Weltraumteleskop (engl.)
www.spaceweather.com
Aktuelle Infos zu Himmelsschauspielen (engl.)
www.sternfreunde.de
Homepage der Vereinigung der Sternfreunde mit Links zu den VdS-Fachgruppen

Teleskope und Astronomie-Zubehör

Astrocom GmbH
Fraunhoferstraße 14, 82152 Martinsried
www.astrocom.de
Astroshop Nimax GmbH
Otto-Lilienthal-Straße 9, 86899 Landsberg am Lech
www.astroshop.de
Baader Planetarium GmbH
Zur Sternwarte, 82291 Mammendorf
www.baader-planetarium.de
Fernrohrland
Max-Planck-Straße 28, 70736 Fellbach (bei Stuttgart)
www.fernrohrland.de
Intercon Spacetec
Gablinger Weg 9, 86154 Augsburg
www.intercon-spacetec.de
Lacerta GmbH
Schönbrunnerstraße 96, 1050 Wien
www.teleskop-austria.at
Meade Instruments Europe GmbH
Gutenbergstraße 2, 46414 Rhede
www.meade.de
Teleskop-Service Ransburg GmbH
Keferloher Marktstraße 19c, 85640 Putzbrunn
www.teleskop-express.de

Astroreisen

Alpenhof Sattlegger
Emberger Alm 2, 9771 Berg/Drautal, Österreich
www.alpsat.at
Eclipse- Reisen, Reisebüro in der Südstadt GmbH
Weberstraße 8, 53113 Bonn
www.eclipse-reisen.de
Kiripotib Astrofarm, Namibia
www.astro-namibia.com
Kultur & Reisen, Dr. Eckehard Schmidt
Neuendettelsauer Straße 22, 90449 Nürnberg
www.wissenschafts-reisen.de
Tivoli Astrofarm, Namibia
www.tivoli-astrofarm.de
SaharaSky, Marokko
www.hotel-sahara.com

Planetarien und Volkssternwarten

Planetarien

Augsburg
Planetarium, Im Thäle 3, 86152 Augsburg

Berlin
– Wilhelm-Foerster-Sternwarte und Planetarium, Munsterdamm 90, 12169 Berlin
– ZEISS-Großplanetarium, Prenzlauer Allee 80, 10405 Berlin

Bochum
Planetarium und Sternwarte, Castroper Str. 67, 44777 Bochum

Bremen
Olbers-Planetarium, Werderstr. 73, 28199 Bremen

Cottbus
Raumflugplanetarium, Lindenplatz 21, 03044 Cottbus

Freiburg
Planetarium, Bismarckallee 7g, 79098 Freiburg

Halle
Raumflugplanetarium, Peißnitzinsel 4a, 06108 Halle

Hamburg
Planetarium, Hindenburgstr. 1b, 22303 Hamburg

Jena
Planetarium, Am Planetarium 5, 07743 Jena

Kassel
Planetarium, An der Karlsaue 20c, 34121 Kassel

Kiel
Kieler Planetarium e.V., Mediendom der Fachhochschule Kiel, Sokratesplatz 6, 24149 Kiel

Klagenfurt
Raumflugplanetarium, Villacher Straße 239, A-9020 Klagenfurt

Laupheim
Volkssternwarte und Planetarium, Milchstr. 1, 88471 Laupheim

Luzern
Planetarium im Verkehrshaus, Lidostraße 5, CH-6006 Luzern

Mannheim
Planetarium, W.-Varnholt-Allee 1, 68165 Mannheim

München
– Planetarium im Deutschen Museum, Museumsinsel 1, 80538 München
– Planetarium und Bayerische Volkssternwarte, Rosenheimer Straße 145h, 81671 München

Münster
Planetarium im Naturkundemuseum, Sentruper Straße 285, 48161 Münster

Nürnberg
Nicolaus-Copernicus-Planetarium, Am Plärrer 41, 90317 Nürnberg

Osnabrück
Planetarium im Museum am Schölerberg, Am Schölerberg 8, 49082 Osnabrück

Recklinghausen
Westfälische Volkssternwarte und Planetarium, Stadtgarten 6, 45657 Recklinghausen

Schneeberg
Sternwarte und Planetarium, Heinrich-Heine-Straße, 08289 Schneeberg

Schwaz
Zeiss-Planetarium Schwaz, Alte Landstr. 15, A-6130 Schwaz/Tirol

Stuttgart
Carl-Zeiss-Planetarium, Mittlerer Schlossgarten, 70173 Stuttgart

Wien
Planetarium, Oswald-Thomas-Platz 1, A-1020 Wien

Wolfsburg
Planetarium, Uhlandweg 2, 38440 Wolfsburg

Volkssternwarten & Vereine

Aachen
Sternwarte am Hangeweiher, Peterstr. 21–25, 52062 Aachen

Albstadt
Sternwarte und Planetarium, Hartmannstraße 140, 72458 Albstadt-Ebingen

Altenburg
Altenburger Astronomieverein, Buchenring 35, 04600 Altenburg

Amberg
Volkssternwarte Amberg, Kirchensteig 19b, 92224 Amberg

Arnstadt-Espenfeld
Privatsternwarte Arnstadt-Espenfeld, Espenfeld Nr. 39a, 99338 Arnstadt-Espenfeld

Aschersleben
Planetarium Aschersleben im Tierpark, Auf der Alten Burg 40, 06449 Aschersleben

Augsburg
siehe Diedorf

Bad Driburg
Sternwarte der Weber-Realschule, Elsterweg 13, 33014 Bad Driburg
Bad Dürkheim
Astronomischer Arbeitskreis Pfalzmuseum für Naturkunde, Hermann-Schäfer-Str. 17, 67098 Bad Dürkheim
Bad Homburg
Astronomische Gesellschaft Orion e.V., Valkenierstr. 10, 61350 Bad Homburg
Bad Mergentheim
Astronomische Vereinigung Weikersheim e.V., Bregenzer Str. 9, 97980 Bad Mergentheim
Bad Salzuflen
Walter-Baade-Sternwarte Wasserfuhr 25e, 32108 Bad Salzuflen
Bad Salzschlirf
Sternwarte, Dr.-Martiny-Straße 1, 36364 Bad Salzschlirf
Bad Sauerbrunn
Burgenländische Amateurastronomen, Postgasse 2, A-7202 Bad Sauerbrunn
Bad Zwesten
Sternwarte der Hardtwaldklinik Hardtstr. 31, 34596 Bad Zwesten
Basel
Astronomischer Verein, Venusstraße 7, CH-4102 Binningen
Bautzen
Schulsternwarte und Planetarium, Czornebohstraße 82 (Naturpark), 02625 Bautzen
Bentheim
Astronomischer Verein der Grafschaft Bentheim e.V., Jahnstr. 3, 49828 Neuenhaus
Berlin
Archenhold-Sternwarte, Alt-Treptow 1, 12435 Berlin
Bielefeld
– Schulsternwarte, Brackweder Gymnasium, Beckumer Straße 10, 33647 Bielefeld
– Naturwissenschaftlicher Verein, Kreuzstraße 38, 33602 Bielefeld
Bonn
Volkssternwarte Bonn e.V., Poppelsdorfer Allee 47, 53115 Bonn
Bozen
Verein zur Förderung der Astronomie in Südtirol, Neustifterweg 5, I-39100 Bozen
Braunschweig
Sternfreunde Braunschweig-Hondelage e.V., Ackerweg 1b, 38108 Braunschweig
Buchloe
Astronomische Gesellschaft Buchloe e.V., Alois-Reiner-Str. 15b, 86807 Buchloe
Bülach
Schul- und Volkssternwarte Bülach, Rotzibüch bei Eschenmosen, CH-8180 Bülach
Buxtehude
Astronomie-AG derVHS Buxtehude, Braunschweiger Str. 4, 21614 Buxtehude
Diedorf
Astronomische Vereinigung Augsburg e.V., Pestalozzistraße, 86420 Diedorf/Augsburg
Donzdorf
Sternfreunde Donzdorf, Messelberg-Sternwarte beim Schulzentrum, 73072 Donzdorf
Dortmund
Sternwarte im Westfalenpark, Hörder Bahnhofstr. 9, 44263 Dortmund
Drebach
Volkssternwarte und Planetarium, Straße der Jugend 14, 09430 Drebach
Duisburg
Rudolf-Römer-Sternwarte Rheinhausen e.V., Schwarzenberger Str. 147 (im KFR), 47226 Duisburg
Durmersheim
Sternfreunde Durmersheim und Umgebung e.V., Im Eck 1/19, 76448 Durmersheim
Egloffstein
Sternwarte Feuerstein e.V., Sternwarte 1, 91320 Ebermannstadt
Eisenstadt
Burgenländische Landessternwarte, Dr.-Karl-Renner-Straße 1, A-7000 Eisenstadt
Erkrath
Sternwarte Neanderhöhe und Planetarium, Sedentaler Str. 105, 40699 Erkrath
Eschwege
Vereinigte Amateur-Astronomen Eschwege VAAE 1975 e.V., Hauptstr. 36, 36205 Sontra-Ulfen
Essen
Walter-Hohmann-Sternwarte, Wallneyer Straße 159, 45133 Essen
Frankfurt/Main
Volkssternwarte des Phys. Vereins Frankfurt, Robert-Mayer-Str. 2–4, 60054 Frankfurt
Freiburg
– Volkssternwarte Freiburg, Staudinger Straße 10, 79115 Freiburg
– Sternfreunde Breisgau e.V., Vereinssternwarte Schauinsland, Benzhauserstr. 21, 79232 March
Fulda
– Hans-Nüchter-Sternwarte, Domänenweg 2, 36037 Fulda
– Planetarium im Vonderau-Museum, Jesuitenplatz 2, 36010 Fulda
Fuldatal
Volkssternwarte Rothwesten, Brüder-Grimm-Str. 24, 34233 Fuldatal
Germering
Sternwarte des Max-Born-Gymnasiums, Johann-Sebastian-Bach-Str. 8, 82110 Germering
Glücksburg
Planetarium und Sternwarte, Fördestr. 35, 24960 Glücksburg
Gmunden
Eisner-Sternwarte, Kalvarienberg, A-4810 Gmunden
Görlitz
Scultetus-Sternwarte, An der Sternwarte 1, 02827 Görlitz
Gondelsheim
Kraichgau-Sternwarte Gondelsheim e.V., Lilienstraße 25, 76669 Bad Schönborn
Göttingen
– Amateurastronomische Vereinigung Göttingen e.V., Schlesierring 8, 37085 Göttingen
– Förderkreis Planetarium Göttingen e. V.,Nordhäuser Weg 18, 37085 Göttingen
Gröbenzell
Astronomische Vereinigung West-München (AVWM), Grasslfinger Straße 43, 82194 Gröbenzell
Gudensberg
Förderverein Schulsternwarte Gudensberg e.V., Mönchweg 8, 34225 Baunatal
Hagen
Volkssternwarte, Eugen-Richter-Turm, 58135 Hagen
Halberstadt
Verein für astronom. Bildung e.V., Wilhelm-Trautewein-Str. 19, 38820 Halberstadt

Hamburg
Gesellschaft für volkstümliche Astronomie e.V., Eiffestr. 426, 20537 Hamburg

Hannover
Volkssternwarte, Am Lindener Berg 27, 30449 Hannover

Hardheim
Astronomie-Arbeitskreis Walter-Hohmann-Sternwarte, Alte Würzburger Straße 5, 74736 Hardheim

Hattingen
Volkssternwarte Hattingen e.V., Schonnefeldstr. 23, 45326 Essen

Heilbronn
Robert-Mayer-Sternwarte, Bismarckstraße 10, 74072 Heilbronn

Heppenheim
Starkenburg-Sternwarte, Niemöller-Straße 9, 64646 Heppenheim

Heringsdorf
Volkssternwarte „Manfred von Ardenne“, Strandpromenade, 17424 Heringsdorf

Herzberg
Schulsternwarte, Am Wasserturm, 04916 Herzberg

Hildesheim
Volkssternwarte „Gelber Turm“, Auf dem Spitzhut (Galgenberg), 31141 Hildesheim

Hof
Volkssternwarte Hof, Egerländer Weg 2, 595032 Hof

Hofheim
Sternwarte Hofheim, Eppsteiner Str., 65719 Hofheim-Langenhain

Hückelhoven
Astronomische Arbeitsgemeinschaft, Hartlpooler Platz, 41836 Hückelhoven

Ingolstadt
Sternwarte Astronomiepark, Geschäftsstelle Lilienthalstraße 137, 85077 Manching

Jena
Urania-Sternwarte, Schillergässchen, 207745 Jena

Kassel
Astronomischer Arbeitskreis Kassel e.V., Wilhelmshöher Allee 300a, 34123 Kassel

Kelheim
Sternfreunde Kelheim, Eschenstr. 5, 93326 Abensberg

Kempten
Volkssternwarte Kempten e.V., Saarlandstr. 1, 87437 Kempten

Kiel
– Gesellschaft für volkstümliche Astronomie (GvA) e.V., Hofbrook 64, 24119 Kronshagen
– Volkssternwarte Kronshagen, Suchsdorfer Weg 33, 24119 Kronshagen

Köln
– Planetarium, Blücherstr. 17, 50733 Köln
– Volkssternwarte, Nikolausstr. 55, 50937 Köln

Kleve
Volkssternwarte Goch/Kleve e.V., Berlinerstr. 69, 47574 Goch-Nierswalde

Königsleiten
Sternwarte und Planetarium, Königsleiten 29, A-5742 Wald

Krauschwitz
Lausitzer Sterngucker e.V., Görlitzer Str. 30a, 02957 Krauschwitz

Krefeld
Vereinigung Krefelder Sternfreunde e.V., Yorckstr. 42, 47800 Krefeld

Kreuzlingen
Sternwarte Kreuzlingen, Breitenrainstraße 21, CH-8280 Kreuzlingen

Kulmbach
Schul- und Volkssternwarte, Christian-Pertsch-Str. 4, 95326 Kulmbach

Laufen
Astronomische Arbeitsgruppe Laufen e.V., Weinbergstr. 2a, 83373 Tengling

Lemgo
Sternwarte Lemgo, Liebigstr. 87, 32657 Lemgo

Leonberg
Sternwarte Höfingen, Theodor-Heuss-Str. 6/1, 71229 Leonberg

Lilienthal
Astronomische Vereinigung Lilienthal e.V., Am Stadtgraben 5, 28865 Lilienthal

Linz
Johannes Kepler Sternwarte Linz, Sternwarteweg 5, A-4020 Linz

Lohr
Sternwarte Luana, Zum Rötelbrunnen 2, 97816 Lohr

Lübeck
Sternwarte Lübeck, Am Ährenfeld 2, 23564 Lübeck

Lustenau
Vorarlberger Amateur-Astronomen, Hofsteigstraße 33, A-6890 Lustenau

Luxembourg
Astronomes Amateurs du Luxembourg, 16 B, Rue Emile Mayrisch, L-3522 Dudelange

Mainz
Volkssternwarte Mainz, Karmeliterplatz 1, 55116 Mainz

Marburg
Volkssternwarte Marburg e.V., Pestalozzistr. 5a, 35274 Kirchhain

Mönchengladbach
Astronomischer Arbeitskreis Mönchengladbach e.V., Engelsholt 143, 41069 Mönchengladbach

Moers
Moerser Astronomische Organisation e.V., Drinhausstr. 2, 47447 Moers

Monschau
Eifelastronomen e. V., Görgesstr. 42, 52156 Monschau

Münster
Sternfreunde Münster e.V., Sentruper Straße 28, 548161 Münster

Nettetal
Interessengruppe Astronomie e.V., Volkssternwarte Nettetal, Heide 1, 41334 Nettetal-Hinsbeck

Neumarkt
Bayerische Volkssternwarte Neumarkt, Am Höhenberg 31, 92318 Neumarkt

Neumünster
Volkshochschule Neumünster, Arbeitsgemeinschaft Sternwarte, Gartenstr. 32, 24534 Neumünster

Nohfelden-Eiweiler
Sternwarte Peterberg, Verein der Amateurastronomen des Saarlandes e.V., 66409 Homburg

Nordenham
Planetarium, Bahnhofstraße 52, 26954 Nordenham

Norderney
Astronomischer Arbeitskreis Norderney, „Wilhelm Dorenbusch Sternwarte“, Birkenweg 22, 26548 Norderney

Norderstedt
Volkssternwarte Norderstedt e.V., Am Wittmoor 52, 22850 Norderstedt

Nürnberg
Sternwarte Nürnberg, Nürnberger Astronomische Arbeitsgemeinschaft e.V., Regiomontanusweg 1, 90491 Nürnberg

Nürtingen
Neckar-Alb-Sternwarte, Birkenweg 7, 72622 Nürtingen
Oberkochen
Astronomische Arbeitsgemeinschaft Aalen e.V., Sonnenbergstr. 23, 73447 Oberkochen
Oldenburg
Oldenburger Sternfreunde e.V., Herbartstr. 15, 26122 Oldenburg
Ottobeuren
Allgäuer Volkssternwarte e.V., Schwabenstraße 13, 87724 Ottobeuren
Paderborn
Volkssternwarte Paderborn e.V., Marstallstraße 13, 33104 Paderborn
Papenburg
Sternwarte Papenburg e. V., Bethlehem rechts 51b, 26871 Papenburg
Passau
Volkssternwarte, Veste Oberhaus 125, 94034 Passau
Pforzheim
Astronomischer Arbeitskreis Pforzheim 1982 e.V., Jahnstr. 3, 75365 Calw
Regensburg
Verein der Freunde der Volkssternwarte Regensburg, Ägidienplatz 2, 93047 Regensburg
Reutlingen
Planetarium und Sternwarte, Karlstraße 40, 72764 Reutlingen
Rodewisch
Schulsternwarte, Rützengrüner Straße 41a, 08228 Rodewisch
Rüsselsheim
Rüsselsheimer Sternfreunde e.V., Am Borngraben 40, 65428 Rüsselsheim
Saarlouis
Verein der Astronomiefreunde Cassiopeia Saarlouis e.V., Großstr. 37, 66740 Saarlouis
Salzburg
Volkssternwarte am Voggenberg, Tischlerstraße 8, A-5101 Bergheim
Schaffhausen
Dr. h. c. Hans-Rohr-Sternwarte, Etzelstr. 11, CH-8200 Schaffhausen
Schkeuditz
Astronomisches Zentrum, An der Bergbreite, 04435 Schkeuditz
Schriesheim
Christian-Mayer-Sternwarte, Ladenburger Fußweg 4, 69198 Schriesheim
Seewalchen
Sternwarte Gahberg bei Weyregg am Attersee, Sachsenstraße 2, A-4863 Seewalchen
Senftenberg
Planetarium, An der Ingenieurschule, 01968 Senftenberg
Singen
Volkssternwarte Singen e.V., Zeppelin-Realschule, Rielasingerstr. 37, 78224 Singen
Soest
Volkssternwarte, Steinkuhlenweg 6, 59494 Soest
Sohland
Volks- und Schulsternwarte, Zöllnerweg 12, 02689 Sohland
Solingen
Walter-Horn-Gesellschaft e.V., Sternwarte Sternstraße 5, 42719 Solingen
Steißlingen
Sternwarte Steißlingen, Im Städtle 19, 78256 Steißlingen
St. Pölten
Niederösterreichische Amateurastronomen, Schuhmeierstr. 1, A-3100 St. Pölten
Stuttgart
Schwäbische Sternwarte, Zur Uhlandshöhe 41, 70188 Stuttgart
Suhl
Volks- und Schulsternwarte, Auf dem Hoheloh 1, 98527 Suhl
Sursee
Sternwarte Sursee, Berufsschule Kotten, Kyburgerstr. 3, CH-6210 Sursee
Tirschenreuth
Gerhard Franz Volkssternwarte, Marienstr. 49, 95643 Tirschenreuth
Traiskirchen
Franz-Kroller-Sternwarte, Bräuhausgasse. A-2514 Traiskirchen
Trebur
Michael Adrian Observatorium, Fichtenstr. 7, 65468 Trebur
Trier
Sternwarte Trier e.V., Max-Planck-Gymnasium, Sichelstr. 3, 54290 Trier
Tübingen
Astronomische Vereinigung Tübingen e.V., Sternwarte der Universität, Waldhäuser Straße 64, 72076 Tübingen
Überlingen
Sternwarte Überlingen e. V., Ob. St. Leonhardst. 45, 88662 Überlingen
Violau
Sternwarte, Bruder-Klaus-Heim, 86450 Violau
Waghäusel
Astronomiefreunde 2000 Waghäusel e.V., Kettelerstr. 19, 68753 Waghäusel
Waldburg
Astronomischer Arbeitskreis Waldburg-Weingarten e.V., Gartenstraße 31, 88255 Baindt
Wetzlar
Astronomischer Arbeitskreis Wetzlar e.V., Sternwarte Burgsolms, Lindenstr. 11, 35606 Solms
Wien
– Astronomischer Jugendclub, Richard-Wagner-Platz 2/8, A-1160 Wien
– Wiener Arbeitsgemeinschaft für Astronomie, Dreyhausenstr. 11/53, A-1140 Wien
Wiesbaden
Astronomische Gesellschaft Urania e.V. / Volkssternwarte, Bierstadter Str. 47, 65189 Wiesbaden
Winterthur
Sternwarte Eschenberg der AG Winterthur, Breitenstraße 2, CH-8542 Wiesendangen
Winzer
Volkssternwarte Bayerischer Wald e.V., Am Vogelsang 1, 94577 Winzer
Zeilarn
Sternfreunde Pfarrkirchen-Zeilarn, Oberhaus (Sternwarte), 84367 Zeilarn
Zweibrücken
Sternwarte des Naturwissenschaftlichen Vereins, FH Campus, Amerikastr. 1, 66482 Zweibrücken

Überregionale Vereinigungen

Arbeitskreis Meteore e.V.
Mehlbeerenweg 5, 14469 Potsdam
Bundesdeutsche AG für Veränderliche Sterne e.V. (BAV)
Munsterdamm 90, 12169 Berlin
Vereinigung der Sternfreunde e.V. (VdS)
Postfach 1169, 64629 Heppenheim
Schweizerische astronomische Gesellschaft (SAG)
Mittlere Gstücktstr. 14d, CH-8180 Bülach

Register

A

Abendhimmel 38
Abendsichtbarkeit 113
Abendstern 158
Achromat 149
Adams, John Couch 60
Adaptive Optik 12
Adler-Nebel 79
Akkretionsscheibe 99
Aktive Optik 12
Albedo 36
Albireo 134
Aldebaran 142
Algol 15, 71, 74
Alphard 124
Ameisensäure 78
Andromeda 140
Andromeda-Galaxie 138, 160
Andromeda-Nebel 92, 93
Antares 128, 132
Antiteilchen 103
Apochromat 149
Apollo 17 41
Apollo, Mondmission 27, 43
Äquatoriale Koordinaten 110
Ariel 59
Arktur 126
Aschgraues Mondlicht 106
Astrofotografie 166
Astrometrie 13
Astronomische Einheit 16, 18
Atmosphäre 15
Auflösungsvermögen 21
Augenpupille 161
Autoguider 170
Azimutale Koordinaten 110

B

Bahnneigung 34
Bärenhüter 128
Barlowlinse 153
Barnard, Edward 78
Barnards Pfeilstern 72
Bayer, Johannes 13
Bedeckungsveränderlicher 15, 74
Belichtungszeiten 167
Bell, Jocelyn 85
Besenstern 64
Bessel, Friedrich Wilhelm 9, 17, 71
Beteigeuze 4, 70, 120
Blauer Planet 61
Blende 161
Bode, Johann Elert 48
Bogenminuten 109
Bogensekunden 109
Bok-Globule 76
Brahe, Tycho 10, 71, 84
Brauner Zwerg 23
Brennweite 151, 169
Bruno, Giordano 8

C

Cassini (Raumsonde) 24, 57
Cassini, Giovanni 50
CCD-Kamera 170
Centaurus A 95
Cepheide 18, 87, 89, 92
Chandra 102
Charon 62
Chromosphäre 33
Churyumov-Gerasimenko 27
Clementine (Raumsonde) 43
COBE 102
Cygnus A 21
Cygnus X1 101

D

Dactyl 49
Dawn (Raumsonde) 26
Dämmerung 106
Deep-Sky-Objekte 160
Deimos 45
Deklination 110
Deklinationsachse 152
Delta Cephei 15, 74
Dichte 35
Dione 56
Dobson-Teleskop 150
Doppelplanet 63
Doppelstern 84
Doppelsternhaufen 80, 140
Dreiecksgalaxie 96
Dunkelnebel 77
Dunkle Materie 95
Durchmesser 34

E

Effelsberg 20
Eigenbewegung 13
Einstein, Albert 37, 101
Einstein-Kreuz 101
Eisenkern 41
Eispanzer 53
Eiszwerg 62, 65
Ekliptik 111, 116
Elektromagnetisches Spektrum 12
Ellipsenbahn 9
Elongation 113, 114
Emissionsnebel 77
Endurance (Marskrater) 46
Energievorrat 32
Enif 136
Entfernungen 17
Entweichgeschwindigkeit 35
Epizykel 8
Erdbahnkreuzer 48
Erde 40
– Atmosphäre 41
– Geoid 41
– in Zahlen 34
– Nachtseite 40
– Rotation 40
Eros 49
Europa (Jupitermond) 52
Exzentrizität 34

F

Falschfarbenbild 58
Fangspiegel 150
Farben-Helligkeits-Diagramm 81
Farbfilter 157
Fernglas 148
Fernrohr 148
Filterfolie 156
Finsternis 116
Finsternislinie 117
Fische 138
Fixstern 13, 70, 112
Flagstaff 62
Fluchtgeschwindigkeit 98
Flutberg 42
Fomalhaut 136
Fotoadapter 168
Fraunhofer-Linien 15
Frequenz 12
Frühlingsanfang 138
Frühlingsdreieck 126
Fusionsreaktor 31

G

Galaktische Scheibe 86
Galaxie 5, 18, 69, 160, 165
Galaxie 92
– aktive 98
– elliptische 94
– junge 99
– Kern 100

– spiralförmige 94
Galaxienhaufen 96
Galaxientypen 94
Galilei, Galileo 10, 30
Galileische Monde 52
Galileo (Raumsonde) 25, 51
Galle, Johann Gottfried 60
Gamov, George 102
Ganymed 53
Gas 76
Gasnebel 165
Gasplanet 40, 50, 55
Gaspra 48
Gasschweif 64
Gaststern 71
Gegenmars 128
Gemma 128
Gezeitenwirkung 42
Giotto (Raumsonde) 27
Gitter 15
Götterbote 36
Granulation 30
Gravitation 35, 101
Gravitationsfeld 24
Gravitationslinse 101
Größenklasse 14
Großer Attraktor 97
Großer Bär 13, 126
Großer Dunkler Fleck 61
Großer Roter Fleck 50, 158
Großer Wagen 81, 126
Großteleskop 11
Gürtelstern 77

H

h/χ Persei 80
Halbmond 112
Halbschatten 116
Hale-Bopp 64
Halley 64
Halley, Edmond 60, 64
Hantelnebel 82
Hartley 2 64
Hauptreihe 81
Hauptspiegel 150
Helium 32, 55
Helixnebel 83
Herakles 68
Herbig-Haro-Objekt 79
Herbstviereck 138
Herkules 68, 86, 130
Herschel, Wilhelm 58
Hertzsprung-Russell-Diagramm 73
Himmel 106
Himmel, dunkler 161
Himmelsäquator 13, 108
Himmelsdrehung 108
Himmelsjahr 147
Himmelspol 109
Himmelsrichtung 110
Himmelssüdpol 88
Himmels-W 140
Hintergrundstrahlung 102
Hipparch 14
Hipparcos 17
Host-Galaxien 99
Hubble Deep Field 103
Hubble, Edwin 76, 92, 101
Hubble-Klassifikation 94
Hubble-Parameter 19
Hubble-Teleskop 95
Hubble-Weltraumteleskop 9, 22, 98
Humboldt, Alexander 92
Huygens (Landekapsel) 57
Huygens, Christian 54
Hyaden 142

I

Ida 49
Indirektes Sehen 162
Infrarotstrahlung 12
Io 52
Ionenantrieb 27

J

Jahreszeiten 40
Jansky, Karl 20
Japetus 56, 57
Jet 99
Jungfrau 126
Jupiter 50, 115, 158
– in Zahlen 35
– Monde 52, 159
– Monde in Zahlen 52
– Mondereignisse 159

K

Kallisto 53
Kant, Immanuel 92
Kassiopeia 71, 140
Kastor 122
Kepler, Johannes 60, 84
Keplergesetz 16
Kernfusion 74, 85
Kernschatten 116
Kleinplanet 48
Knoten 116
Koma 64
Komet 64
Konjunktion 114
Kontakt (Finsternisse) 117
Koordinaten 13
Koordinatensysteme 109
Kopernikus, Nikolaus 8
Korona 119
Krabbennebel 84
Krater 154
Krater, Merkur 37
Krippe 122
Kugelsternhaufen 86, 163
Kuiper-Gürtel 62, 65

L

La Silla 10
Lagrange-Punkt 32
Lagunennebel 132
Leier 70
Leitstern 167
Lemaitre, Georges 101
Leuchtkraft 70
Leverrier, Jean Joseph 60
Lichtgeschwindigkeit 18
Lichtjahr 18
Lichtreisezeit 17
Linsenteleskop 11, 149
LMC 89
Lokale Gruppe 96
Löwe 124
Luft, ruhige 158
Lunar Prospector 43

M

M 1 84, 142, 171
M 13 130
M 15 136
M 27 82, 164
M 3 128
M 31 138, 160
M 33 169
M 35 81
M 39 70
M 45 80
M 46 163
M 51 92, 171
M 57 82
M 80 86
M 81 23
Maat Mons 39
Magellan (Raumsonde) 25, 39
Magellan, Fernao de 88
Magellansche Wolken 88
Magellanscher Strom 89
Magnetfeld 31, 79, 99
Magnitude 14
Mariner 10 36
Mariner 4 45
Mars Global Surveyor 45
Mars Odyssey 47
Mars Science Laboratory 4, 27
Mars 4, 5, 44, 114, 157
– in Zahlen 34
– Kanäle 44
– Leben 45
– Rover 44

– Wasser 47
MarsExpress 46
Marsgesicht 45
Marsis 47
Marssonden 26
Masse 34
Meilenstein 103
Merkur 27, 36, 113, 157
– in Zahlen 34
Merope 70
Messenger (Raumsonde) 27, 37
Messier, Charles 76, 84
Metalle 87
Methan 61
Mikrowellenstrahlung 102
Milchstraße 68
– Halo 87
– in Zahlen 69
– Zentrum 69, 132
Mimas 57
Mira 75, 138
Mond 42, 154
– Bahn 42
– Entstehung 42
– Krater 42
– Mare 43
– Wasser 43
– Beobachtung 154
– Finsternis 116
– Finsternisse nächster Jahre 118
– Gestein 43
– Karte 155
– Phasen 112
– Sichel 106
Montierung, äquatoriale 152
Montierung, azimutale 152
Morgenstern 158
Mt. Wilson 92

N

Nachführung 167
Nachthimmel 106
Naturkräfte 103
NEAR (Raumsonde) 49
Nebel 160
Nebelfilter 153, 165
Nebellinie 76
NEO 49
Neptun 60, 115, 159
– in Zahlen 35
– Monde in Zahlen 61
– Ringe 61
Neumond 112, 119
Neutronenstern 85, 100
New Technology Telescope 12
NewHorizons (Raumsonde) 63
Newton, Isaac 10, 60
Newton-Teleskop 149
NGC-Katalog 76
Nilüberschwemmung 8
Nordamerikanebel 167, 170
NTT 12

O

Objektiv 149
Observatorium 8, 10
Off-Axis-Guider 169
Offener Sternhaufen 80
Öffnungsverhältnis 161
OIII-Linie 82
Okular 151
Okularprojektion 169
Olympus Mons 45
Omega Centauri 86
Oort, Jan Hendrik 65
Oortsche Wolke 65
Opportunity, Marsrover 9, 26, 46
Opposition 114, 157
Oppositionsschleife 115
Orion 4, 5, 14, 177, 08, 120
Orion-Nebel 78, 120

P

Palomar-Teleskop 11
Parallaxe 16
Parsec 18
Pegasus 136
Pelikannebel 170
Penzias, Arno 102
Periheldrehung 37
Perseiden 134
Perseus 140
Pferdekopfnebel 77
Phobos 45
Phoebe 57
Phoenix 47
Photometrie 13, 15, 31
Piazzi, Guiseppe 48
Pioneer 25
Planet 112, 154
Planetarischer Nebel 82, 164
Planetenbeobachtung 113
Planetenfotografie 168
Planetenkonstellation 114
Planetenscheibchen 158
Planetenschleife 115
Planetoidengürtel 48
Plejaden 80, 142, 169
Pluto 62, 115
– Bahn 63
– in Zahlen 35
– Monde 63
Polachse 152
Polarlicht (Jupiter) 51
Polarlicht 31
Pollux 122
Polspuren 108
Polsucher 153
Praesepe 122
Präzession 14, 111
Prisma 15
Projektionsmethode 155
Protoplanetare Scheibe 79
Protostern 35
Protuberanz 33
Pulsar 85

Q

Quark 103
Quasar 21, 98

R

Radar 17
Radarbeobachtung 36
Radarbild 39
Radioastronomie 20
Radiobeobachtung 69
Radioteleskop 20
Raumkrümmung 101
Raumsonde 24
Reflektor 10, 149
Reflexionsnebel 77
Refraktor 10, 149
Regulus 124
Rektaszension 110
Relativitätstheorie, Test der 37
Rhea 56
Riesenplanet 50
Rinderhirte 128
Ringnebel 82, 134
Ringplanet 54
Roche-Grenze 55
Röntgenquelle 101
Röntgenstrahlung 69
Rosetta 27
Rotation 35
Roter Mond 117
Roter Riese 70
Rotfilter 170
Rotlichtlampe 162
Rotverschiebung 18, 98
RR-Lyrae-Sterne 87

S

Sagitta 164
Satellit 107
Satellitenschüssel 20
Satellitenteleskop 22
Saturn 5, 54, 158
– in Zahlen 35
– Monde in Zahlen 56
– Ring 54, 158
Säulen der Schöpfung 78
Schäferhundmonde 59

Schlangenträger 130
Schmetterlingsdiagramm 30
Schmidt, Maarten 98
Schmidt-Cassegrain-Teleskop 150
Schütze 132
Schwabe, Samuel Heinrich 31
Schwan 17, 134, 167
Schwarzes Loch 99, 100
Schweif 64
Schweifstern 64
Schwerkraft 101
Schwertgehänge 120
Scooter 61
Sedna 65
Seeing 151
Seifenblasen-Universum 97
Shapley, Harlow 86
Siebengestirn 80, 142
Sirius 8
SMART 1 (Raumsonde) 43
SMC 88
SOHO 27, 32
Sojourner 46
Sombrero-Galaxie 92
Sommerbeginn 130
Sommerdreieck 132, 134
Sonne 30, 154
- Aktivitätszyklus 30
- als Stern 32
- Finsternis 33, 101, 116 ff.
- Finsternisse nächste Jahre 118
- in Zahlen 34
- Korona 33
- Beobachtung 155
Sonnenfilter 156
Sonnenfleck 30, 156
Sonnensystem 34
Sonnensystem, Entstehung 35
Sonnenwind 51
Sonnenzeit 109
Spaceshuttle 25
Spektralbereich 12
Spektrallinie 101
Spektraltyp 73
Spektrum 12, 15, 72, 76
Spiegel 11
Spiegelteleskop 10, 149
Spika 126
Spiralarme 94
Spiralgalaxie 68
Spiralnebel 92
Spirit 26
Spitzer Space Telescope 23
Sputnik 22
Standardkerze 19
Starhopping 163
Stativ 166
Staub 76
Staubschweif 64
Stern 70
- Durchmesser 73
- Lebensweg 75
- Masse 73
- Zusammensetzung 73
Sternbilder 107
Sterne, sonnennahe 18
Sterne, Tabelle der hellsten 71
Sterne, Temperaturen 72
Sternentstehung 76, 95
Sternfeldaufnahme 167
Sterngrößen 75
Sternhaufen 80, 160, 163
Sternhaufen, Alter 81
Sternschnuppen 134
Sternspuren 108
Sternzeichen 111
Sternzeit 109
Stier 84, 142
Stimmgabel-Diagramm 94
Stonehenge 8
Stoßfront 79
Strudelnebel 126
Supernova 5, 19, 21, 33, 84, 89, 103
Supernova-Überrest 23
Swingby 24

T

Tagundnachtgleiche 126
Tarantelnebel 89
Teleobjektiv 168
Teleskop 10, 148
Terrestrische Planeten 40
Tethys 56
Teufelsstern 71
Tierkreissternbilder 111
Titan 25, 57, 159
Titania 59
Titius, Johann 48
Toliman 71
Tombaugh, Clyde W. 62
Toutatis 16, 49
Trapez 79
Treibhauseffekt 39
Trennschärfe 149
Triangulum-Galaxie 96
Triton 60
Trojaner 48
Tubus 149

U

Uranus 159
Überriese 134
Ulysses 27
Umlaufbahn 22, 37
Umlaufzeit 34
Universum, Alter 87
Universum, beschleunigtes 19
Universum, Rand 98
Uranus 58, 115
- in Zahlen 35
- infrarot 59
- Monde in Zahlen 59
- Ringe 59
Urknall 9, 19, 102
Ursa Major 13
UV-Strahlung 83

V

Valles Marineris 46
Venera 13 38
Venus 25, 27, 38, 107, 113, 157
- Atmosphäre 39
- in Zahlen 34
- Transit 16
Veränderliche Sterne 74
Vergrößerung 150, 161
Very Large Array 20
Very Large Telescope 12
Vesta 26, 49
Viking 27, 45
Virgo-Galaxienhaufen 96, 165
Virgo-Superhaufen 96
VLT 12
Vollmond 14, 112, 116
Voyager 25, 54
Vulkan 53

W

Walfisch 138
Wandelstern 8, 112
Wassermann 58
Wasserschlange 124
Wasserstoff 32, 35, 51, 55, 76
- metallischer 51, 55
- neutraler 21, 69
Wega 70
Weißer Zwerg 83
Wellenlänge 12
Weltall, Geburt und Zukunft 102
Whirlpool-Galaxie 92, 126
Widderpunkt 140
Wilson, Robert 102
Winkelmessung 109
Wintermilchstraße 122
Wintersechseck 120
WMAP 102
Wolf, Max 78

Z

Zeitschriften 147
Zenitprisma 153
Zentralstern 83, 164
Zirrusnebel 84
Zwillinge 122

KOSMOS.

Faszination Astronomie.

S. Dunlop • W. Tirion
Der Kosmos Sternführer
256 S., 272 Abb., €/D 19,99

Den Sternenhimmel entdecken

Dieser umfangreiche Naturführer bietet alles, was man zur erfolgreichen Entdeckung des Nachthimmels braucht: Naturgetreue Übersichtskarten und schnell verständliche Anleitungen machen die Orientierung am Sternenhimmel leicht. Entdecken Sie in diesem himmlischen Reiseführer die schönsten Phänomene des Nachthimmels mit vielen Objekten für die Beobachtung mit bloßem Auge, Fernglas und Fernrohr.

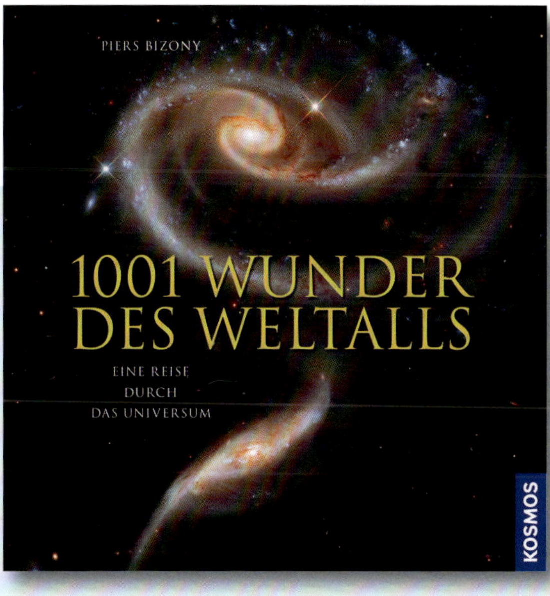

P. Bizony
1001 Wunder des Weltalls
400 S., 1.001 Abb., €/D 39,99

Eine Reise durch das Universum

Vorbei an Ringplaneten und Eismonden geht es zu den Geburtsstätten der Sterne. Beim Verlassen der Milchstraße begegnet man Ballen mit Tausenden von Sternen, bis die nächste Galaxie ins Blickfeld rückt. Immer tiefer dringen wir in das All vor. Die fantastische Bilderreise durch das Weltall zeigt die besten Aufnahmen der kosmischen Objekte und erläutert in kurzen und leicht verständlichen Texten deren Natur.

Impressum

Bildnachweis

(o=oben, u=unten, M=Mitte, r=rechts, l=links)
2MASS: 68u; DLR: 33u, 118u; **AIP/R. Arlt:** 8u; **Baader Planetarium:** 154o (beide); **Celestron:** 151or; **DSS:** 70uM, 98M; **M. Emmerich/S. Melchert:** 3M (beide), 16o, 8o, 12o, 14u, 15o, 15u, 30u, 36u, 40u, 63o, 64u, 71, 70ul, 71, 74, 75, 81o, 86u, 94o, 104–108 (alle), 109o, 110, 111o, 112–115 (alle), 116o, 116u, 117 (beide), 118o, 118u, 120–143 (alle), 146 (beide), 147o, 154–155 (alle), 156ol, 157ul, 159ur, 160–162 (alle), 163u, 164 (beide), 165, 166 (beide), 167, 168u, 169o, 169u, 170 (beide), 171 (alle), 172, 174; **ESA:** 17, 27u, 38o, 38M, 48o, 85o; **ESO:** 2u, 9o, 10u, 14o, 16u, 19o, 49ol, 68o, 76u, 77, 79u, 80o, 82ul, 84u, 88o, 89u, 95ol, 95or, 97u, 98o, 99u; **B. Flach-Wilken:** 155M, 158ul; **Fujinon:** 148M; **GFZ Potsdam:** 41or; IAC: 11; **IAU:** 28–29; **Kosmos-Verlag:** 3u, 10o, 13o, 13u; **KPNO:** 31o, 96u, 144–145, 148o, 1 1ol, 41u, 42o, 43 (alle), 63u, 69 (beide), 76o, 89o, 97o, 97ur, 100u, 102u, 109u; **NASA/JPL:** 0, 4o, 4u, 24o, 24u, 25o, 25u, 26o, 27o, 34/35 (alle), 37, 38u, 39 (beide), 42u, 44ur, 45 (alle), 46 (beide), 47 (alle), 48u, 51–53 (alle), 54–55, 56–57 (alle), 58u, 59M, 59u (beide), 60o, 60u (beide), 61 (alle), 64o, 65 (alle); **NASA/Spitzer:** 23u; **NOAO:** 3o, 66–67, 80u, 81u, 84o, 88u, 93, 96o; **NRAO:** 20M, 20u, 21 (beide); **Optical Vision Ltd.:** 149or; **SOHO:** 32, 32/33o; **Planetarium Stuttgart:** 3u; **M. Rattei:** 155u; **G. Schulz:** 111u, 163o; **Sternwarte Welzheim/M. Gertz:** 174; **Swedish Solar Telescope:** 30M; **Vixen Europe:** 3M, 149u, 150ol, 159or, 165o, 168M; **WIYN:** 6–7; **Vereinigung der Sternfreunde:** 147u; **G. Weiland:** u, 149o, 150o, 151ol, 168o; **WMAP:** 102o.

Impressum

Umschlaggestaltung von eStudio Calamar unter Verwendung folgender Fotos: Bernd Koch/astrofoto Bildagentur (Titelseite oben), ESO (Titelseite unten); Buchrückseite: Hintergrund: NASA/ESA/STScI; kleine Bilder von oben nach unten: Hubble-Weltraumteleskop (NASA/ESA/STScI), Planet Saturn (NASA/JPL), Sternhaufen im Nebel NGC 346, Galaxie Messier 82 (beide NASA/ESA/STScI), Vollmond, Fernglasbeobachter (beide M. Emmerich/S. Melchert)

Mit 283 Farb- und Schwarzweißfotos, 12 Sternkarten und 50 Illustrationen

Gedruckt auf chlorfrei gebleichtem Papier

FSC www.fsc.org
MIX
Papier aus verantwortungsvollen Quellen
FSC® C004592

Dritte, komplett überarbeitete Ausgabe

ISBN: 978-3-440-13606-5
Redaktion: Sven Melchert
Produktion: Ralf Paucke
Printed in Germany/Imprimé en Allemagne